HANS-DIETER RADECKE
LORENZ TEUFEL

WAS ZU
BEZWEIFELN
WAR

HANS-DIETER RADECKE
LORENZ TEUFEL

WAS ZU BEZWEIFELN WAR

Die Lüge von der objektiven Wissenschaft

DROEMER

Copyright © 2010 bei Droemer Verlag.
Ein Unternehmen der Droemerschen Verlagsanstalt
Th. Knaur Nachf. GmbH & Co. KG, München
Alle Rechte vorbehalten. Das Werk darf – auch teilweise – nur
mit Genehmigung des Verlages wiedergegeben werden.
Redaktion: Thomas Bertram
Umschlaggestaltung: ZERO Werbeagentur, München
Umschlagillustration: FinePic®, München
Layout, Satz und Umbruch: Michaela Lichtblau
Druck und Bindung: CPI – Ebner & Spiegel, Ulm
Printed in Germany
ISBN 978-3-426-27485-9

5 4 3 2 1

Inhalt

Prolog

Die Tür öffnet sich und wird hastig wieder geschlossen. Ein Schwall kalter, feuchter Luft flutet in den behaglich warmen Saal.

Sorry. Bin spät dran, aber immerhin. Keine zweihundert Meter sind's vom »Schwejk« bis hierher. Auf diesem Katzensprung hat mich diese verdammte Klimakatastrophe überrascht. Ein Sauwetter ist das. Das Diskussionsklima da draußen ist übrigens auch eine Katastrophe. Hätte nicht viel gefehlt, und die Gutmenschentruppe auf der Straße hätte mich gelyncht. Jetzt verkünden sie ihre objektiven Wahrheiten schon mitten auf dem Bürgersteig.
»Das Ende der Zivilisation ist nah! Hilf mit, die Welt zu retten!« *Du meine Güte, bei denen ist nicht nur das Papier auf ihren Tischen durchgeweicht. Fehlte nur noch, dass sie mich Genosse nennen. Bauen mitten auf dem Bürgersteig ihren antiklimatischen Schutzwall und zwingen mich unter die Spritzdusche vorbeirasender CO_2-Schleudern. Man steht da, klatschnass und durchgefroren, während dieses Weltrettungskommando von galoppierender globaler Erwärmung schwadroniert. Und da soll man dann nicht die Contenance verlieren.*
»Nun macht aber mal voran mit eurer Erwärmung, müsste gar nicht global sein, lokal würde mir fürs Erste schon reichen! Das Sauwetter macht mich nämlich rasend.« *Mehr habe ich gar nicht gesagt. Aber Humor ist deren Sache nicht. Ich sei ein zweiter Bush oder Hitler und, schlimmer noch, ein »Kli-*

maleugner«, *blaffen sie mir hinterher. Dabei habe ich die Existenz eines Klimas nie bezweifelt.*

»Der ist von den Ölheinis gekauft«, *kreischen die gutsituierten Inhaber der objektiven Wahrheit und nähern sich mir drohend. Ich wechsle die Straßenseite und komme vom Regen in die Traufe. Ein Herr im grauen Anzug drängt mich mit hochrotem Kopf rücksichtslos in den Rinnstein. Er schwenkt eine Fahne der PRR (Partei der Radikalen Rationalisten) und ruft irgendetwas Unverständliches über paradoxe Rad-Ecken und abnormales Teufelszeug.*

Der hat wohl euer Plakat gelesen. Grund genug, mich hier aufzuwärmen.

///////////////////////////////////////

HEUTE VORTRAG

Ist das Paranormale normal? Ja!
Basiert Wissenschaft auf Glauben? Ja!
Gibt es eine objektive Wirklichkeit unabhängig vom Beobachter? Nein!
Gibt es eine absolute, objektive Wahrheit? Nein!
Gibt es die Freiheit des kreativen Geistes? Ja!

\\\

1
Dinge zwischen Himmel und Erde

Das Unheil menschlicher Existenz beginnt, wenn das wissenschaftlich Gewusste für das Sein selbst gehalten wird und wenn alles, was nicht wissenschaftlich wissbar ist, als nicht existent gilt.

Karl Jaspers[1]

Spuk auf Sizilien?

Im Dezember 2003 nahm von Canneto di Caronia auf Sizilien eine Serie von sehr merkwürdigen Ereignissen ihren Ausgang. Alles begann kurz vor Weihnachten mit einer verkohlten Steckdose und endete im darauffolgenden März mit der teilweisen Evakuierung des Dorfes und der Ausrufung des Ausnahmezustandes.

Was war geschehen? Ein paar Tage vor Heiligabend schossen bei Nino Pezzino, einem damals 43-jährigen Versicherungsangestellten, plötzlich Flammen aus der Steckdose. Der gerufene Elektriker wechselte die Dose aus, sagte: »Alles okay!«, und verschwand. Die Sache schien erledigt.

Ohne die nachfolgenden Ereignisse hätte diese verkohlte Steckdose niemanden interessiert. Die Sache wäre nach einigen Tagen vergessen gewesen. Verkohlte Steckdosen sind zwar relativ selten, aber nichts Ungewöhnliches. In der Tat sind sie so gewöhnlich, dass sich niemand groß Gedanken darüber macht, warum eine Steckdose plötzlich verkohlt. Niemand macht sich die Mühe, die genaue Ursache herauszufinden. So etwas passiert eben. Kein technisches Gerät ist vollkommen.

Es gibt Netzschwankungen, Dinge haben Konstruktionsfehler oder sind alt und geben irgendwann den Geist auf.

Am nächsten Tag brannte Ninos Küchenherd. Nun waltete der Fachmann des Stromwerks seines Amtes. Er tüftelte, werkelte, prüfte, äugte tief und tiefer und sagte: »Alles okay!« Tags darauf spuckte die Waschmaschine keine Wäsche, sondern Flammen aus.

Hätte die Sache hier geendet, würde heute kein Hahn mehr danach krähen. Es wüsste zwar niemand, warum die Steckdose, der Küchenherd und die Waschmaschine plötzlich abfackelten, aber was soll's, Dinge gehen nun mal kaputt.

Aber es war nicht das Ende, der »Spuk« weitete sich aus. Jetzt brannte es auch in den Nachbarhäusern. Möbel und Betten gingen in Flammen auf, weil die Sprungfedern zu glühen begannen. Abstellkammern loderten, und ein Bewohner namens Paolo Pizzuto musste Fersengeld geben, weil sein rechter Schuh eine zu heiße Sohle aufs Parkett legte.

Die Experten des Stromkonzerns waren ratlos. Sie trennten einen Teil des Dorfes vom Netz und versorgten die Häuser mit Generatoren. Vergeblich, es wurde noch schlimmer.

Immer noch gingen Möbel, Haushaltsgeräte und Sicherungskästen in Flammen auf – obwohl der Strom abgeschaltet war.

Der Kompass vergaß, dass er nach Norden zu zeigen hatte, Autos starteten, ohne dass jemand im Wagen saß, Fernseher schalten sich ein, Handys wählten von allein oder klingelten ohne Grund, ein Kleinbus explodierte. Der Bahnübergang musste gesperrt werden, weil die Schranke nicht mehr reagierte.

Nun trat Rom auf den Plan und fuhr schweres Geschütz auf. Die Regierung rief den Notstand aus und veranlasste die Beschlagnahmung und Evakuierung von dreizehn Häusern. Siebzehn Familien mussten sich in Hotels oder bei Verwandten einquartieren. Die Staatsanwaltschaft und der militärische

Abschirmdienst wurden eingeschaltet, und Wissenschaftler aus ganz Italien pilgerten nach Canneto, um das Rätsel zu lösen. Ende März war der Ort Freiluftlabor und Geisterdorf zugleich. Feuerwehr, Zivilschützer und Carabinieri patrouillierten durch die leeren Straßen, während Professoren und Doktoren dem Problem mit Ratio und Messgeräten zu Leibe rückten.

Was ging da vor sich? Warum spielte die Natur scheinbar verrückt? Es war rätselhaft, zumal Polizei und Feuerwehr Brandstiftung oder Sabotage kategorisch ausschlossen.

Im Sommer endete der Spuk so abrupt, wie er begonnen hatte, nach über vierhundert Bränden. Zum Glück erlitt niemand größere körperliche Schäden. Angst und Schrecken waren schlimm genug.

Was war die Ursache dieses Wahnsinns? Wurden hier die Naturgesetze außer Kraft gesetzt? War es ein paranormales Phänomen?

PARANORMALE PHÄNOMENE

Hellsehen: Wahrnehmung räumlich entfernter Ereignisse ohne technische Hilfsmittel *(Remote Viewing)*
Präkognition: Wahrnehmung zukünftiger Ereignisse
Telepathie: Wahrnehmung der Gedanken anderer Lebewesen
Psychokinese (auch Telekinese): Bewegung, Veränderung oder Verwandlung materieller Objekte durch »Gedankenkraft« (z. B. Levitation)

Der Geochemiker Professor Giuseppe Maschio von der Universität Messina sagte damals: »Wir haben es hier mit einem Ereignis zu tun, das wissenschaftlich noch nie beschrieben

wurde, für das es keine Vergleiche gibt. Klar, dass dieses Phänomen die Medien fasziniert – aber natürlich auch uns Wissenschaftler: Eben weil es so absolut einzigartig ist.«[2]
Bemerkenswert ist in diesem Fall, dass kein Wissenschaftler die Ereignisse leugnete, wie das bei sogenannten paranormalen Phänomen sehr häufig geschieht. Niemand behauptete, es sei eine zufällige Häufung von im Grunde ganz normalen Unfällen gewesen oder es habe sich um kollektive Wahnvorstellungen oder Fälschungen gehandelt. Die Phänomene selbst stehen hier nicht in Frage. Nur ihre Ursache ist heftig umstritten.

Sehen wir uns nun einige der vorgeschlagenen Erklärungen an[3]:

Der Physiker Giovanni Gregori machte ein Elmsfeuer, die zeitweilige Verstärkung des elektrischen Erdfeldes, verantwortlich, was sein Kollege Gianni Comoretti jedoch heftig bestritt.

Ein Fachmann glaubte, dass ein durch atmosphärische Linseneffekte konzentrierter Sonnensturm verantwortlich war.

Andere suchten die Lösung in der Tiefe und gaben konzentrierter geothermischer Energie die Schuld.

Waren es vielleicht unterirdische Magmaströme und damit verbundene Methanausbrüche des einige hundert Kilometer entfernten Ätna?

Oder waren fehlgeleitete elektrische Ströme aus der nahen Bahnlinie die Ursache?

Der militärische Geheimdienst suchte vor der Küste nach fremden U-Booten mit bislang unbekanntem Antrieb.

Pater Gabriele Amorth, Exorzist des Vatikans, machte es nicht so kompliziert und gab dem Teufel die Schuld.

Offiziell geeinigt hat man sich schließlich auf elektromagnetische Emissionen als Ursache, die allerdings nur in bestimmten Momenten aktiv werden und entweder natürlichen oder nicht natürlichen Ursprungs sein können.

»Falls wirklich elektromagnetische Wellen schuld sind«, erklärte der Ingenieur Domenico Spoto, »dann lassen sie sich wahrscheinlich nur in dem Moment erfassen, in dem die Phänomene tatsächlich auftreten. Wir haben jetzt mehr als sechshundert Stunden lang kontinuierlich gemessen, das ist ja nun wirklich nicht wenig: Aber: Nichts ist passiert.«[4]
Niemand, der seine paar Sinne beisammen hat, wird diese hochoffizielle Erklärung ernst nehmen. Sie ist ein Dokument der Ratlosigkeit. Im Grunde bedeutet sie nur: Wir haben keine Erklärung, haben aber nicht den Mut, es zuzugeben.

Jetzt aber mal langsam. Was ist denn eure Erklärung?
Wir haben keine.
War es ein paranormales Phänomen?
Auch das wissen wir nicht. Kann sein, kann aber auch nicht sein.
Warum, zum Teufel, habt ihr dann diesen Fall so ausführlich geschildert?
Weil wir die Reaktion der Wissenschaftler auf diese Phänomene interessant finden.
Was ist daran so interessant? Sie haben doch nichts herausgefunden.
Doch, sie haben herausgefunden, dass sie für dieses Phänomen keine wissenschaftliche Erklärung haben.
So wie ich die Wissenschaftler kenne, würden sie sagen: »Noch – es gibt noch keine Erklärung. Deswegen muss es aber kein paranormales Phänomen sein. Nur weil wir noch keine Erklärung kennen, bedeutet das nicht, dass es innerhalb des wissenschaftlichen Rahmens prinzipiell nicht erklärbar ist. Es könnte eine geben, nur kennen wir sie nicht.«
Richtig. Es könnte eine Erklärung im bereits bekannten Rahmen der Wissenschaft geben, es könnte aber auch sein, dass es sich um ein bisher gänzlich unbekanntes

Phänomen handelt, das die Wissenschaft zwingen würde, ihren theoretischen Rahmen zu erweitern. In beiden Fällen hätten wir etwas dazugelernt, und die Wissenschaft könnte einen weiteren Triumph feiern.

So sollte es sein, das ist die eigentliche Aufgabe der Wissenschaft. Was findet ihr daran so bemerkenswert?

Bemerkenswert daran ist, dass das in anderen Fällen eben nicht passiert. Phänomene wie Telepathie oder Telekinese werden von der Mehrheit der Wissenschaftler einfach geleugnet oder als Fälschung diffamiert, Forscher, die sich damit beschäftigen, werden von ihren Kollegen als Spinner verlacht und geradezu verketzert.

Das wundert mich nicht. Wenn ich daran denke, wie die da draußen reagiert haben, nur weil ich ihre absolute Klimawahrheit mit Humor besudelt habe. Zum Glück leben wir nicht mehr im Mittelalter.

Wie man's nimmt. Ist Ihnen der Name Brian Josephson ein Begriff?

Dunkel, sehr dunkel. Ist er nicht Nobelpreisträger?

Er hat 1973 den Physiknobelpreis für seine Arbeiten auf dem Gebiet der Supraleitung erhalten. Nach ihm ist der Josephson-Effekt benannt. Schön für ihn. Und weiter?

Nach seinem Nobelpreis wandte er sich der Untersuchung paranormaler Phänomene und außersinnlicher Wahrnehmungen zu. An der Universität Cambridge baute er eine Arbeitsgruppe auf, die sich mit der Geist-Materie-Wechselwirkung beschäftigte. Daraufhin bekam der Fellow des Trinity College massive Schwierigkeiten. Ehemalige Kollegen distanzierten sich von ihm und meinten: »Josephson spinnt doch.«[5] Fachzeitschriften weigerten sich, seine Artikel zu veröffentlichen.

Immerhin wurde er nicht verbrannt. Die Zeit der Scheiterhaufen für Ketzer ist wohl doch endgültig vorbei.

Wunder in Konnersreuth?

Drei Minuten ohne Luft, drei Tage ohne Wasser und dreißig Tage ohne Nahrung. So lautet eine alte Regel über die Verletzlichkeit des Menschen. Natürlich sind das nur grobe Richtwerte. Menschen haben schon weit über dreißig Minuten in kaltem Wasser ohne Luft überlebt. Aber kann ein Mensch über mehrere Monate, gar Jahre, ja, Jahrzehnte hinweg ohne Nahrung und Flüssigkeit auskommen? Selbst aufgeschlossene Zeitgenossen werden hier ihre Zweifel haben. Ein solches Phänomen würde nicht nur die gewohnte Biologie und Chemie des menschlichen Körpers in Frage stellen, es würde auch die Physik bis in die Grundfesten erschüttern. Hier stehen nicht nur einige mehr oder weniger wichtige Theorien in Frage, hier geht es an das Fundament der Wissenschaft selbst.

Ein menschlicher Körper produziert selbst im Ruhezustand ca. 75 Watt Wärmeleistung. Und die dazu nötige Energie muss ständig in Form von Nahrung zugeführt werden. Ein Körper, der über Jahrzehnte hinweg Leistung erbrächte, ohne dass ihm Energie zugeführt würde, wäre ein Perpetuum mobile. So etwas kann und darf es nicht geben. Es ist unmöglich!

Und doch wird genau das von Therese Neumann aus Konnersreuth berichtet.

Therese war das erste von elf Kindern und wurde in der Nacht zum Karfreitag 1898 geboren. Sie besuchte die Volksschule und arbeitete später als Bauernmagd. Während ihrer anstrengenden Arbeit stürzte sie mehrmals schwer und wurde mit zwanzig Jahren bettlägerig. Ein Jahr später erblindete sie und war zeitweise taub. An den Tagen der Selig- und Heiligsprechung der Therese von Lisieux, 1923 und 1925, verbesserte sich ihr Zustand urplötzlich. Sie konnte wieder sehen, und die Lähmungen ließen nach.

Seit 1926 nahm sie immer weniger zu sich. Anfangs noch aus

etwas flüssiger Nahrung bestehend, beschränkte sich ihre Nahrungsaufnahme später, ab 1927 bis zu ihrem Tod im Jahre 1962, auf lediglich eine Hostie während der täglichen Kommunion. Diese Frau lebte 35 Jahre lang ohne Wasser und nur von einer einzigen Oblate pro Tag.

Natürlich klingt das nicht nur für uns Heutige unglaublich. Es war schon damals unglaublich, und deshalb befand sich Therese auch zweimal (1927 für zwei Wochen und 1940 für sechs Tage) zur Beobachtung in Krankenhäusern. Vereidigte Aussagen aller Teilnehmer der Überwachungs- und Untersuchungskommission, von beteiligten Ärzten und Professoren bestätigen allesamt die Nahrungslosigkeit Thereses. Daneben gibt es noch Verwandte und Besucher, die entweder alle demselben Betrug aufsaßen oder Teil einer riesigen Verschwörung waren.

Auch der Chefredakteur der Neuesten Münchner Nachrichten, Dr. Fritz Gerlich, bekam 1927 Wind von der Sache in Konnersreuth. Er schickte seinen Mitarbeiter von Aretin nach Konnersreuth, um die Hintergründe aufzuhellen. Gerlich war Skeptiker und erwartete, dass sein Mitarbeiter den Schwindel schnell durchschauen und dem »Wunder« ein Ende machen würde. Von Aretins Bericht war aber weit entfernt davon, die Erwartungen seines Chefredakteurs zu erfüllen. Also reiste Gerlich selbst nach Konnersreuth, um dieser Hysterie oder Autosuggestion auf die Schliche zu kommen. Er kam als Bekehrter zurück und kämpfte fortan für das »Wunder« von Konnersreuth.

Aber es kommt noch besser. Denn Therese konnte nicht nur auf Nahrung verzichten, erlebte mehrere Spontanheilungen und zeigte die Stigmata Christi, nein, Therese, die nur die Volksschule besucht hatte, konnte plötzlich auch Latein, Portugiesisch, provenzalischen Dialekt und Altaramäisch sprechen. Auch diese Fähigkeiten wurden von vielen Menschen, darunter Fachleute, bestätigt.

Es erübrigt sich wohl zu betonen, dass das »Wunder von Konnersreuth« bis heute umstritten ist. In diesem Fall sind nicht nur die Erklärungen umstritten, sondern auch das Phänomen selbst wird in Frage gestellt. Die ganze Sache ist zu verrückt. Nüchtern betrachtet, scheint es aber nur zwei Möglichkeiten zu geben: Entweder dieses Phänomen hat so stattgefunden, wie es die ungezählten Zeugen berichten und beeiden, oder es handelte sich um eine riesige Verschwörung von Ärzten, Professoren, Altphilologen, Krankenschwestern, Familienmitgliedern, Dorfbewohnern und Journalisten.

Wie sehr dieser Fall auch heute noch die Menschen bewegt und wie schnell auch seriöse Medien mit der Wahrheit zu lügen bereit sind, wenn es um paranormale Phänomene geht, zeigt folgendes Beispiel: Am 28. Juli 2008 konnte man auf Spiegel Online folgende Sätze über den Fall Konnersreuth lesen: »Die (Therese) sollte einst auf bischöfliche Anordnung zur Beobachtung in ein Krankenhaus gezerrt werden – wogegen sich die resolute Bauersfrau nach Kräften wehrte. Nie wurden Gerüchte überprüft, denen zufolge ein Kessel mit Pichelsteiner Eintopf unweit ihrer Kammer stand.«[6] An diesen Sätzen ist nichts unwahr, und trotzdem sind sie eine Lüge. Es stimmt, Therese weigerte sich 1936 tatsächlich, sich erneut in ein Krankenhaus einliefern zu lassen. Der Artikel verschweigt aber, dass sie das auf Anraten von Professoren, Kardinälen und ihres Vaters tat, weil die Nazis schon des Öfteren angedroht hatten, sie zwangsweise in eine psychiatrische Klinik einweisen zu lassen. Der Artikel vergisst auch zu erwähnen, dass zwei Untersuchungen Thereses stattfanden (eine 1927 und eine 1940), welche die Nahrungslosigkeit bestätigten. Und Gerüchte über einen Pichelsteiner Eintopf wurden wahrscheinlich deshalb nicht »überprüft«, weil sie kompletter Unsinn waren. Oder ist es wirklich vorstellbar, dass all die gelehrten und weniger gelehrten Damen und Herren, die ständig bei Therese ein und aus gingen, nichts von einem Pichelsteiner Eintopf bemerkt haben sollen? Ist ein unbestätigtes Gerücht vertrauenswürdiger als die vorliegenden (zum Teil beeideten) Zeugenaussagen?

Puh, das ist starker Tobak.
So ist das Leben.
Ehrlich gesagt, ich bin etwas ratlos. Ich weiß nicht, was ich davon halten soll. Glaubt ihr denn, dass das ein von Gott bewirktes Wunder war?
Nein, wir glauben, Gott hätte auf dieser Welt weit Besseres zu tun, als eine arme Bauernmagd 35 Jahre lang auf Diät zu setzen, mit Wunden zu traktieren und sie in fremden, uralten Sprachen sprechen zu lassen, mit denen sie in der Oberpfalz sowieso nichts anfangen konnte.
Was war es dann?
Eine von der CIA und den Juden organisierte Verschwörung – was sonst.
Das finden wir hier lustig, aber redet mal mit denen da auf der Straße. So weit ist der Scherz von deren Weltbild gar nicht entfernt.
Dann wird es diese Inhaber der Wahrheit wohl auch nicht beruhigen, wenn wir ihnen sagen, dass diese Verschwörung nicht auf die Oberpfalz beschränkt ist. Es gibt auch außerhalb Bayerns viele gut dokumentierte Berichte über Stigmata, ungewöhnliche Sprachphänomene und lang andauernde Nahrungslosigkeit. Der Inder Prahlad Jani zum Beispiel lebte über 65 Jahre lang ohne Wasser und Nahrung.[7] Er wurde 2003 untersucht und stand im Krankenhaus unter ständiger Videoüberwachung. Ein Betrug konnte nicht festgestellt werden. Diese Juden und Amis scheinen auch in Indien gute Arbeit zu leisten.
Bleibt uns also nur die Wahl, entweder Hunderte von unbescholtenen Bürgern wahlweise zu gerissenen Ver-

schwörern oder selten dämlichen Idioten zu erklären, oder…

Oder wir halten das Phänomen für echt, dann müssen wir aber den Glauben an unsere strengen, objektiven und allgemeingültigen Naturgesetze zumindest relativieren.

Für radikale Rationalisten gibt es also nur die Alternative zwischen Pest und Cholera.

Diese Alternative basiert auf der Voraussetzung, dass es eine objektive Außenwelt und damit eine objektiv feststellbare Wahrheit gibt. Die paranormalen Phänomene sind dann entweder objektiv und tatsächlich geschehen, oder unsere Naturgesetze sind objektiv gültig. *Tertium non datur,* sagt der Lateiner. Eine dritte Möglichkeit gibt es nicht. Aber vielleicht gehen wir von falschen Voraussetzungen aus. Vielleicht sind ja weder die paranormalen Phänomene noch die Naturgesetze in diesem strengen Sinne »objektiv« vorhanden. Möglicherweise hat unser Konzept einer vom Beobachter vollständig unabhängigen objektiven Realität eine Lücke oder basiert auf einem Vorurteil. Dann wäre die Alternative gar nicht objektiv entscheidbar, weil es sie gar nicht objektiv gibt.

Zu allen Zeiten, in allen Kulturen

Außergewöhnliche Ereignisse sind kein neues Phänomen, sie gehören zur Kulturgeschichte der Menschheit und werden seit Jahrtausenden vermeldet und überliefert. Je nach Zeit und Kultur wurden solche Phänomene Geistern, Dämonen, Göttern oder Heiligen zugeschrieben. Die in der Bibel geschilderten Wunder Jesu unterscheiden sich nicht von dem, was wir heute ein paranormales Phänomen nennen würden.

Jesus schwebte über den Wassern, er bewirkte Spontanheilungen und verwandelte Wasser in Wein.

Die Ethnologie ist reich an Beobachtungen, bei denen Medizinmänner anderen Menschen durch Rituale bewusst und regelmäßig gesundheitliche Schäden bis hin zum Tod zufügen oder sie per Fernwirkung heilen.[8]

Menschen aus vielen Kulturen vermelden auch heute noch »paranormale« Phänomene – erlebt und detailliert geschildert nicht von geldgierigen Scharlatanen, sondern von einem Querschnitt ganz gewöhnlicher Bürger, auf deren Ehrlichkeit und Beobachtungsgabe sich unsere Gerichte, unsere Ärzte und unsere Polizei Tag für Tag verlassen. Neben den parapsychologisch einzuordnenden Erlebnissen und den Wunder- und Spontanheilungen gibt es noch weitere Kategorien ungewöhnlicher Beobachtungen und Erfahrungen, zu denen etwa auch die Sichtung unbekannter Flugobjekte gehört. Wer sich ernsthaft mit dieser Materie auseinandersetzt, wird nur unter Aufbietung enormer (ir)rationaler Vorurteile leugnen können, dass es einige sehr komplexe, durch erfahrene Beobachter und in einigen Fällen sogar durch Radaraufnahmen abgesicherte Berichte gibt, für die sich keine herkömmliche Erklärung finden lässt. Bei mehreren besonders spektakulären Fällen konnten nacheinander alle üblichen Erklärungen (Meteore, Ballons, Flugzeuge, Raketenstufen usw.) durch sorgfältige Recherche bei astronomischen und meteorologischen Beobachtungsstationen sowie der zivilen und militärischen Luftüberwachung ausgeschlossen werden.[9] UFOs im Sinne von »unidentifizierbaren oder unerklärbaren Flugobjekten« sind ein Teil unserer Welt, auch wenn es reine Spekulation ist, sie als außerirdische Raumschiffe zu interpretieren.

Aber wenn es um so ungewöhnliche Erfahrungen und Berichte geht, ist doch ein gesundes Maß an Misstrauen durchaus angebracht.

Aber natürlich. Und in solchen Fällen ist es auch in Ordnung, wenn wir noch ein Quantum Skepsis drauflegen. Aber irgendwann schlägt auch das gesündeste Maß an Misstrauen in Menschenverachtung und Irrationalität um.

Wohin allzu viel Skepsis führen kann, zeigt das Beispiel einer Tiermedizinerin, die im deutschen Fernsehen als Expertin für das oft unerklärliche Heimfindevermögen von Tieren auftrat.

Es gibt viele Fälle, in denen Hunde- oder Katzenbesitzer davon berichten, ihre Tiere seien nach einem Umzug, den sie durch Abwesenheit verpasst hatten, über Hunderte oder gar Tausende von Kilometern ihren Besitzern gefolgt und nach Monaten abgemagert, aber gesund am neuen Wohnsitz aufgetaucht.

Ein besonders bemerkenswertes Beispiel ist ein Collie namens Bobbie, der in den USA eine Strecke von rund zweitausend Kilometern zurücklegte, um seinen Besitzern, einem Ehepaar aus Ohio, zu einem neuen Anwesen zu folgen, das er nie zuvor gesehen hatte und von dem er nichts wissen konnte. Der Ehemann hatte das Haus in Oregon alleine ausgesucht und gekauft. Über mehrere Stationen fuhr das Paar mit dem Hund ins neue Heim. Unterwegs, in Indiana, verschwand der Hund und kehrte auch an den folgenden Tagen nicht zurück, so dass das Paar schweren Herzens allein aufbrechen musste. Etwa drei Monate später kam Bobbie (klar erkenntlich am Halsband und an der Zeichnung des Fells) abgemagert am neuen Wohnsitz an.

Ein Forscher untersuchte später den Fall. Über Zeitungsanzeigen suchte er Menschen, die den Hund auf seinem Weg gesehen oder gefüttert hatten. Es meldeten sich verschiedene Personen, die in der fraglichen Zeit einen Collie, auf den die Beschreibung passte, versorgt hatten. Als der Forscher die jeweiligen Aufenthaltsorte dieser Menschen auf eine Karte übertrug, stellte sich heraus, dass der Hund eine mehr oder weniger gerade Linie mit nur wenigen Umwegen in Richtung auf sein Ziel eingeschlagen hatte – ein Ziel, an dem er nie zuvor gewesen war.[10]

Und was hatte die »Expertin« zu derartigen Fällen zu sagen? Sinngemäß lautete ihr Kommentar: »Hunde- und Katzenbesitzer möchten immer, dass ihre Tiere ganz besondere Fähigkeiten haben. Dabei machen sie sich leicht etwas vor. Die einfachste Erklärung für diese Berichte ist, dass den Menschen ein Tier zugelaufen ist, das dem vermissten sehr ähnlich sieht und daher schnell als das abhandengekommene angesehen wird.« In einem stimmen wir der »Expertin« uneingeschränkt zu. Es ist eine sehr einfache, um nicht zu sagen einfältige Erklärung.

Menschen, die jahrelang eng mit ihrem Haustier zusammengelebt haben, sollen ihren Hund oder ihre Katze mit einem »Doppelgänger« verwechseln? Die Wahrscheinlichkeit, dass einem ausgerechnet dann ein Tier zuläuft, wenn man zuvor eines verloren hat, und dass das neue dem alten dann auch noch aufs Haar gleicht, ist so astronomisch klein, dass ein Sechser im Lotto dagegen beinahe alltäglich wirkt. Ganz abgesehen davon stellt sich die Frage, welche ungeheueren Abwehrreaktionen in dieser Tiermedizinerin am Werk sind, wenn sie diese völlig abstruse Erklärung für einleuchtender hält als die schlichte Annahme, dass Tiere eben genau das können, was ihre Besitzer beobachten?

Warum geraten angeblich rationale Zeitgenossen ins Hyperventilieren, wenn sie Begriffe wie Hellsehen oder Telepathie nur hören? Wenn ihnen dagegen ein Astrophysiker im Brustton der Überzeugung erklärt, die Welt sei fast ausschließlich aus »dunkler Materie und dunkler Energie« zusammengesetzt, einer »Geistersubstanz«(!!), für die es keinerlei experimentelle Hinweis gibt und über deren Eigenschaften völlige Unklarheit besteht, deren Existenz man aber theoretisch annehmen muss, um ein lieb gewordenes kosmologisches Weltbild (den Urknall) zu retten, dann stehen die gleichen Menschen intellektuell stramm. Sie haben ein festes Weltbild und klare Vorstellungen davon, was in ihrer Welt geschehen darf und was nicht. Paranormale Phänomene, UFOs und »Wunder« gehören nicht dazu, weil sie den Gesetzen der Physik widersprechen – und diese Gesetze sind diesen rationalen Zeitgenossen schließlich heilig.

Diejenigen Menschen allerdings, denen die Heiligkeit der jeweils aktuellen physikalischen Gesetze nicht unmittelbar einleuchten will und denen eine gewisse Scheu gegenüber allzu »einfachen« Erklärungen eigen ist, stehen angesichts der Fülle der Berichte über außergewöhnliche Ereignisse vor einem Problem. Nicht allen Menschen fällt es nämlich leicht, kritiklos an Dämonen, uferlose Verschwörungen, ungezählte Massenhysterien oder die unglaublichsten Zufälle zu glauben. Und einige erdreisten sich, nach anderen Erklärungen zu verlangen – und manche suchen auch danach und müssen dann plötzlich – wie der Dichter Henry David Thoreau (und der Nobelpreisträger Josephson) – einsehen, dass sie sich »oft genug ›in förmlicher Opposition‹ zu dem finden, was man so ›die heiligsten Gesetze der Gesellschaft‹ nennt«.[11]

Trotzdem – oder vielleicht gerade deswegen – gibt es heute viele seriöse Forscher, die sich in ihren Labors mit dem bösen »Paranormalen« auseinandersetzen – denn, so ruft uns Hamlet über die Jahrhunderte hinweg zu, »an sich ist nichts weder gut noch böse; das Denken macht es erst dazu«.[12]

Das Paranormale erobert das Labor

Der Physiker und Astronom Arthur Eddington schrieb 1946 in seinem Werk »Grundlegende Theorie« folgenden Satz. »Ich glaube, dass der Geist die Kraft hat, Atomgruppen zu beeinflussen, dass er sich sogar einmischen kann, wenn auf atomarer Ebene verschiedene Prozesse möglich sind, ja, dass sogar der Lauf der Welt nicht durch physikalische Gesetze vorherbestimmt ist, sondern geändert werden kann durch den nicht determinierten Willen des Menschen.«[13]

Besitzt der menschliche Geist tatsächlich diese Fähigkeit, oder ist Eddington hier einem Aberglauben aufgesessen? Genau dieser Frage gehen heute viele Forscher an einigen der renommiertesten Universitäten der Welt nach. Ihre Experimente sind inzwischen so ausgeklügelt und ihre Ergebnisse so überraschend, dass den Forschern aus Mangel an echten Kritikpunkten nur noch Betrug oder »Spinnerei« unterstellt werden kann. Teilweise werden bei Experimenten zur Parapsychologie nämlich Methoden von solcher Strenge angewandt, wie sie im übrigen Wissenschaftsbetrieb nur äußerst selten zum Einsatz kommen, etwa der Dreifachblindversuch, bei dem auch Versuchsleiter und Auswerter nicht wissen, welches Ergebnis bei dem Versuch erwartet oder befürchtet wird.

BLINDSTUDIE

Eine Blindstudie ist eine besondere Form des Experiments. Durch Blindstudien soll der Einfluss von Erwartungen und Verhaltensweisen, die sich bei Versuchsteilnehmern durch den erhofften oder auch befürchteten Ausgang eines Experimentes einstellen könnten, minimiert werden. Blindstudien wurden in der Medizin eingeführt, als man feststellte, dass die positiven Erwartungen, welche die Patienten an die Heilkraft eines Medikamentes knüpften, den Versuchsausgang beeinflussten. Bekannt ist diese Beobachtung als Placeboeffekt. Allein der Glaube an die Heilkraft eines Stoffes kann dessen Heilwirkung tatsächlich erhöhen.

Einfachblindstudie
Der Versuchsteilnehmer ist »blind«, er weiß nicht, ob er den Wirkstoff oder einen wirkungslosen Kontrollstoff (Placebo) erhält.

Zweifachblindstudie
Weder der Versuchsteilnehmer noch der Versuchsleiter wissen, wer welche Substanz erhält. Beide sind »blind«.

Dreifachblindstudie
Weder Versuchsteilnehmer und Versuchsleiter noch der Versuchsauswerter wissen über die genauen Versuchsbedingungen oder Versuchsziele Bescheid.

Wie signifikant die Versuchsergebnisse in Bezug auf Telepathie, Präkognition und Psychokinese inzwischen sind, zeigt eine ganze Reihe von Metaanalysen, also quantitativen Zusammenfassungen der Ergebnisse von Einzelexperimenten. Sie sind am besten geeignet, wissenschaftliche Aussagen statistisch abzusichern. Diese Studien machen deutlich, dass bei Präkognitionsversuchen im Labor eine Wahrscheinlichkeit gegen den Zufall von 1025:1 besteht. Bei Ganzfeldexperimenten[14] – das sind spezielle Traumtelepathieversuche, bei denen eine räumlich entfernte Senderperson einer träumenden Versuchsperson auf telepathischem Wege zufällig ausgesuchte Bilder übertragen soll – liegt die Antizufallswahrscheinlichkeit bei einer Milliarde zu eins.
Und für die Existenz von Psychokinese – also der geistigen Beeinflussung von mechanischen oder elektronischen Prozessen – spricht gar eine Wahrscheinlichkeit von einer Billion zu eins.[15] Damit ist die Wirksamkeit von Psychokinese gesicherter als die von Aspirin gegen Herzinfarkt. Und was sagen die Kritiker zu diesen Ergebnissen? Der amerikanische Phy-

siker Harold Puthoff fasste es einmal so zusammen: »Wenn die Kritiker nur noch Betrug als Grund für ihre Ablehnung unserer Ergebnisse anführen, dann weiß ich: Wir haben unser Ziel erreicht. Wissenschaftlich ist unser Experiment wasserdicht. Nur noch eine Verschwörungstheorie rettet die Zweifler vor dem Offenbarungseid.«[16]

///////////////////////////////////

SIGNIFIKANZ

Signifikanz ist ein Begriff aus der Statistik. Das Ergebnis eines Versuchs gilt genau dann als signifikant, wenn die Wahrscheinlichkeit, dass es sich um ein zufälliges Ergebnis handelt, höchstens fünf Prozent beträgt. Das spezielle Signifikanzniveau von fünf Prozent hat dabei keine tiefere Bedeutung. Es ist eine willkürliche Festlegung, die aber allgemein in der Welt der Wissenschaft akzeptiert wird.

Ein Beispiel:
Wir möchten herausfinden, ob eine Person die Fähigkeit der Psychokinese besitzt. Die Versuchsperson soll den Fall einer Münze telekinetisch beeinflussen. Sie soll die Münze »zwingen«, öfter Zahl als Wappen zu zeigen.
Wenn wir die Münze einhundert Mal werfen, würde das Experiment genau dann eine Signifikanz von fünf Prozent aufweisen, wenn die Münze mindestens 58 Mal Zahl zeigt.
Dieses Ergebnis bedeutet aber auch: Wenn wir den Versuch hundert Mal wiederholen (also hundert Mal die Münze hundert Mal werfen), finden wir statistisch in fünf unserer Versuchsdurchgänge ein signifikantes Resultat, auch wenn die Versuchsperson die Fähigkeit zur Psychokinese nicht besitzt.
Um diese Unsicherheit so klein wie möglich zu halten, verwendet man Metaanalysen, in denen die Ergebnisse von vielen Versuchs-

durchgängen und auch anderen Experimenten zusammen statistisch analysiert werden. Ein Signifikanzniveau von eins zu einer Milliarde bedeutet dann, dass ein erzieltes Ergebnis nur einmal in einer Milliarde Versuchsdurchgängen rein zufällig entstehen kann.

Das klingt, als wolltet ihr allen Ernstes behaupten, die Parapsychologie gehöre jetzt zum Mainstream der Wissenschaft.

O nein, so weit ist es noch lange nicht. Die Befürworter des Paranormalen sind in der Wissenschaft noch immer in der Minderheit. Aber es hat Fortschritte gegeben. In den USA, Großbritannien, Australien und anderen Ländern gehen viele Forscher schon heute mit großer Selbstverständlichkeit mit dem Thema um. Es gibt oder gab zum Beispiel Arbeitsgruppen an den Universitäten von London, Edinburgh, Sydney, Tucson, Princeton und Stanford.

Und wie sieht es in Deutschland aus?

Zappenduster.

Das ist bekannt. Ich meine, wie es in Bezug auf die Parapsychologie aussieht?

In Deutschland fristet die Parapsychologie noch immer ein Nischendasein. Es gibt derzeit keine einzige Forschungsgruppe an einer deutschen Universität. Interdisziplinäre Konferenzen zu diesem Thema finden nicht in Deutschland statt – die wenigen deutschen Parapsychologen fliegen nach Arizona oder Kalifornien, um dort mit Forschern aus Psychologie, Philosophie, Theologie, Physik und Medizin zu diskutieren.

Und woran, glaubt ihr, liegt das?

Tja, das zu ermitteln würde einen interessanten Einblick in die Völkerpsychologie ergeben.

Psychokinese bezwingt den Zufall

Die ersten wissenschaftlichen Versuche zur Psychokinese wurden mit Würfeln durchgeführt. Die Versuchsteilnehmer sollten bestimmte Zahlen bevorzugt »werfen« lassen. Da an diesen Experimenten sehr viel zu kritisieren war (unsymmetrische oder präparierte Würfel usw.), ging man mehr und mehr zu Versuchen über, bei denen von Zufallsgeneratoren erzeugte Folgen von Zahlen durch Konzentration beeinflusst werden sollten. Der amerikanische Physiker Helmut Schmidt (jede Ähnlichkeit mit Personen aus dem politischen Leben ist hier tatsächlich rein zufällig) hat hierzu einen Versuchsaufbau entwickelt, der allen Anforderungen an ein streng wissenschaftliches Experiment genügt. Die »Schmidt-Maschine« besteht im Prinzip aus einer radioaktiven Quelle, meist Strontium 90, und einem Geigerzähler. Die rein zufälligen Signale des Zählers werden dann so umgewandelt, dass daraus elektrische Signale entstehen, die als eine zufällige Folge von Nullen und Einsen interpretiert werden können.

Der Vorteil einer radioaktiven Quelle liegt darin, dass der radioaktive Zerfall erstens tatsächlich nur durch den Zufall bestimmt ist und zweitens durch kein bekanntes physikalisches oder chemisches Verfahren beeinflusst werden kann. Der radioaktive Zerfall lässt sich weder durch Hitze, Säure, Dynamit oder Gleisblockaden beeindrucken. Mit anderen Worten: Es ist kein Verfahren bekannt, mit dem wir dem radioaktiven Zerfall unseren Willen aufzwingen könnten. So etwas ist physikalisch unmöglich. Leider! Sonst hätten wir keine Probleme mit unserem Atommüll.

Eine »Schmidt-Maschine« produziert also eine unvorhersagbare Folge von 0 und 1, wobei im Mittel genau so viele Einsen wie Nullen erscheinen.

Mit dieser sturen Zufallsmaschine sollten sich nun Versuchspersonen auseinandersetzen und versuchen, sie in eine bestimmte Richtung zu »zwingen«, also entweder mehr Einsen als Nullen oder mehr Nullen als Einsen zu produzieren.

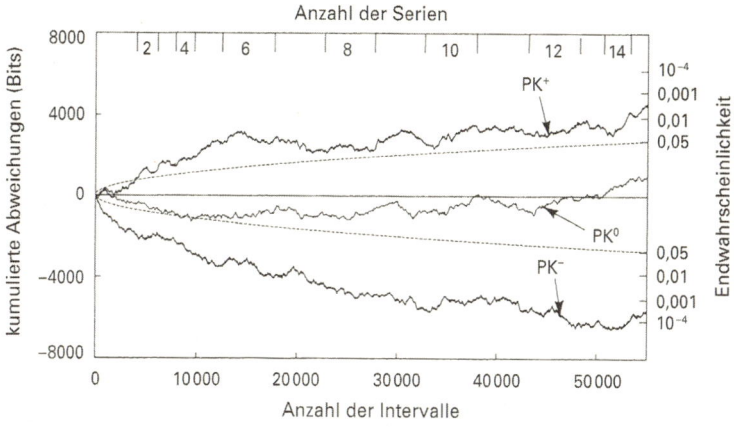

Abb. 1.1: Ergebnisse eines Psychokinese-Tests

Abbildung 1.1 zeigt das Ergebnis eines solchen Versuchs, der an der renommierten Universität von Princeton durchgeführt wurde.[17] In der Grafik sind die Ergebnisse zusammengefasst, die eine Versuchsperson in fünfzehn Versuchsreihen, die über einen Zeitraum von sechs Jahren verteilt waren, erzielt hat. Die mittlere Kurve PK⁰ ist die Kontrollkurve, sie zeigt den Ausstoß des Zufallsgenerators, wenn kein Versuch durchgeführt wurde. Deutlich ist zu erkennen, dass sich die Kurve immer in der Nähe der Nulllinie bewegt, das heißt, es wurden im Durchschnitt genauso viele Einsen wie Nullen erzeugt.

PK⁺ ist die Kurve, die sich ergab, als die Versuchsperson versuchte, mehr Einsen als Nullen zu erzielen. PK⁻ zeigt die erzielte Abweichung, wenn weniger Einsen als Nullen erzeugt werden sollten.

31

Man muss kein Fachmann sein, um zu erkennen, dass sich der Zufallsgenerator unter Versuchsbedingungen anders verhalten hat, als man das erwartet hätte. Deutlich ist zu sehen, dass sowohl PK$^+$ also auch PK$^-$ drastisch über dem Signifikanzniveau von 0,05 liegen. Die Wahrscheinlichkeit, dass sich so ein Ergebnis zufällig ergibt, liegt bei eins zu einer Million.[18]

Bemerkenswert war auch, dass die Versuchspersonen keinerlei »mediale oder paranormale« Begabungen besitzen mussten, um signifikante Ergebnisse zu erzielen. Es waren Menschen wie du und ich, die dem Zufallsgenerator scheinbar ihren Willen aufzwangen.

Um hier gleich allzu großen Erwartungen vorzubeugen: Wir glauben nicht, dass Massenpsychokinese die Lösung für unser Atommüllproblem sein kann. Psychokinese wird den radioaktiven Müll nicht in Luft auflösen können – ebenso wenig wie Gleisblockaden das können. Beide Methoden sind zum einen zu schwach, zum anderen widersetzen sie sich massiv dem Verständnis.

Es ist wahr: Wir verstehen im Grunde nicht, was bei diesen Psychokinese-Experimenten eigentlich vor sich geht. Dass der Effekt auch in die Vergangenheit zu wirken scheint, macht die Sache nicht gerade einfacher.

Schmidt hat den Versuchspersonen nämlich nicht nur momentan erzeugte Zufallsfolgen zur Beeinflussung präsentiert, sondern auch Folgen, die einige Zeit vorher aufgezeichnet und während des Experimentes vom Speicher gelesen wurden, sogenannte *Pre-recorded Targets* (PRT). Die Versuchspersonen wussten davon nichts, sie glaubten, dass die Folgen während des Versuchs erzeugt würden. Auch die PRT-Experimente zeigten deutliche Abweichungen von der Zufallsverteilung. Die zur selben Zeit aufgezeichneten Kontrollfolgen hingegen waren echte Zufallsverteilungen. Um sicherzustellen, dass nicht das Speichermedium selbst während des Versuchs beeinflusst wurde, hat Schmidt Kopien davon gemacht und diese kodiert.[19] Alle Kopien zeigten dieselben Anomalien.

Wie gesagt: Wir kennen keine Erklärung für diese Phänomene. Aber eines steht fest: Kein bekanntes physikalisches Feld oder Signal kann die Ursache für solche Ereignisse sein.

Anders fernsehen

Ein anderes, sehr faszinierendes und auch wissenschaftlich sehr gut abgesichertes Phänomen ist die sogenannte Fernwahrnehmung *(Remote Viewing)*.

Experimente zur Fernwahrnehmung wurden an zahlreichen renommierten Instituten durchgeführt, etwa am Stanford Research Institute (SRI) und am Princeton Engineering Anomalies Research (PEAR) Laboratory der berühmten Universität von Princeton. In den meisten Fällen ging es dabei für die Versuchspersonen darum, Gegenstände, Menschen oder Orte zu beschreiben, die sie nicht kennen oder auf übliche Weise wahrnehmen konnten. Konkret sah das oft so aus, dass eine Person (Agent genannt) sich an einen bestimmten Ort begab und die Versuchsperson (Perzipientin genannt) diesen (fernen) Ort innerlich sah und aufzeichnete. Häufig wussten die Versuchsleiter selbst nichts von dem betreffenden Ort. Zum Beispiel wurden beliebige Ortskoordinaten (Längen- und Breitenangaben) verwendet, an die sich der »Agent« zu begeben hatte, so dass keine der beteiligten Personen die Umgebung vorher kannte. Eine Abwandlung bestand darin, dass eine dritte Person die Pläne des Agenten änderte, indem sie überraschend eine Begegnung herbeiführte und spontan eine neue Umgebung aufsuchte. Indem die Zeichnungen der »Hellseher« mit Bildern von mehreren ähnlichen Örtlichkeiten verglichen wurden, konnte die Eindeutigkeit des Ergebnisses überprüft werden. Zahlreiche Versuchspersonen lieferten hierbei verblüffende Ergebnisse, wobei es sowohl »Profis« gab (etwa den berühmten Ingo Swann) als auch »Menschen wie du und ich«, die in der Lage waren, ihre diesbezüglichen Fähigkeiten stetig zu verbessern.

Abbildung 1.2[20] zeigt das Zielobjekt eines solchen *Remote-Viewing*-Prozesses. Die charakteristische Fußgängerbrücke schlängelt sich, umgeben von einem engmaschigen Drahtgeflecht, wie eine Röhre über eine Autobahn.

Abb. 1.2: Zielobjekt eines Fernwahrnehmungs-Experimentes: Fußgängerbrücke

Helga Hammid, eine der Versuchspersonen, lieferte im Experiment dazu folgende Zeichnung (Abb. 1.3).

Ihr Kommentar dazu lautete: »Eine Art diagonale längliche Rinne in der Luft.«[21]

Keith Harary machte mehrere Zeichnungen, die alle das Git-

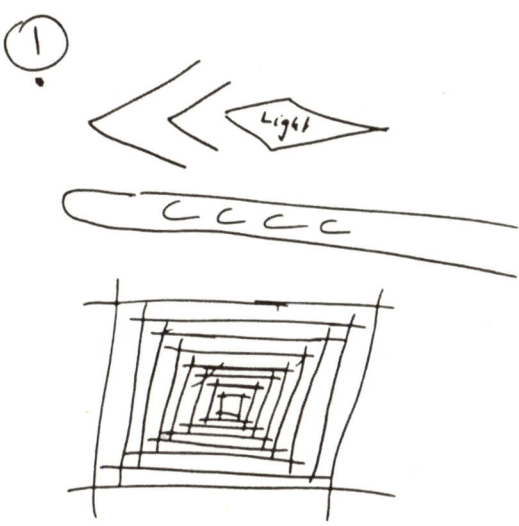

Abb. 1.3: Zeichnung von Helga Hammid: eine Art diagonale läng-liche Rinne in der Luft

ternetz der Brücke betonten. Auf seinen Zeichnungen stand: »Gekreuztes Metall, ähnlich einer Brücke ... etwas, worauf Menschen hochklettern ... Fußgängerbrücke.«[22]
Die Erfahrungen mit dieser Methode waren bei einigen Probanden so außergewöhnlich, dass sogar Militärs sich an den Versuchen beteiligten. Dabei zeigte sich, dass Entfernung und Zeitabstand die Ergebnisse nicht beeinträchtigten. So konnte etwa ein Proband in den USA eine detaillierte Skizze eines sowjetischen Stützpunktes in mehr als zehntausend Kilometer Entfernung anfertigen. Die verblüffende Exaktheit seiner Zeichnung wurde anschließend durch ein gezieltes Satellitenbild bestätigt. Sogar die Anzahl der Laufräder eines auf Schienen fahrenden Krans war korrekt wiedergegeben. Auch Versuche, bei denen sich die Zielperson an Bord eines tief tauchenden U-Bootes befand, verliefen erfolgreich.

Eine andere Versuchsteilnehmerin konnte um 13 Uhr vorhersehen, wo sich der Agent um 14.15 Uhr befinden würde. Der Zielort (die Rockefeller-Kapelle der Universität von Chicago) wurde durch einen Zufallsgenerator aus zehn möglichen Zielen ausgewählt.[23] Insgesamt erwies sich die Methode aber dennoch als nicht so zuverlässig, als dass die Militärs im Kalten Krieg darauf eine Abwehrstrategie aufbauen wollten. Wie alle menschlichen Fähigkeiten unterliegen auch paranormale Leistungen Formschwankungen. Die Folgen eines Irrtums wären im Kalten Krieg kaum kalkulierbar gewesen.

Existent, aber unnütz?

Für viele Forscher, die sich mit paranormalen Phänomenen beschäftigen, steht deren »Wirklichkeit« mittlerweile außer Frage. Ihr Interesse hat sich längst vom reinen »Existenznachweis« auf praktische Fragen verlagert. Dabei geht es nicht zuletzt um die Fragen: Wie funktioniert das?, und: Lässt sich Nutzen daraus ziehen? Eines ist jedenfalls klar: Es findet bei Psi-Phänomenen keine Übertragung bekannter physikalischer Energien statt, insbesondere sind also keine elektromagnetischen Vorgänge beteiligt – alle Versuche funktionieren uneingeschränkt auch bei kompletter Abschirmung dieser Felder. Für Psi-Phänomene scheint es weder Raum noch Zeit zu geben. Sie wirken mit gleicher Stärke über weite Entfernungen, in die Vergangenheit und in die Zukunft.

Einige Parapsychologen[24] neigen deshalb zu der Ansicht, die Phänomene seien nur informationstheoretisch zu erklären, etwa nach Art von »sinnvollen Zufällen«, die erst durch die beteiligten Menschen ihre Bedeutung erhalten. Ohne auf diese komplexen Theorien näher einzugehen, sei angemerkt, dass hieraus die Unmöglichkeit einer sinnvollen Nutzung der

Psi-Phänomene folgt: Es lassen sich damit keine Informationen übertragen.

Dies widerspricht allerdings zahlreichen Berichten, die zeigen, dass sehr wohl mit einer gewissen – von Person zu Person je nach deren psychischer Verfassung unterschiedlichen – Zuverlässigkeit bewusst Nachrichten übermittelt werden können, von Warnungen bis hin zu physischen Bewirkungen. Dabei stellt sich immer wieder heraus, dass paranormale »Begabungen« nicht auf irgendwelche »Medien« beschränkt sind. Die Physiker Russell Targ und Harold Puthoff, die wohl renommiertesten Fernwahrnehmungsforscher und Mitbegründer des Stanford Research Institute, resümieren: »Jeder, der eingesehen hat, dass es gefahrlos ist, paranormale Fähigkeiten einzusetzen, kann nach unserer Erfahrung diese Fähigkeit (Fernwahrnehmung) erlernen. In unseren Experimenten gab es niemanden, der nicht gelernt hätte, Szenen mit Gebäuden, Straßen und Menschen wahrzunehmen, selbst wenn sie weit entfernt und von der gewöhnlichen Wahrnehmung ausgeschlossen waren.«[25]

Für die Behauptung, Psi könne in bestimmten Fällen von praktischem Nutzen sein, spricht auch, dass die amerikanische Polizei in erstaunlich vielen Fällen Hellseher erfolgreich zur Aufklärung schwerer Straftaten heranzieht.

Moment, Moment. Stopp, jetzt mal ganz langsam: Ihr glaubt also, dass Psi tatsächlich von Nutzen sein kann?
In bestimmten Fällen für bestimmte Menschen, ja, warum nicht.
Damit ein Verfahren nützlich ist, muss es doch in erster Linie zuverlässig sein, stimmt ihr mir da zu?
Sicher, ja.
Dann möchte ich euch jetzt etwas fragen. Stellt euch vor, ihr seid zum Skifahren in der Schweiz und werdet von einer Lawine verschüttet.

Offenbaren Sie uns jetzt Ihre geheimsten Wünsche?
*Die liegen auf ganz anderem Gebiet. Ihr seid also unter
der Lawine begraben. Meine Frage lautet nun: Auf was
sollen sich eure Retter verlassen?*

A) Auf eine Person, die Fernwahrnehmung praktiziert,

B) auf einen Lawinenhund oder

*C) auf ein modernes Gerät zum Aufspüren von Verschüt-
teten, das euch durch Funkortung findet?*

Das ist nicht schwer. Wir würden C oder auch B bevorzugen.

So viel also zur Nützlichkeit von Psi.

Jetzt sind wir dran. Stellen Sie sich bitte vor, Sie machen
einen Abenteuerurlaub in Südamerika. Sie gehen in eine
Höhle und werden verschüttet. Niemand kennt Ihre genaue Position, und man erwartet Sie erst in einigen Tagen zurück.

Eure Wünsche sind ja noch gemeiner als meine.

Jetzt unsere Frage: Eine Ihnen nahestehende Person
träumt, Sie seien verschüttet worden, sie sieht im Traum
einen markanten Berg und einen tiefschwarzen Fluss.
Mit diesen Angaben könnte man Ihre Position ziemlich
genau orten. Was soll diese Person tun?

A) Ihren Traum für sich behalten und vergessen oder

B) die Behörden informieren?

Wenn sie die Behörden informiert, was sollen die Behörden tun?

A) Diese hysterische Person, die an Hellsehen im Traum
glaubt, aus dem Büro werfen oder

B) Suchmannschaften losschicken?

*Eines verspreche ich euch: In nächster Zeit werde ich kei-
ne Höhlentouren in Südamerika unternehmen.*

Weil nicht sein kann, was nicht sein darf

Was ist der Grund dafür, dass so viele Menschen, speziell Wissenschaftler, das Paranormale so strikt leugnen und sich verhalten wie Christian Morgensterns Palmström, nachdem er von einem Wagen überfahren wurde?

> Eingehüllt in feuchte Tücher,
> prüft er die Gesetzesbücher
> und ist alsobald im Klaren:
> Wagen durften dort nicht fahren!

> Und er kommt zu dem Ergebnis:
> »Nur ein Traum war das Erlebnis.
> Weil«, so schließt er messerscharf,
> »nicht sein kann, was nicht sein darf.«[26]

Was bringt an sich sehr kluge und vernünftige Menschen dazu, Sätze zu sagen wie den folgenden? »Weder die Zeugenschaft aller Mitglieder der Königlichen Gesellschaft noch die Erfahrung meiner eigenen Sinne machen mich glauben, dass es unabhängig von den bekannten Wegen der sinnlichen Wahrnehmung Gedankenübertragung von einer Person zur anderen gibt.«[27] Dieses Zitat stammt von Hermann Helmholtz (1821–1894), einem der ganz großen Naturwissenschaftler des 19. Jahrhunderts. Der Physiologe und Physiker formulierte exakt das Prinzip der Erhaltung der Energie und gewann zahlreiche entscheidende Erkenntnisse auf den verschiedensten Gebieten der Anatomie und Physik.
Weder Zeugen noch die eigenen Sinne hätten Helmholtz also überzeugen können. Wahrscheinlich hätte es göttlicher oder diabolischer Inspiration bedurft, denn eine andere Möglichkeit gibt es wohl nicht, wenn man weder Zeugen noch den eigenen Sinnen traut. Hier ist die Tür zur Irrationalität sperr-

angelweit aufgestoßen. Haben wir es hier, wie der Physiker Herbert Pietschmann[28] glaubt, mit einem modernen Tabu zu tun?

Was geht eigentlich im Kopf eines aufgeklärten, mit den Ideen des 21. Jahrhunderts aufgewachsenen Menschen vor, wenn er von ungewöhnlichen Vorgängen hört, beispielsweise dem Regenmachen bei Naturvölkern. Immerhin gibt es sehr ernstzunehmende Berichte über erfolgreiche Regentänze und Wetterbeeinflussungszeremonien durch Medizinmänner, und einige dieser Meldungen schaffen es sogar in die sogenannte seriöse Presse.[29]

So bestätigten zahlreiche Augenzeugen einen Bericht aus dem Jahr 1998, wonach es brasilianischen Indianern der Stämme Yanomami, Caiapo und Xavante am 30. März jenes Jahres gelungen sei, mittels mehrstündiger Regentanz-Zeremonien einen riesigen, lebensbedrohlichen Buschbrand innerhalb von vier Stunden durch einen Platzregen zu löschen – zur ungläubigen Verblüffung der rund einhundert vom Gouverneur des Bezirks Roraima eingesetzten erfolglosen Brandbekämpfer. Der Behördensprecher Alan Suassuna dazu: »Ob es ein Zufall ist oder nicht, das weiß ich nicht, aber es hat offensichtlich geholfen.«[30]

Unabhängig davon, ob der Tanz nun tatsächlich die Ursache für den Regen war oder nicht, lautet die Frage, wie wir auf einen solchen Bericht reagieren. Die meisten von uns werden wohl eher skeptisch und/oder verblüfft sein, vielleicht auch belustigt.

Aufgrund unserer Konditionierung gehen wir ganz selbstverständlich davon aus, dass an dieser Meldung irgendetwas nicht stimmt und dass die Zeitung sie nicht deshalb bringt, um uns von der Wirksamkeit von Regentänzen zu überzeugen. Also verbuchen wir sie unter amüsantes Allerlei. Warum aber reagieren wir so? Gibt es irgendeine wissenschaftliche Untersuchung, die hier Betrug nachweist? Gibt es eine Studie, welche die Wirkungslosigkeit von Regentänzen im Umfeld von tanzenden Indios zeigt? Nichts dergleichen gibt es. Wir nehmen einfach an, dass Regentänze nirgendwo und unter keinen Umständen funktionieren.

Hören wir, was der Philosoph Paul Feyerabend dazu sagt: »Es gibt keine statistischen Studien der Wirkungen richtig ausgeführter Regentänze … Wenn man Regentänzen eine Wirkung auf die Natur abspricht, so gibt es dafür also weder unmittelbare noch mittelbare empirische Gründe. Das Urteil beruht vielmehr auf einer Ideologie, die nie im Einzelnen formuliert wird, für die man aber das gleiche Gewicht wie für klar formulierte wissenschaftliche Theorien beansprucht.«[31]

Diese Ideologie besagt in etwa Folgendes: Die Wissenschaft weiß, wie Regen entsteht. Und auf andere Weise kann Regen nicht entstehen. Die Gedanken von Menschen, die Konzentration auf ein Ziel, Rituale – all das kann keine Auswirkungen auf das Geschehen in der physikalischen Welt haben.

Aber: Diese als selbstverständlich angesehenen Annahmen sind eben nur dies: Annahmen, Vorurteile, die sich nicht einmal selbst auf die Wissenschaft berufen können, weil sie nie von ihr untersucht wurden. Die Wissenschaft zieht eine psychische Wirkung auf das Wetter im Gegensatz zum umgekehrten Vorgang (der Beeinflussung der Psyche durch das Wetter) gar nicht in Erwägung. Sie verhält sich wie ein Fischer, der ein Netz mit quadratischen Maschen von zwanzig Zentimeter Kantenlänge verwendet, damit bestimmte Fische fängt und aus dem Ergebnis schließt: Alle Fische haben einen Körperdurchmesser von mindestens zwanzig Zentimetern, und Berichte über Sardinen und kleine Jungfische sind nichts als Anglerlatein.

Dass geistige Prozesse oder Rituale einen Einfluss auf das Wetter haben, wurde also nicht deshalb als Forschungsgegenstand von vornherein ausgeschlossen, weil es wissenschaftlich überprüfte Gründe dafür gegeben hätte, sondern weil die Ideologie diesen Ausschluss erfordert. Wenn dann jemand genau diesen Einfluss beobachtet haben will, verweisen die Forscher im Zirkelschluss darauf, dass ein solcher Prozess nicht möglich sei. An dieser ganzen Gedankenkette ist nichts wissenschaftlich und auch gar nichts rational.

Die Voraussetzungen, unter denen wir Wissenschaft betreiben, also Experimente durchführen und theoretische Erklärungsmodelle entwerfen, hängen eindeutig von den allgemein akzeptierten, »normalen« Erfahrungen in unserer Kultur ab. Würden wir als Yanomami Wissenschaft betreiben, so würden wir die Beeinflussung des Wetters durch rituelle Tänze als normal ansehen und sie daher in unsere Forschung, in unsere Experimente und Theorien einbeziehen. Und vielleicht könnte dann ja doch sein, was vorher nicht sein durfte. (Wir geben aber zu, dass tänzelnde Schamanen vor einer TV-Wetterkarte etwas merkwürdig wirken würden – rein ästhetisch gesehen.)

Die Guten ins Kröpfchen, die Schlechten ins Töpfchen

Stellen wir nun noch einmal die Frage: Warum leugnen trotz überwältigender empirischer und experimenteller Befunde noch immer so viele Menschen, vor allem Wissenschaftler, paranormale Phänomene?

Die (vorläufige) Unerklärbarkeit der Phänomene allein ist sicher nicht der Grund. Wissenschaftler sind ja an sich neugierige Menschen, die das (noch) Unerklärte nicht ablehnen, sondern geradezu suchen, um es dann zu erforschen und am Ende zu erklären. Was bringt viele von ihnen dann dazu, gerade auf diese Phänomene so allergisch zu reagieren, während sie andere als Herausforderung willig annehmen? Anders gefragt: Was macht Telepathie zur Ketzerei, die Pioneer-Anomalie aber zu einer Herausforderung für den wissenschaftlichen Intellekt?

//

PIONEER-ANOMALIE

Pioneer 10 und 11 sind amerikanische Raumsonden. Sie wurden 1972 und 1973 gestartet, um die Gasriesen Jupiter und Saturn zu erkunden. Inzwischen haben beide Sonden die Grenze unseres Sonnensystems erreicht und treiben im Übergangsbereich zum interstellaren Medium. Das Pioneer-Rätsel besteht darin, dass beide Sonden dreißig Jahre nach ihrem Start ca. 400 000 Kilometer von dem Ort entfernt waren, an dem sie den Berechnungen nach eigentlich hätten sein sollen. Eine unbekannte, mysteriöse Kraft zieht (oder drückt?) die Sonden langsam aber stetig in Richtung Sonne, erhöht also die Bremswirkung, die Raumflugobjekte auf ihrem Weg hinaus aus dem Sonnensystem durch die Sonnengravitation erfahren.

Die Pioneer-Anomalie ist eines der größten Rätsel der Weltraumforschung und wurde 2005 vom Wissenschaftsmagazin *New Scientist* in die Liste der 13 rätselhaftesten Phänomene der Wissenschaft aufgenommen.

Paranormale Phänomene stehen ohne Zweifel im Widerspruch zu den bekannten wissenschaftlichen Theorien. Aber das tun die Pioneer-Anomalie und die Pendelversuche von Erwin Saxl und Mildred Allen[32] auch. Warum aber werden nur die paranormalen Phänomene so strikt bekämpft oder geleugnet, während wissenschaftliche Theorien im schlimmsten Fall nur ignoriert werden?

SONNE, MOND UND PENDEL

Saxl und Allen haben im Jahr 1970 während einer Sonnenfinsternis das Schwingungsverhalten eines hochempfindlichen Torsionspendels verfolgt und gemessen. Das Ergebnis war verblüffend. Die Verfinsterung der Sonne hatte einen geringen, aber nicht zu vernachlässigenden Einfluss auf die Schwingungsdauer des Pendels: Sie wurde um ca. 0,009 Sekunden verlängert.

Dieser Effekt steht im Widerspruch zu den bekannten physikalischen Theorien. Es scheint hier eine unbekannte Kraft im Spiel zu sein, die von der Einstrahlung der Sonne abhängt.

Saxl und Allen konnten alle bekannten Störfaktoren ausschließen und kamen schließlich zu folgendem Ergebnis: »All dies führt zu dem Schluss, dass die klassische Gravitationstheorie modifiziert werden muss, um diese experimentellen Fakten zu interpretieren.«[33]

Saxl und Allen bestätigten mit ihren Versuchen die Experimente, die ihr Fachkollege Maurice F. C. Allais schon im Jahr 1959 durchgeführt hatte. Trotzdem werden diese revolutionären Ergebnisse, die nicht bestritten werden, bis heute ignoriert und blieben folgenlos.

Offensichtlich scheint es für die Wissenschaft gute und schlechte Widersprüche zu geben. Grundsätzlich sind natürlich alle Widersprüche schlecht. Denn jeder Widerspruch zu den wissenschaftlichen Theorien zeigt, dass die Theorien (noch) nicht in der Lage sind, die ganze Wirklichkeit richtig zu beschreiben. So etwas kann nicht geduldet werden, denn Ziel der Wissenschaft ist es, die gesamte Wirklichkeit zu erfassen. Von den guten Widersprüchen nährt sich der wissenschaftliche Fortschritt. Von ihnen nimmt man an, dass sie irgendwann von der Wissenschaft geschluckt und in ihr Kröpfchen integriert werden können. Die Pioneer-Anomalie und die Pendelversuche fallen (so hofft man) in diese Kategorie.

Es gibt verschiedene Möglichkeiten, sich mit den vermeintlich guten Widersprüchen zu arrangieren. Man kann sie durch Pseudoerklärungen entschärfen und dann einfach vergessen, wie es im Falle des »Spuks« auf Sizilien und bei verschiedenen komplexen UFO-Sichtungen geschehen ist. Man kann sie in das unterste Fach des Aktenschranks legen und hoffen, sie irgendwann später auflösen zu können, wie es den Pendelversuchen von Saxl und Allen widerfuhr. Oder man kann sie durch Zusatzhypothesen (die wir später noch am Beispiel der Epizyklen sowie der dunklen Materie und Energie näher analysieren werden) in einen (vorläufigen) Triumph der Wissenschaft verwandeln.

Telepathie und Telekinese fallen unter die schlechten Widersprüche. Sie dürfen nicht einmal vorläufig anerkannt, sondern müssen strikt geleugnet werden. Weil sie an den Grundfesten von Wissenschaft überhaupt rütteln, sind sie unter keinen Umständen integrierbar. Als Tabu gehören sie in den Abfalleimer für irrationale Subjektivität.

Eine feste Burg ist unser Gott

Welches sind nun die Grundfesten der Wissenschaft, an denen das Paranormale so sehr rüttelt? Woraus sind die Maschen des Netzes geknüpft, mit dem die Wissenschaft nach der objektiven Wahrheit fischt? Im Wesentlichen sind es drei Hauptfäden, die das Netz aufspannen:

1. *Objektivität:* Es gibt eine objektive, für alle gültige und vom Beobachter unabhängige Realität. Diese äußere Welt befindet sich außerhalb unseres Bewusstseins, und sie ist die Quelle unserer Sinneserfahrungen.

2. *Lokalität:* Das Verhalten eines realen Systems hängt einzig von den Gegebenheiten in seiner unmittelbaren Umgebung ab.
3. *Kausalität:* Die Elemente dieser Realität werden durch Kausalität (Ursache-Wirkung-Beziehungen) in eine logische und widerspruchsfreie (zeitliche) Ordnung gebracht.

Geht man von einer objektiven Außenwelt aus, dann bedeutet dies, dass die Welt auch ohne Beobachter (Subjekte) so wäre, wie wir sie durch die Brille der Wissenschaft sehen. Subjekte sind für die wirkenden Naturgesetze nicht wichtig. Sie lassen sich ersatzlos aus der Welt streichen, ohne dass sich an den Gesetzen etwas ändern würde.

Lokalität bedeutet, dass der Beobachter (oder ein anderes physikalisches System) nur durch Signale etwas von der Welt erfahren kann. Diese Signale sind träge, sie breiten sich durch den Raum aus und brauchen eine bestimmte Zeit, um vom Ort des Ereignisses zum Ort des Beobachters zu gelangen.

Ein Ereignis kann nur dann Ursache eines anderen Ereignisses sein (Kausalität), wenn zwischen beiden eine physikalische Signalverbindung (Feld, Kraft etc.) besteht.

Objektivität und Lokalität bedingen zusammen, dass jeder Wissenschaftler quasi von außen auf die Welt blickt, so wie ein Zuschauer auf die Bühne eines Theaters blickt. Das Konzept einer objektiven Wahrheit ist eng damit verbunden. Denn nur, was objektiv auf der Bühne geschieht, ist wahr. Was dort nicht geschieht oder gesetzmäßig nicht geschehen kann, muss falsch sein. Dies bedeutet, dass es eine unverrückbare Wirklichkeit geben muss, eine feststehende »objektive« Ebene, die wir mit »der Wissenschaft« erfassen und – Stück für Stück Unwissen abtragend – aufdecken können. Somit gibt es eine »Wahrheit«, die für alle Zeiten feststeht und die wir erkennen können – und wer sie erkennt, hat recht.

Wenn nun jemand berichtet, auf dieser Bühne geschehe etwas, das den Naturgesetzen fundamental widerspricht, so wird der Fehler nicht auf der Bühne gesucht, sondern beim Zuschauer. Der leidet dann unter selektiver Wahrnehmung, halluziniert oder lügt. Damit ist der Fall in der Regel erledigt, denn die Welt und der Zuschauer lassen sich (unter den vorausgesetzten drei Bedingungen) durch einen geeigneten Versuchsaufbau immer voneinander trennen, so dass das Bühnengeschehen von unfähigen Zuschauern nicht beeinträchtigt wird.

Wissenschaft fängt also nicht bei null an und baut dann Schritt für Schritt die »Wahrheit« auf. Wissenschaft wird immer unter bestimmten Voraussetzungen betrieben, die (im Normalfall) nicht hinterfragt, sondern kritiklos akzeptiert werden. Die Wissenschaft führt (in der Regel) keine Experimente durch, um die obigen drei Behauptungen (Objektivität, Lokalität, Kausalität) zu überprüfen. Vielmehr können vernünftige Experimente (im wissenschaftlichen Sinne) nur durchgeführt werden, wenn die obigen Behauptungen als »wahr« vorausgesetzt und nicht bezweifelt werden.

Nun wird klar, warum bestimmte Phänomene von der Wissenschaft geleugnet werden müssen. Über Phänomene, die einer oder mehreren der obigen Behauptungen zu widersprechen scheinen, kann die Wissenschaft keine vernünftigen Aussagen machen, weil sie jenseits ihres begrifflichen und experimentellen Netzes liegen. Da die Wissenschaft aber den Anspruch hat, die gesamte Wirklichkeit zu beschreiben, müssen Phänomene, die durch die Maschen schlüpfen, geleugnet werden.

Ehrlich gesagt, ich verstehe nicht ganz, warum Hellsehen oder ein anderes paranormales Phänomen, wenn es so etwas denn tatsächlich gibt, es erfordern sollten, auf die Kausalität oder irgendetwas anderes für die Wissenschaft Grundlegendes zu verzichten.

Nehmen wir einmal spaßeshalber an, Sie wären außergewöhnlich medial begabt. Sie sitzen in einem abgeschirmten Raum und nehmen »irgendwie« wahr, was jetzt an einem anderen, fernen Ort geschieht. Ihnen sind also Informationen zugänglich, die Sie nach heutigem wissenschaftlichem Ermessen gar nicht haben können. Wie kommen Sie zu diesen Informationen?

Vielleicht gibt es Signale und Kräfte, die wir noch nicht kennen und die als Informationsträger fungieren.

Schön, nehmen wir an, es gäbe eine solche neue Art von Feld oder Teilchen. Wie wollen wir es nennen?

Wie wäre es mit Neurotonen?

Neurotonen? Gut, warum nicht. Wir nehmen also an, dass diese Neurotonen zwar etwas Neues sind, sich aber in den objektiven, lokalen und kausalen Rahmen der Wissenschaft einfügen lassen.

Ich weiß also (dank überragender genetischer Ausstattung), was an fernen Orten geschieht, weil diese Neurotonen mir Informationen darüber vermitteln – nicht so exakt, wie es Photonen tun, aber doch so gut, dass ich eine vage Vorstellung davon bekomme, was vor sich geht.

Schön, damit hätten wir eine Erklärung für Hellsehen im üblichen lokal-kausalen Rahmen. Dank Ihrer überragenden genetischen Ausstattung können Sie aber noch mehr. Sie können im Hier und Jetzt sehen, wo sich eine Ihnen unbekannte Person in einer Stunde befinden wird. Sie besitzen diese Information, obwohl die andere Person erst in dreißig Minuten per Zufallsgenerator erfahren wird, wohin sie sich begeben soll. Wie kommen Sie an diese Information?

Hm, das ist zwar schwieriger, aber auch nicht unmöglich. Ich kann dank Neurotonenübermittelung erken-

nen, aus welchen Orten der Zufallsgenerator wählen kann, ich entscheide mich für einen dieser Orte und nenne ihn euch. Nach dreißig Minuten beeinflusse ich den Zufallsgenerator telekinetisch so, dass er den von mir genannten Ort auswählt. Ihr seht also, dass auch dieses Kunststück möglich wäre, ohne den lokalen oder kausalen Rahmen zu verlassen.

Schön, drehen wir die Schraube noch etwas weiter. Sie sollen telekinetisch einen Zufallsgenerator so beeinflussen, dass er mehr Einsen als Nullen produziert. Was Sie aber nicht wissen, ist Folgendes: Die Ziffernfolge aus Nullen und Einsen, die sie sehen und beeinflussen sollen, wurde bereits einen Tag vorher produziert und abgespeichert. Trotzdem zeigt die Folge mehr Einsen als Nullen. Wie haben Sie das gemacht?

Ich könnte gestern per Neurotonenwahrnehmung mitbekommen haben, dass ihr eine Aufzeichnung von einer Zufallsfolge macht, die ihr mir am anderen Tag vorspielen wollt. Ich beeinflusse die Folge bei der Aufzeichnung per Telekinese so, dass sie mehr Einsen als Nullen zeigt.

Und wenn wir mehrere Folgen aufzeichnen und erst kurz vor dem Versuch durch einen Zufallsgenerator entscheiden, welche der Folgen wir Ihnen vorspielen?

Dann beeinflusse ich den Zufallsgenerator so, dass er die Folge ausspuckt, die ich gestern manipuliert habe.

Und wenn *wir* statt des Zufallsgenerators entscheiden?

Dann werden andere Wissenschaftler behaupten, dass ihr und ich unter einer Decke stecken und das Experiment manipuliert ist.

Und wenn wir diese Kritiker die Wahl treffen lassen?

Dann beeinflusse ich deren Willen und lasse sie die »richtige« Wahl treffen. Ich werde sie zwingen, an ihrem Verstand und ihren Sinnen zu zweifeln.

Sie scheinen sich für Dr. Mabuse und Gott in einer Person zu halten.

Nein, so bescheiden bin ich nicht.

Würden Sie trotz Ihrer angeborenen Unbescheidenheit zugeben, dass die Existenz von Neurotonen das Ende aller objektiven Experimente und Beobachtungen bedeuten würde?

Ich gebe gar nichts zu.

Wenn jedes Experiment und jede Beobachtung unbewusst beeinflusst oder bewusst manipuliert sein kann, wenn ich also nicht ausschließen kann, dass ein Mensch auf der anderen Seite des Globus durch Neurotonenwechselwirkung mein Experiment kontaminiert, dann bin ich nicht mehr berechtigt, von einem »objektiven« Versuch zu sprechen.

Hm.

Wer die Existenz von Neurotonen zugibt, um paranormale Phänomene innerhalb eines lokal-kausalen Rahmens erklären zu können, der opfert den Anspruch der Wissenschaft auf Objektivität, weil er zugibt, dass jedes Experiment durch subjektive Neurotonenwechselwirkung kontaminiert sein könnte – zumindest so lange, bis er eine Methode anbieten kann, die es erlaubt, objektive Versuche und Beobachtungen von kontaminierten zu unterscheiden.

Solange ich also keine Theorie besitze, die es mir erlaubt, Wirkungen von Neurotonen eindeutig zu identifizieren oder abzuschirmen, lebe ich in einer subjektiven Welt, in der jeder Mensch Gott spielen könnte.

Ja.

Toll!

Die wirkungslosen Posaunen von Jericho

Paranormale Phänomene (die schlechten Widersprüche) passen nicht in den wissenschaftlichen Rahmen der Welt, weil diese Phänomene die Vermutung nahelegen, dass sich die »realen objektiven Dinge« weder untereinander noch vom Beobachter strikt trennen lassen. Bühne und Zuschauer scheinen eine Einheit zu bilden.

Wir haben bereits gesehen, dass keine physikalischen Felder oder Kräfte bekannt sind, welche die berichteten paranormalen Phänomene erklären könnten. Alle physikalischen Energien sind träge, das heißt, sie benötigen Zeit, um durch den Raum zu wandern und eine ferne Wirkung zu erzielen. Dabei ist ihre Wirkkraft entfernungsabhängig, sie wird mit der zurückgelegten Strecke schwächer. Parapsychologische Experimente legen jedoch nahe, dass Fähigkeiten wie Hellsehen oder Telepathie entfernungsunabhängig sind und selbst bei bester Abschirmung aller in Frage kommenden physikalischen Übertragungsmedien (etwa elektromagnetischer Wellen) ungestört funktionieren. Zudem scheinen Präkognitionsexperimente und Versuche mit Pre-recorded Targets darauf hinzudeuten, dass »Signale« von der Gegenwart in die Vergangenheit oder von der Zukunft in die Gegenwart unterwegs sind.

Beide Phänomene münden in ein unauflösbares Dilemma für die wissenschaftliche Weltbetrachtung, weil sie in einer objektiven, lokalen und kausalen Welt unmöglich »wirklich« sein können. Wie kann ein Mensch wissen, was an einem fernen Ort vor sich geht, wenn es zwischen ihm und dem Ort keine »objektive« Signalverbindung gibt? Wie kann ein Mensch Materie beeinflussen, wenn zwischen ihm und der Materie keinerlei objektiv messbare Kräfte oder Felder wirken? Das sind Fragen, die innerhalb des heutigen wissenschaftlichen Weltbildes nicht zu beantworten sind. Psi-Phänomene scheinen inneres (subjektives) und äußeres (objektives) Geschehen zu verknüpfen – und das auf eine Weise, die sich (zumindest bisher) nicht objektiv aufdröseln lässt. Was wir denken und was geschieht, lässt sich hier nicht mehr eindeutig trennen. Wer behauptet, solche Phänomene würden »existieren«, der rüttelt an den Grundfesten der heutigen Wissenschaft.

Und warum ändert man diese Grundfesten der Wissenschaft nicht einfach?
Bitte?!
Warum kann ich beispielsweise die Lokalität nicht aufgeben oder modifizieren?
Weil Sie nichts haben, was Sie an ihre Stelle setzen könnten. Kein Wissenschaftler gibt eine Theorie oder ein Prinzip auf, solange er nichts hat, was er mindestens ebenso erfolgreich verwenden kann.
Aber das stimmt doch nicht. Es heißt doch, dass die Wissenschaft eine Theorie aufgibt, sobald ein Experiment oder eine Beobachtung dieser Theorie widerspricht. Theorien werden an der Realität gemessen, und wenn die Realität der Theorie widerspricht …
… dann fallen die subjektiven Theorien in sich zusammen wie die Mauern von Jericho unter den objektiven Klängen der Posaunen.
Ja!
Nein! So funktioniert Wissenschaft nicht. Das sehen Sie schon daran, dass weder die Pioneer-Anomalie und die Pendel-Anomalie noch die Telekinese-Experimente zur Aufgabe irgendeiner physikalischen Theorie geführt haben, obwohl diese Beobachtungen und Experimente der heutigen Physik widersprechen. Theorien werden durch Theorien gestürzt, nicht durch »objektive« Beobachtungen oder Experimente. Um es klar zu sagen: Wir glauben

nicht, dass es objektive Experimente oder Beobachtungen gibt, welche die Realität widerspiegeln und uns eindeutig sagen, ob eine Theorie »wahr« oder »falsch« ist. Beobachtungen und Experimente sind sämtlich theoriebehaftet und haben nur innerhalb menschlicher Theorien Bedeutung.

Was meint ihr damit, dass alle Tatsachen theoriebehaftet sind?

Nehmen wir eine ganz einfache Beobachtungstatsache: Die Sonne steht am Himmel. Würden Sie sagen, dies sei eine objektive Tatsache, wenn die Sonne denn »tatsächlich« am Himmel stünde?

Selbstverständlich.

Dann fragen wir: Steht die Sonne wirklich am Himmel, oder bewegt sie sich nur sehr langsam? Bewegt sie sich wirklich, oder ist das nur eine Illusion, die durch die Erddrehung entsteht? Was genau meinen Sie mit »die« Sonne? Ist die Sonne von heute dieselbe Sonne wie die Sonne von gestern? Ist die Sonne eine Scheibe oder eine Kugel oder nur ein Loch im Himmelszelt? Wenn Sie diese Fragen beantworten wollen, dann brauchen Sie sehr viele Theorien darüber, wie unsere Welt aufgebaut ist. Allein die Frage zu beantworten, ob dieser helle Fleck von gestern mit dem Fleck von heute »identisch« ist, erfordert eine Theorie darüber, was denn geschieht, wenn der Fleck verschwindet und ein paar Stunden später wieder auftaucht. Ist das wirklich derselbe Fleck (Scheibe, Kugel, Loch, Gott), oder wird jeden Morgen eine neuer Fleck »geboren«.

Aber ich sehe doch, dass die Sonne scheint beziehungsweise eben nicht scheint, und ihr seht es auch. Wo soll da ein Problem sein?

Wahrscheinlich könnten wir uns sehr schnell darauf einigen, dass unsere sinnlichen Wahrnehmungen übereinstimmen. Die Frage ist doch aber: In welchem Zusammenhang stehen unsere unmittelbaren sinnlichen Erfahrungen – Wärme, Helligkeit usw. – mit der als objektiv angenommenen Wirklichkeit dort draußen. Für einen Menschen, der die Sonne für einen Gott hält, bedeutet die *objektive Beobachtungstatsache* »Die Sonne steht am Himmel« nun einmal etwas anderes als für jemanden, der die Sonne für eine Kugel aus heißem Gas hält. Beide reden von unterschiedlichen *objektiven Realitäten*, obwohl sie (wahrscheinlich) die gleichen sinnlichen Eindrücke wahrnehmen. Tatsachen werden nicht einfach gesehen, Tatsachen werden mit Hilfe von Theorien und vergangenen Erfahrungen konstruiert. Wir können genauso wenig unmittelbar wahrnehmen, dass die Sonne eine Kugel aus heißem Gas ist, wie wir wahrnehmen können, dass sie ein Gott ist. Dass sie eine Kugel oder ein Gott ist, ergibt sich erst aus den Theorien, die wir über die Welt haben.

Das bedeutet aber doch, dass wir im Grunde nie eine Theorie mit der Realität vergleichen, sondern immer nur überprüfen, ob diese Theorie mit unseren anderen Theorien, die wir bewusst oder unbewusst schon über die Wirklichkeit haben, in Einklang steht.

Besser kann man es nicht ausdrücken. Wie sonst ließe sich erklären, dass die unzähligen Berichte über paranormale Phänomene aus vielen Jahrhunderten, dass die modernen, ausgeklügelten Experimente zu Telekinese oder Telepathie von der überwältigenden Mehrheit moderner Wissenschaftler einfach als »subjektiver Unsinn« vom Tisch gewischt werden können, weil sie ihrer theoretischen Vorstellung von Wissenschaft widersprechen?[34]

Aber dann könnte uns die Wissenschaft ja gar nichts Gesichertes über die Realität mitteilen, dann gäbe es gar keine objektive Wahrheit!

Das ist genau das, was wir glauben – und wovon wir Sie im Laufe dieses Vortrags überzeugen wollen.

Das soll ein Witz sein?

Ganz und gar nicht.

Und wie wollt ihr das anstellen?

Indem wir zum Beispiel zeigen, dass Wissenschaft ein zutiefst menschliches Unterfangen ist.

Donnerwetter, das ist aber eine sensationelle Entdeckung. Wissenschaft wird von Menschen gemacht – unglaublich. Welche genialen Schlüsse zieht Ihr daraus?

Zum Beispiel den: Wenn Ihr Sarkasmus typisch ist für alle unsere Hörer, dann …

Welche anderen Hörer?

Tja, äh, nun ja. Wie heißt es doch so schön: Der Glaube stirbt zuletzt.

Genau das ist das Problem unserer Zeit.

Bitte?

Dass man zu oft den Glauben an die Stelle des Wissens setzt.

Wir hingegen glauben zu wissen, dass es ohne Glauben kein Wissen gibt.

Und ich weiß, dass es nun höchste Zeit ist, ein neues Kapitel zu beginnen.

Und wir glauben, dass Sie recht haben.

2
Gläubige Vernunft – vernünftiger Glaube

Das Denken baut auf einem Grund, der seinerseits nicht durch das Denken selbst gelegt worden ist. Die Denkgebäude sind deshalb keine selbsttragenden Konstruktionen. Würde die Glaubensprämisse als erlebte Wirklichkeit fehlen, stürzte alles zusammen.

Rüdiger Safranski[35]

Das Duell

Vernunft gegen Glauben. So lautet das Duell. Doch wo verläuft die Grenze zwischen Vernunft und Glauben? Lassen beide sich wirklich so deutlich voneinander unterscheiden, wie wir das gemeinhin glauben? Fällt die Beschäftigung mit dem Paranormalen in den Bereich der Vernunft, oder ist der Glaube daran so unvernünftig wie der Glaube an Naturgeister oder die Weisen von Zion?

Die Ursprünge des Glaubens und der Vernunft liegen tief im Nebel von Zeit und Geschichte verborgen. Über Jahrtausende hinweg gab es den Unterschied zwischen Vernunft und Glauben wahrscheinlich gar nicht.

Was es aber schon von Anbeginn des Menschen an gab, das war der Drang zu verstehen. Ein Mensch zu »sein« bedeutet geradezu, die Suche nach Erklärungen und Sinn zu verkörpern.

Der Mensch möchte seine Welt – die ganze Welt – verstehen,

und zu diesem Zweck erschafft er sich Bilder vom Universum, er erschafft sich Kosmologien. Die ursprünglichsten Weltbilder, die wir kennen, sind magische Weltbilder und datieren wohl Hunderttausende von Jahren zurück.

Im Zeitalter der Magie versuchten die Menschen ihre Welt mit Hilfe von Geistern zu verstehen. Was sich ereignete, wurde durch das Wirken von guten oder bösen Geistern erklärt. Diese Geister zeigten sich in pflanzlicher wie in tierischer Gestalt und waren auch in Feuer, Wind, Erde oder Wasser verkörpert. Tag und Nacht, Blitz und Donner, Erfolg oder Misserfolg bei der Jagd, Heilung und Tod – hinter alldem standen das Wirken und die Absicht von Geistern. Diese magischen Weltbilder betrachten wir heute als abergläubischen Unsinn und lächeln über die Einfalt der vernunftlosen »Primitiven«, auf die sie zurückgehen. Doch so einfach dürfen wir uns die Sache nicht machen, denn auch diese Weltbilder entbehrten nicht einer gewissen Vernunft und waren aus der Erfahrung abgeleitet. Diese Menschen projizierten ihr Inneres nach außen. Sie wussten aus eigener Erfahrung, dass ihre Handlungen durch Absichten motiviert waren. Was sie taten, taten sie nicht einfach so, vielmehr verfolgten sie einen Zweck damit. Wenn sie ein Werkzeug herstellten, dann in einer bestimmten Absicht. Wenn sie auf die Jagd gingen, dann weil sie Hunger hatten. Wenn sie jemanden töteten, dann aus Not, Wut, Hass oder Gier. Jede Handlung war motiviert durch Sinn und Zweck. Was lag da näher als die Annahme, dass die Vorgänge in der Natur ihren Ursprung in den Absichten irgendwelcher Wesen hätten?

Was wir heute als Vernunft oder vernünftig bezeichnen, ist das Ergebnis einer langen Entwicklung. Die Grenze, die wir in unserer heutigen Kultur zwischen Vernunft und Glauben ziehen, ist nicht absolut unverrückbar. Das war sie nie, und sie wird es wohl auch nie sein. Noch im Mittelalter war es überaus vernünftig, sich mit den Eigenschaften von Engeln zu befassen. Und noch im 18. und 19. Jahrhundert gehörte das Studium von Geistern und Dämonen zum Reich der Vernunft und zum geistigen Rüstzeug vieler Aufklärer.[36] Wie wir noch sehen werden, fußt auch unsere heutige, auf Mathematik und Logik aufbauende Naturwissenschaft auf keinem festen Grund. Weder Wissenschaft und Mathematik noch Logik haben die Sphäre des Glaubens (im Sinne einer tiefen Überzeugung, die einem zwingenden Beweis durch Logik oder Erfahrung nicht unmittelbar zugänglich ist, aber trotzdem aus tiefstem Herzen für wahr gehalten wird) vollständig verlassen. Die absolute Gewissheit, der sichere archimedische Punkt, von dem aus die Vernunft die Welt auf feste, sichere Schultern wuchten könnte, ist nirgends zu finden.

Dass die Vernunft nicht in der Lage ist, letztgültige Wahrheiten zu begründen, das hatte schon der Kirchenlehrer Augustinus (354–430) erkannt. In Vorwegnahme von Descartes' »Ich denke, also bin ich« formulierte Augustinus den Satz: »Wenn ich mich täusche, bin ich« («Si enim fallor, sum"[37]). Da man letztlich an allem zweifeln kann, was außerhalb von einem selbst liegt, führte der Weg zu den Grundlagen der Gewissheit für Augustinus nach innen. »Gehe nicht nach draußen, kehre in dich selbst ein; im inneren Menschen wohnt die Wahrheit.«[38] Indem sich der Mensch seiner eigenen Zweifel und Fehler bewusst ist, ist er sich seiner selbst bewusst, und damit ist die eigene Existenz – allen Zweifeln zum Trotz – gewiss.

Das Verhältnis von Vernunft und Glauben bündelte Augustinus in dem Satz: »Glaube, um zu erkennen, erkenne, um zu glauben.«[39]

Über tausend Jahre später nahm René Descartes (1596–1650) diesen Faden wieder auf und versuchte die Grenzen der Vernunft auszuloten. Er machte ein monströses Zweifelsexperiment. Er fragte: Auf was, auf welche Wahrheit kann ich mich bedingungslos verlassen, um dann darauf ein sicheres und wahres Weltbild zu errichten. Auf die Sinne können wir uns nicht verlassen. Zu leicht werden wir durch sie getäuscht. Bewege ich mich oder bewegt sich die leere Flasche Wodka vor mir? Bewegt sich die Erde oder die Sonne? Lassen sich Schmidt-Maschinen beeinflussen, oder waren die Forscher in Princeton nur zu dumm zum Messen? Die Antwort geben uns nicht die Sinne, sondern das nüchterne Denken. Unsere Sinne bedürfen der Kontrolle durch das Denken. Aber, fragte Descartes, können wir uns auf das Denken verlassen? Nein, auch das Denken kann uns täuschen. Wer träumt, weiß nicht immer, dass er träumt. Wer im Drogenrausch halluziniert, weiß nicht immer, dass er halluziniert, und wer irrt, weiß nicht, dass er irrt. Auch die allgemeinsten Grundbegriffe, auch die tiefsten Wahrheiten, auf denen alles Denken und Erkennen beruht, sind zweifelhaft. Raum und Zeit sind nicht getrennt, und Quanten sind keine Dinge. Also gibt es keine Gewissheit? Falsch, sagte Descartes. Wer zweifeln kann, muss denken können. Und wer denken kann, existiert. Allein die Tatsache, dass ich alles bezweifeln kann, vermittelt mir die absolute Gewissheit, dass ich bin, dass ich existiere. Da ich denke und zweifle, muss ich existieren. »Ich denke, also bin ich.«[40]

Das 17. Jahrhundert Descartes' war eine sehr fruchtbare Zeit für die Vernunft. Hier liegen die Wurzeln der europäischen Aufklärung und der modernen Wissenschaft. Im Gefolge des Renaissance-Humanismus, der den Wert und die Würde des Einzelnen betonte, glaubten die Menschen an die Kraft des eigenen Verstandes und begannen althergebrachte Glaubensvorstellungen in Frage zu stellen und abzuwerfen.

Männer wie Bruno, Galilei und Kepler wagten es damals, ein Weltmodell in Frage zu stellen, das Menschen aus drei Religionen seit Jahrhunderten Heimat, Halt und Trost war. Der Kosmologe Edward R. Harrison sagt über dieses System: »Christen, Juden und Moslems waren mit einem kosmischen

Schema gesegnet, in dem sie die wichtigste Stellung in einem endlichen und begrenzten aristotelischen Universum hatten, das die Erde umkreiste. Nach den arabischen und europäischen Standards jener Zeiten war es ein rationales und gut organisiertes Universum, das jedermann verstehen konnte; es gab der Menschheit einen Standort und eine hervorragende Bedeutung im Firmament, es lieferte für die Religion eine sichere Grundlage, und es verlieh dem menschlichen Leben auf Erden Sinn und Ziel. Niemals zuvor oder danach hat die Kosmologie den Alltagsbedürfnissen der gewöhnlichen Leute auf so lebendige Weise gedient; sie war gleichzeitig ihre Religion, ihre Philosophie und ihre Wissenschaft.«[41]

Kann man mehr von einem Weltbild erwarten? Man konnte – und man musste. Denn dieses aus aristotelischer Philosophie, ptolemäischer Astronomie und scholastischer Theologie zusammengeschusterte Weltbild hatte – und das nicht nur durch Galileis Fernrohr betrachtet – doch einige Macken aufzuweisen. Sehen wir uns die Hauptmerkmale dieses Wunderwerks einmal etwas genauer an.

Im mittelalterlichen Universum ruhte die Erde im Mittelpunkt. Sonne, Mond, Planeten und Sterne waren perfekte, makellose Körper, die um die Erde kreisten. Das Universum war endlich in Raum und Zeit. Es hatte einen Anfang (den 1. Schöpfungstag), ein Ende (die Apokalypse) und eine räumliche Grenze nach außen (die Fixsternsphäre). Die größten Schwierigkeiten des Systems ergaben sich aus der Zweiteilung der Welt in eine irdische und himmlische (sub- und supralunare) Sphäre und aus den unterschiedlichen Eigenschaften, welche die Materie in diesen Sphären haben sollte. Die himmlischen, supralunaren Himmelskörper mussten sich in diesem Modell nämlich alle auf vollkommenen, harmonischen und ewigen Kreisbahnen um die Erde bewegen. Diese Wunschvorstellung einer perfekten himmlischen Harmonie, die perfekten mathematischen Kreisen folgen sollte, trotzte

60

allen gegenteiligen Beobachtungen. Und solche Beobachtungen gab es genug, denn die beobachteten Bahndaten der himmlischen Objekte fügten sich einfach nicht in das harmonische Bild der Himmelsgucker. Die Aufgabe der damaligen Astronomen bestand hauptsächlich darin, die beobachteten unregelmäßigen Bahndaten mit Hilfe der Mathematik in vollkommene Kreisbahnen zu verwandeln. Sie erreichten dies, indem sie Zusatzannahmen machten (ein auch heute noch beliebter Kunstgriff der Kosmologen) und sogenannte Epizykel einführten. Epizykel sind Kreisbahnen, deren Mittelpunkt wiederum auf einem Kreis umläuft. Ein Planet, der die Erde auf einem Epizykel umkreist, umkreist einen gedachten Punkt, der wiederum die Erde umkreist. Durch diesen und noch andere mathematische Tricks (so wurde Epizykel auf Epizykel gestapelt) gelang es ihnen (mehr oder weniger), die beobachteten Phänomene mit ihrer Theorie in Einklang zu bringen.

Dies war der Stand der Dinge, als Galilei zum Generalangriff auf dieses Weltmodell blies. Es traten an: die Vernunft Galileis gegen den Glauben des Papstes.

Und ihr seid also anderer Meinung als Descartes?
Inwiefern?
Nun, Descartes glaubte doch mit seinem »Ich denke, also bin ich« etwas entdeckt zu haben, das über jeden Zweifel erhaben ist. Und genau das bezweifelt ihr doch. Ihr behauptet, alles könne bezweifelt werden, weil es keine objektive Wahrheit gebe.
Ganz genau.
Ihr glaubt wirklich, ihr könnt an eurer eigenen Existenz zweifeln?
Ja. Wir halten Descartes für einen Stümper – jedenfalls was das Zweifeln betrifft. Er zweifelte nur an der Wahrheit von Sätzen, nicht aber am Sinn der Worte, die er

61

verwendete. Weiß er denn, was er meint, wenn er »ich«, »denken« oder »sein« sagt? Besitzen diese Wörter wirklich einen absoluten Sinn unabhängig von der Kultur und der Zeit (also dem allgemein akzeptierten Weltmodell) ihrer Verwendung? Wir bezweifeln nicht, dass sich Descartes seiner eigenen Existenz sicher war, aber wir bezweifeln, dass die Existenz Descartes' für andere ebenso sicher ist. Wenn man an der Existenz Gottes (für dessen Existenz und Wirken es zweifellos mehr Zeugnisse gibt als für die von Descartes) vernünftig zweifeln kann, dann kann man auch an der Existenz Descartes' vernünftig zweifeln.

So, ihr haltet Descartes für einen Stümper. Damit scheint mir aber zumindest eines absolut, objektiv und unbezweifelbar sicher zu sein.

Und das wäre?

Dass ihr ganz und gar nicht an Minderwertigkeitskomplexen leidet.

Vernunft gegen Vernunft und Glaube gegen Glaube

In der Nacht vom 24. auf den 25. April 1610 fand in einer Villa in Bologna ein Treffen statt, das in die Geschichte eingehen sollte. Anwesend waren der Gastgeber Giovanni Antonio Magini, ein Astronom und Mathematiker, 24 erlauchte Professoren verschiedenster Fakultäten und – Galileo Galilei.

Galilei hatte sich in die Villa eines seiner erbittertsten Widersacher begeben, um den anwesenden Intellektuellen seine revolutionären Entdeckungen unmittelbar zu demonstrieren. Er hatte sein Fernrohr mitgebracht und wollte nun alle Zweifler zum Schweigen bringen, indem er ihnen die von ihm entdeckten Monde des Jupiter zeigte.

Alles hätte so einfach sein können. Die Herren Professoren hätten nur durch das Teleskop sehen müssen, und die objektive Wahrheit, nämlich dass es Himmelskörper gab, die nicht um die Erde, sondern um den Jupiter kreisten, hätte allen unmittelbar vor Augen gestanden. Damit wäre eine der Hauptsäulen des alten ptolemäischen Weltbildes (alle Himmelskörper bewegen sich kreisförmig um die Erde) weggebrochen und der Weg frei gewesen für das moderne, einfachere und elegante heliozentrische Weltbild des Kopernikus. Galilei wäre nicht vor die Inquisition zitiert und nicht mit der Folter bedroht worden, und die Zeit der modernen Wissenschaft hätte in aller Ruhe und Würde beginnen können. Es wäre so schön gewesen, wenn sich die anwesenden Herren Professoren nur nicht geweigert hätten, durch das Rohr zu schauen.

Dies ist die schöne Legende vom hehren und vernünftigen Streiter für die wissenschaftliche Wahrheit auf der einen und den irrationalen Glaubensdogmatikern auf der anderen Seite.

Es gibt aber noch eine andere Version der Geschichte.[42]

//

DER FALL GALILEI

Galileo Galilei (1564–1642) war ein aus dem italienischen Pisa gebürtiger Mathematiker, Physiker und Philosoph. Er erfand die moderne Sprache der Wissenschaft. Sein Stil war knapp, sachlich und präzise und unterschied sich damit fundamental vom damals üblichen blumigen Barockstil. Er war einer der ersten, der die experimentelle Methode praktisch in die Wissenschaft einführte, und er begründete mit seinen Versuchen an der schiefen Ebene die physikalische Kinematik. Im Jahr 1604 machte er seine wichtigste Entdeckung: das Gesetz vom freien Fall.

Sein zum Teil rücksichtsloses und offensives Eintreten für das kopernikanische Modell brachte ihn in Konflikt mit der Inquisition. Als er sich deren Aufforderung widersetzte, das heliozentrische Modell lediglich als Hypothese, nicht aber als physikalische Realität zu lehren und zu vertreten, wurde er angeklagt. Galilei widerrief und wurde am 22. Juni 1633 zu jahrelangem Hausarrest verurteilt.

Das Treffen in der toskanischen Villa hat tatsächlich stattgefunden, das ist durch Briefe und Aufzeichnungen der Teilnehmer belegt. Richtig ist ferner, dass sich einige Teilnehmer weigerten, durch das Teleskop zu sehen: nämlich Cremonini, ein Lehrer der Philosophie aus Padua, und sein Kollege Libri.

Richtig ist aber auch, dass alle Übrigen, die durch das Teleskop blickten, die Monde des Jupiter nicht (zumindest nicht eindeutig) erkennen konnten. Horky, Maginis Assistent, der ebenfalls an dem Treffen teilnahm, schrieb darüber Folgendes: »Ich schlief am 24. und 25. April Tag und Nacht nicht, sondern probierte das Instrument auf tausend Arten aus, an Dingen auf Erden wie auch am Himmel. Hier unten funktioniert es ausgezeichnet, am Himmel täuscht es, indem einige Fixsterne doppelt gesehen werden. Ich habe ausgezeichnete Leute und edle Doktoren als Zeugen ... und alle haben zugegeben, dass das Instrument Täuschungen erzeugt ... Das brachte Galilei zum Schweigen, und am 26. machte er sich ganz früh am Morgen traurig davon ... und dankte Magini nicht einmal für sein großartiges Essen.«[43]

Und der Gastgeber Magini schrieb am 26. Mai an Kepler über das Treffen: »Er hat nichts erreicht, es waren über 20 Gelehrte anwesend, doch keiner hat die neuen Planeten deutlich gesehen ...«[44]

Warum konnten die Anwesenden nicht sehen, was Galilei sah und was heute jedes Kind durch ein einfaches Schulteleskop sehen kann? Wollten sie die Tatsachen nicht sehen, logen sie, oder war hier eine Verschwörung von reaktionären Glaubensdogmatikern wider Vernunft und Wahrheit am Werk?

Um zu verstehen, warum Galilei in dieser Situation so grandios scheiterte, müssen wir uns die damaligen technischen Möglichkeiten ins Gedächtnis rufen. Im Vergleich zu unseren heutigen Instrumenten war Galileis Teleskop primitiv und unhandlich. Es hatte keine feste Montierung und ein so erbärmlich kleines Gesichtsfeld, dass Spötter behaupteten, das Wunder von Galileis Entdeckung bestehe nicht in der Entdeckung von Jupiters Monden, sondern darin, dass er Jupiter überhaupt mit seinem Monstrum finden konnte. Zudem war das Glas der Linsen im Vergleich zu dem heutiger Linsen minderwertig und mit der Hand geschliffen. Kein Wunder also, dass ungeübten Beobachtern die Arme lahm, das Genick steif und die überanstrengten Augen nass von Tränen wurden.

Stellt man sich die Situation auf der Terrasse der Villa bildlich vor, entbehrt die Szene nicht einer gewissen Komik. Die Elite der italienischen Gelehrten versammelt sich des Nachts um ein mit Linsen versehenes Metallrohr und versucht verzweifelt, einen winzigen Punkt am Himmel zu finden, der, kaum glaubte einer ihn dingfest gemacht zu haben, schon wieder aus dem Gesichtsfeld verschwand oder sich als Illusion erwies.

Die Bilder, die das Teleskop lieferte, wackelten, waren unscharf und von unerfahrenen Beobachtern kaum zu interpretieren. Eine sehr wichtige Frage, die sich auch jeder aufgeschlossene Teilnehmer dieser nächtlichen Satellitenjagd stellen musste, war: Bildet das Instrument die Objekte am Himmel wahrheitsgetreu ab, oder werden die Bilder vom Instrument verfälscht oder gar überhaupt erst erzeugt?

Das Verblüffende daran ist, dass selbst Galilei diese Frage nicht »vernünftig« beantworten konnte. Er konnte nämlich nicht erklären, wie sein Instrument funktionierte. Auch in seinem berühmten »Sternenboten« (Sidereus nuncius), in dem er seine Entdeckungen im Jahr 1610 veröffentlichte, geht er darauf mit keinem Wort ein.

Man kann es den anderen Teilnehmern dieser Bilderbeschwörung deshalb auch kaum verübeln, wenn sie skeptisch blieben und Galilei nicht »glaubten«.

Was nicht heißen soll, dass Galilei ein schlechter Wissenschaftler oder Beobachter war. Er drang mit seinem Teleskop in Bereiche des Sonnensystems und der Galaxie vor, die nie ein Mensch zuvor gesehen hatte. Seine Verärgerung über die Ignoranz seiner Gegner, die seine revolutionären Entdeckungen nicht wahrhaben wollten, ist nur zu verständlich. Aber gerade weil seine Entdeckungen, Methoden und Instrumente so neu waren, waren sie auch unsicher. Die Skepsis der Zweifler war deshalb nicht nur verständlich, sondern auch vernünftig, zumal Galilei nichts weniger im Sinn hatte, als ein seit Hunderten von Jahren bewährtes Weltmodell umzukrempeln, und dafür nur sehr schwache »Beweise« anführen konnte. Und wer sich heute lautstark über die »beschränkten« Teilnehmer des Treffens echauffiert, die sich weigerten, durch das Teleskop zu sehen, der sollte sich die vielen modernen Gelehrten ins Gedächtnis rufen, die sich kategorisch weigern, die Forschungsergebnisse moderner Parapsychologen zur Kenntnis zu nehmen.

Wenn wir das, was damals in der Bologneser Villa geschah, in die heutige Zeit übertragen, sähe das ungefähr so aus: Ein durchaus bekannter und auch anerkannter Forscher verkündet, eine große Entdeckung gemacht zu haben. Ein Vortrag in der Universität soll die Welt damit bekannt machen. Die Crème de la crème der wissenschaftlichen Welt versammelt sich in dem Hörsaal und harrt gespannt der Dinge, die da kommen werden. Der Forscher betritt mit leichter Verspätung den Saal, räuspert sich und erklärt, das gesamte physika-

66

lische Weltbild sei falsch und unvollständig. Es gebe in diesem Universum mehr Kräfte und Wirkungen, als die Wissenschaft sich das bisher habe vorstellen können. Und überhaupt sei alles ganz anders. Er werde nun mit einem neuartigen Instrument beweisen, dass es Kräfte gebe, die bisher in der Wissenschaft unbekannt waren. Er holt eine Wünschelrute hervor und hält sie über ein Glas Wasser. Die Rute schlägt aus, und der Forscher wartet auf seinen Applaus.

Einige der anwesenden Koryphäen verlassen kopfschüttelnd den Saal. Andere kommen der Aufforderung des Forschers nach und versuchen sich selbst an der Wünschelrute. Da nach langem tumultartigem Herumfuchteln mit der Rute, wobei einer der Anwesenden beinahe ein Auge verliert, das Ergebnis immer noch nicht eindeutig ist (einige Wissenschaftler glauben zwar, etwas gespürt zu haben, sind sich aber nicht sicher, weil sie als objektive Wissenschaftler keine Erfahrung mit Gefühlen haben), wird der Forscher aufgefordert, die Funktionsweise seines Instrumentes ganz genau zu erklären. Der Forscher muss leider zugeben, dass er das nicht kann.

Könnte man es den Anwesenden tatsächlich übelnehmen, wenn sie skeptisch und ungläubig blieben?

Nicht nur aus heutiger Sicht müssen Galileis Argumente als schwach erscheinen. Vernünftig betrachtet, erscheint es fast unglaublich, dass sich Galileis Sicht so schnell durchsetzen konnte. Denn schon damals war bekannt, dass unser Wahrnehmungsapparat Schwächen besitzt und einer hemmungslosen Interpretationslust frönt. Nur zu leicht lässt uns unser Auge-Gehirn-System Dinge sehen, die gar nicht da sind. Die »canali« (= Rinnen) auf dem Mars, die Schiaparelli 1877 sah und zeichnete, sind nur ein Beispiel unter vielen. Außerdem ist uns heute bewusst, dass Linsen und Linsensysteme die Wirklichkeit nicht eins zu eins abbilden. Es gibt eine regelrechte Wissenschaft der Abbildungsfehler. Galilei konnte davon noch nichts wissen, aber selbst damals hätte die Vernunft es erfordert, ein Instrument, in das man Vertrauen setzt, erst einmal systematisch zu studieren, um seine Schwächen aufzudecken.

Jetzt macht ihr es euch aber doch zu einfach.
Inwiefern?
Galilei hatte schon etwas bessere Karten und Argumente als euer Ruten-Alm-Öhi. Immerhin gab sogar dieser Oberskeptiker Horky zu, dass das Teleskop sehr gut funktionierte, wenn er es auf irdische Dinge richtete.
Ja, und?
Nun, wenn das Teleskop auf der Erde gut funktioniert, dann kann man doch mit gutem Grund annehmen, dass es auch funktioniert, wenn man es auf den Himmel richtet.
Nein, damals konnte man das nicht einfach annehmen.
Wollt ihr mir jetzt spitzfindig mit dem Unterschied zwischen irdischer und Himmelssphäre kommen.
Nicht nur, aber auch. Erstens war diese Unterscheidung damals bei weitem nicht so »spitzfindig«, wie es uns heute erscheint. Beobachtungen und Erfahrungen zeigten eindeutig, dass sich die Objekte am Himmel anders verhielten als irdische Objekte. Eine angestoßene Kugel rollte auf ebenem Grund geradeaus und kam irgendwann zur Ruhe. Jedes sich bewegende Objekt auf der Erde kam irgendwann wieder zur Ruhe. Die Beobachtungen der Objekte am Himmel offenbarten aber etwas anderes. Die Dinge dort bewegten sich nicht gerade, sondern auf Kreisbögen, und sie kamen auch nie zur Ruhe. Zweitens konnte Galilei nicht schlüssig erklären, warum sich die Himmelsobjekte in Bezug auf das von ihnen ausgesandte oder reflektierte Licht genauso verhalten sollten wie irdische Objekte. Wenn sie sich schon anders bewegten, warum sollten sie sich nicht auch in

68

Bezug auf das Licht und das Teleskop anders verhalten? In diesem Falle wäre es also verständlich gewesen, dass das Teleskop auf der Erde funktionierte, am Himmel aber versagte und dem Beobachter vernarbte Oberflächen statt perfekter Kugeln zeigte.

Das erinnert mich doch sehr an eure Behauptung, jede Beobachtung sei theoriebehaftet.

Stimmt! Diese ganze Episode ist ein Paradebeispiel dafür. Damals gab es eine Theorie, die besagte, dass es einen Unterschied zwischen der Erde und den himmlischen Sphären gibt. Alle Beobachtungen mussten (konnten) im Lichte dieser Theorie beurteilt werden. Wenn also das Teleskop am Himmel scheinbar versagte, so wurde dieses Versagen auf der Basis dieser Theorie gedeutet. Um zu zeigen, dass sein Teleskop den Himmel »wahrheitsgetreu« abbilden konnte, hätte Galilei zeigen müssen, dass die Bilder, die sein Teleskop lieferte, mit der Wirklichkeit am Himmel übereinstimmten. Das hätte er aber nur tun können, wenn er und alle anderen gewusst hätten, wie die Objekte am Himmel »tatsächlich« aussahen. Genau das konnte aber keiner wissen, denn im Gegensatz zu den irdischen Objekten hatte noch niemand einen Stern, Jupiter oder den Mond aus der Nähe gesehen. Das einzige Instrument, das ihnen hätte zeigen können, wie die Dinge am Himmel aussahen, war das Teleskop, dessen Zuverlässigkeit aber gerade in Frage stand und für dessen Funktionsweise Galilei keine Theorie anzubieten hatte. Aber selbst wenn er sein Instrument voll verstanden hätte, wäre er damit noch lange nicht imstande gewesen zu beweisen, dass sich himmlische Dinge in Bezug auf sein Teleskop ebenso naturgetreu abbilden ließen wie irdische Dinge. Das war eine Voraussetzung, die man einfach glauben musste, um mit dem Teleskop am Himmel forschen zu können. Übrigens stehen wir heute immer noch vor ganz ähnlichen Problemen. Auch wir müssen die Bilder und Daten unserer Teleskope interpretieren – und diese Interpretationen basieren auf Theorien. Die beobachtete Rotverschiebung ferner Galaxien zum Beispiel interpretieren wir ganz selbstverständlich als Fluchtgeschwindigkeit, obwohl wir dafür letztlich keinen Beweis haben.

Der Physiker und Philosoph Carl Friedrich von Weizsäcker sagt zum Fall Galilei: »Aber warum gelang es ihm nicht, die Kirche zu überzeugen? Ich fürchte, ich muss antworten: weil er eben nicht eine klar erkennbare Wahrheit gegen mittelalterliche Rückständigkeit verteidigte. Die Dinge lagen eher umgekehrt: er konnte nicht beweisen, was er behauptete …«[45]
Und Weizsäcker fährt fort: »Er (Galilei) war ein Fanatiker in dieser Auseinandersetzung. Aber wir müssen den Spieß noch einmal umdrehen: Er hatte damit recht, dass er ein Fanatiker war. Die großen Fortschritte der Wissenschaft geschehen nicht, indem man ängstlich am Beweisverfahren klebt. Sie geschehen durch kühne Behauptungen, die den Weg ihrer eigenen Bestätigung oder Widerlegung selbst erst eröffnen … Die Wissenschaft braucht Glauben so gut wie Religion, und beide Weisen des Glaubens unterwerfen sich, wenn sie sich selbst verstehen, der ihnen jeweils eigentümlichen Probe: der religiöse Glaube im menschlichen Leben, der wissenschaftliche im Weiterforschen.«[46]
Galilei war felsenfest davon überzeugt, recht zu haben, schließlich riskierte er einiges für diese Überzeugung. Aus heutiger Sicht müssen wir aber sagen, dass auf Galileis Seite ebenso ein Gemisch aus Glauben, Vernunft und Unvernunft im Spiel war wie auf der anderen Seite. In gewisser Weise befand er sich damals tatsächlich in einer ähnlichen Situation wie viele Parapsychologen heute. Er hatte sehr viele Stunden

an seinem Teleskop verbracht, hatte viel Erfahrung gesammelt, er wusste, was das Instrument konnte und wie man es handhaben musste. All das hatte ihn zu der Überzeugung gebracht, dass sein Teleskop zuverlässig war. Doch er stand nun vor dem Problem, seine subjektive Erfahrung anderen zugänglich zu machen. Erst als ihm das gelungen war und die anderen seine Theorie akzeptierten, waren die Jupitermonde wirklich existent.

Das ist ja alles schön und gut, aber es rechtfertigt doch noch lange nicht, dass man Galilei wegen seiner Überzeugungen einsperrte und mit Folter bedrohte.
Das haben wir auch gar nicht behauptet. Wir wollten nur zeigen, dass Galileis Gegner in der wissenschaftlichen Auseinandersetzung sehr gute und auch vernünftige Gründe für ihre Skepsis und Zweifel hatten. Solche Auseinandersetzungen finden in der Wissenschaft häufig statt, und meist lässt sich erst im Rückblick und auch dann nur im Spiegel der neuesten Theorie (des aktuellen Glaubens) entscheiden, wer nun tatsächlich die vernünftigeren Argumente und den richtigen Glauben hatte.
Damals und auch später noch rechtfertigte die Kirche ihr Vorgehen gegen Galilei mit dem Hinweis, sie habe die Menschen vor dessen neuer schädlicher und unbewiesener Theorie schützen müssen. Was haltet ihr von dieser Behauptung?
Da ist wohl etwas Wahres daran. Totalitäre Systeme neigen nun einmal dazu, nur das Beste zu wollen, und geben dabei ständig vor, die Menschen vor sich selbst schützen zu müssen, weil sie viel besser wüssten, was der Bürger zu seinem Glück brauche, als er selbst. Wie heißt es doch so schön bei George Bernard Shaw: »Der Weg zur Hölle ist mit guten Vorsätzen gepflastert, nicht mit schlechten.«

Priester des Wissens

Am 17. Februar im Jahr des Herrn 1600 brannte auf dem Campo de' Fiori in Rom ein Scheiterhaufen. In den Flammen starb Giordano Bruno (1548–1600). Nach fast achtjähriger Gefangenschaft hatte sich die heilige römische Inquisition endlich dazu durchgerungen, die Seele des Dominikanermönchs zu retten. Dazu musste der Körper des Philosophen brennen.

»Es ist ein bemerkenswerter Umstand, dass der erste Mensch, der die astronomische Situation unseres Planeten im Kosmos durchschaute, von seinen Mitmenschen dieser Erkenntnis wegen hingerichtet worden ist«[47], schreibt Hoimar von Ditfurth über diesen Vollzug christlicher Seelsorge.

Mehr als dreißig Jahre vor Galileis Widerruf hatte sich Bruno geweigert, seinen Überzeugungen abzuschwören. Am 21. Dezember 1599 erklärte er ein für alle Mal, dass er nicht widerrufen werde, dass er nichts zu widerrufen habe und dass er gar nicht wisse, was er überhaupt widerrufen solle. Das kostete ihn das Leben.

Wofür starb Giordano Bruno?

Wie Galilei und Kepler glaubte auch Bruno an das kopernikanische System. Doch Bruno ging noch weiter. Er glaubte an die Unendlichkeit des Weltalls. In diesem unendlichen All gebe es unendlich viele Sonnen (die Sterne). Um diese Sonnen würden unendlich viele Planeten kreisen. Und auf diesen Planeten würden unendlich viele Lebewesen leben.

Diese überbordende Unendlichkeit war entschieden zu viel für Brunos Zeitgenossen, die sich nur ungern aus ihrem heimeligen und endlichen ptolemäischen Sphären-Ei verjagen lassen wollten.

Kepler schrieb an Galilei, dass ihm »schon der bloße Gedanke einen dunklen Schauder« bereite, sich in »diesem unermesslichen All umherirrend zu finden«, das »jener unglück-

selige Bruno in seiner grundlosen Unendlichkeitsschwärmerei« gelehrt habe. Kepler war froh, dass Galilei mit seinem Fernrohr nur Monde gefunden hatte, die einen Planeten umkreisten. »Hättest Du auch Planeten entdeckt, die einen Fixstern umlaufen, dann würde das für mich eine Verbannung in das unendliche All Brunos bedeutet haben.«[48]
Bruno war ein furchtloser Denker, dessen Blick zwar weit in die Neuzeit reichte, der aber mit beiden Beinen noch im Mittelalter stand. Er argumentierte nicht wie Galilei aufgrund von Beobachtungen und Messungen, sondern wie ein Scholastiker des Mittelalters. Das Universum war nicht unendlich, weil er es vermessen hatte oder die Mathematik dies erforderte, sondern weil ein unendlicher Gott nur Unendliches erschaffen konnte. Einer allmächtigen und unendlichen Gottheit konnte nur ein unendliches Universum entsprechen, alles andere wäre Gott nicht würdig gewesen. Bruno experimentierte nicht, und er misstraute der Mathematik, trotzdem stellte er mit seinen progressiven Gedanken Galilei und Kepler in den Schatten. Es war Bruno, der den Keil zwischen sub- und supralunarer Sphäre heraustrieb, nicht Galilei. Für Bruno war das gesamte All von demselben göttlichen Puls durchwirkt. Er hob die von Aristoteles eingeführte Zweigeteiltheit der Welt auf und machte das All zu einer vom Heiligen Geist erfüllten Einheit. Vor Bruno war es praktisch undenkbar gewesen, die Zeit mit irdischen Dingen zu messen. Das Zeitmaß gehörte der himmlischen Sphäre an und konnte auch nur von den himmlischen Objekten abgenommen werden. Nur Sonne, Mond und Sterne waren in ihren Bewegungen zuverlässig und harmonisch genug, um als Zeitmaß dienen zu können. Erst nach Bruno konnte Galilei den ungeheuren Versuch unternehmen, ein irdisches Zeitmaß anzugeben, und Pendel als »Uhren« für seine Versuche verwenden. So wurde der Pantheismus Brunos ein wichtiger Wegbereiter der modernen Naturwissenschaft.

Warum widerrief er nicht? Warum opferte er sein Leben für seine Überzeugung? Was unterscheidet ihn von Galilei? Spekulieren wir ein wenig.

»Für wissenschaftliche Wahrheit stirbt man nicht, für ethische muss man zu sterben vermögen«, schreibt Weizsäcker über den Fall Galilei.[49]

Galilei wusste, dass die Wahrheit nicht auf seinen Tod angewiesen war. Galilei war schon zu sehr Wissenschaftler, er glaubte an eine objektive Wahrheit, die sich irgendwann durchsetzen würde. Giordano Bruno war kein Wissenschaftler in diesem Sinne. Sein Kosmos war kein objektiver physikalischer Kosmos, sein Kosmos war metaphysisch. Er trennte Wahrheit nicht vom Leben. Seine Wahrheit zeigte sich nicht in objektiven Fakten, sondern in der Art, wie er diese Wahrheit lebte. Bruno glaubte nicht nur an die Seelenwanderung und an einen zyklischen Prozess von Weltentstehung und Weltuntergang, er glaubte auch, dass jeder einzelne Mensch die Gegenwart Gottes und die Wahrheit seiner Schöpfung unmittelbar erfahren könne. Er brauchte keine Kirche, die ihm den Zugang zu Gott wies. Er brauchte niemanden, der ihm sagte und vorschrieb, was er zu glauben hatte. Er konnte Gott und die Wahrheit selbst erkennen. Er hatte den Mut, sich seines eigenen Verstandes zu bedienen, und verbat sich die Einmischung anderer in seinen Glauben. Giordano Bruno starb für seine Freiheit und sein Recht zu glauben, was er für richtig hielt. (Oder auch nicht, wer weiß das schon.)

Johannes Kepler (1571–1630) starb nicht für seinen Glauben, er lebte, forschte und stahl für ihn. Kepler war das, was wir heute einen Spinner nennen würden. Keplers Seele war ein Spiegelbild der damaligen Zeit. Seine Gedanken waren ein homogener Mischmasch aus Mittelalter und Neuzeit. Auf der einen Seite war er Anhänger des kopernikanischen Modells, ein Astronom und Mathematiker, der mit Zähigkeit und Ausdauer aus den damals besten Beobachtungsdaten (die er nach Tycho Brahes Tod den Erben geklaut hatte) die drei Keplerschen Gesetze der Planetenbewegung destillierte, die heute noch in unseren Schulen gelehrt werden. Auf der anderen Seite war er gläubiger Protestant und Astrologe, der für Wallenstein Horoskope erstellte. Er war ein Anhänger des astrologischen Determinismus, der damals die einzige Theorie zur Erklärung der charakterlichen Unterschiede der Menschen bot (ein Vorläufer unseres genetischen Determinismus). Für Kepler bestimmten die Sterne die Anlagen des Menschen, doch war der Mensch auch frei, diese Anlagen so oder so zu nutzen. Er glaubte an eine Verbindung zwischen Mensch und Kosmos.

Kepler stellte die Fragen eines modernen Wissenschaftlers und gab die Antworten eines Kabbalisten. Er fragte sich zum Beispiel, warum es nur sechs Planeten gebe statt zwanzig oder hundert (damals waren Merkur, Venus, Erde, Mars, Jupiter und Saturn bekannt) und warum diese Planeten gerade diese besonderen Abstände und Geschwindigkeiten besäßen. Hingen die Umlaufgeschwindigkeiten von der Entfernung zur Sonne ab? Das waren sehr kluge Fragen, die das Herz eines jeden Wissenschaftlers höherschlagen lassen. Doch zu ihrer Beantwortung griff er auf Prinzipien und Methoden zurück, die es erfordern, diesen Teil seiner Forschung heutigen Schulkindern vorzuenthalten. Keplers Kosmos war eine Mischung aus Physik und Mystizismus. Selbstverständlich konnten die Planeten nicht zufällig im Sonnensystem verteilt sein, denn ihre Verteilung und Bewegung mussten ja dem Plan des Schöpfers folgen. Dieser Plan wiederum musste die Struktur der göttlichen Theologie widerspiegeln. Für Kepler war der Kosmos ein Symbol für die Dreieinigkeit. Die Sonne repräsentierte den Vater, die Sphäre der Fixsterne stand für den Sohn, und die unsichtbaren Kräfte, die von der Sonne (dem Vater) ausströmten, repräsentierten den Heiligen Geist. Aus demselben Grund hatte der Raum drei Dimensionen, denn die Geometrie war ewig wie der Geist Gottes. Gott hatte das Universum nach geometrischen Prinzipien entworfen, und deshalb konnten die Menschen diesen Plan allein aufgrund geometrischer Überlegungen entschlüsseln. Astronomen waren Priester Gottes, die dazu bestimmt waren, Gottes Plan zu lesen. Zu diesem religiösen Masterplan gesellte sich noch ein Potpourri aus antiken pythagoreischen Lehren. Seit 1596 versuchte Kepler zu beweisen, dass Gott bei der Planung des Kosmos die fünf platonischen Körper der Geometrie (Tetraeder, Würfel, Oktaeder, Dodekaeder, Ikosaeder) im Sinn gehabt hatte. Die sechs Planetenbahnen sollten jeweils einen dieser Körper umschließen, so dass zwischen jeweils zwei Bahnen einer dieser Körper zu liegen kam. Saturn sollte zum Beispiel den Würfel umlaufen. Damit war natürlich klar, warum es nur sechs Planeten geben konnte. Nur bei sechs Planeten gab es fünf Zwischenräume, in die sich die fünf Körper einfügen konnten. Alles schien wie von selbst einen Sinn zu ergeben und fügte sich aufs trefflichste.

Keplers Beweisführung ist schlagend: »Die regulären Körper erster Ordnung stehen ihrer Natur nach aufrecht, die der zweiten Ordnung schweben. Wären nämlich letztere dazu geschaffen, auf einer ihrer Seiten zu stehen, erstere jedoch auf einer ihrer Ecken, dann scheute das Auge in beiden Fällen vor der Hässlichkeit eines derartigen Anblickes zurück.«[50]

Problem gelöst?

Leider passen die von Brahe gemessenen Bahndaten nicht zu Keplers logischem Modell. Kepler merkte das, und er war ehrlich genug, es sich einzugestehen. Das hielt ihn aber nicht davon ab, nach einer anderen, ähnlich genialen Lösung zu suchen. Nach nur zwanzig Jahren hatte er sie: Der Schlüssel lag nicht nur in der Geometrie, sondern auch in der Musik. Gott war nicht nur Mathematiker, er war auch Musiker. Wie hatte er das nur vergessen können?

Wieder griff Kepler auf die Antike zurück. Hatte nicht Pythagoras von einer Harmonie der Sphären gesprochen? In einem genialen Streich verband Kepler christliche Religion und antike mathematische Musik und machte die Welt in seiner Weltharmonik (Harmonice Mundi) mit Gottes Plan bekannt. Im achten Kapitel des Fünften Buches kann die Welt nun nachlesen, dass Saturn und Jupiter Bass, Mars Tenor, Venus und Erde Alt und der kleine Merkur Sopran singen.

Kepler war zufrieden. Nicht weil er die drei Gesetze der Planetenbewegung gefunden hatte, sondern weil er bewiesen hatte, dass Gott das Universum nach einem geometrischen und musikalischen Plan entworfen hatte. Die drei Gesetze, die wir heute so hochhalten, waren für ihn nur ein Nebenprodukt seiner viel wichtigeren Suche nach dem harmonischen Plan Gottes.

Wundert es einen da noch, dass Galilei Kepler für einen Wahnsinnigen hielt und nur zweimal auf dessen viele Briefe antwortete?

Vernunft und Glauben. Wohl nirgendwo in der Geschichte der Wissenschaft gingen diese zwei eine so enge Bindung ein wie in Keplers Seele.

Doch aus diesem Konglomerat scheinbar inkompatibler Gedankenverbindungen tauchen wie Leuchttürme die wichtigsten Entdeckungen der Astronomiegeschichte auf. Es war Kepler, der mit seinem ersten Gesetz ein fast zweitausend Jahre altes Dogma der Kosmologie auf den Abfallhaufen der Geschichte beförderte. Er entdeckte, dass die Planeten sich nicht auf Kreisbahnen, sondern auf Ellipsen um die Sonne bewegen, und ebnete damit den Weg für Newtons Gravitationsgesetz. Es war Kepler, der die richtige Erklärung für die Gezeiten fand, und es war Kepler, der nur einen Schritt vor der Entdeckung der Schwerkraft stand. Wie war es möglich, aus so viel Glauben, Vermutung und Vorurteil so viel vernünftigen Sinn zu gewinnen?

Edgar Allen Poe war fasziniert von Kepler und stellte sich

diese Frage ebenfalls. Seine Antwort lautete: »Hätte man ihn gefragt, ob er auf induktivem oder deduktivem Wege zu seinen Gesetzen gelangt sei, wäre seine Antwort gewesen: ›Ich weiß nichts von Wegen, ich kenne den Aufbau des Universums. Hier ist er. Mein Verstand hat ihn allein durch den Gebrauch der Intuition erfasst.‹«[51]

Und Frederico die Trochio schreibt in seinem sehr lesenswerten Buch *Newtons Koffer* über Kepler: »Tatsächlich erklärt nur eine ungeheure intuitive Begabung, wie es Kepler, geleitet von absolut unbegründeten Meinungen über die theologische und mystische Bedeutung astronomischer Größen, gelingen konnte, eine beachtliche Menge von Wahnideen hervorzubringen, um dann diejenigen unter ihnen auszuwählen, die auch die offizielle Wissenschaft nach einem halben Jahrhundert als richtig anerkennen würde.«[52]

Kepler selber schrieb in einem seiner letzten Briefe am 6. November 1629 inmitten des Dreißigjährigen Krieges: »Wenn der Sturm rast und der Staat von Untergang bedroht ist, können wir nichts Würdigeres tun als den Anker unserer friedlichen Studien in den Grund der Ewigkeit senken.«[53]

KEPLERS DREI GESETZE

1. Die Bahnen der Planeten sind Ellipsen, in deren einem Brennpunkt die Sonne steht.
2. (Flächensatz) Die Verbindungslinie von der Sonne zum Planeten (Radiusvektor, Fahr- oder Leitstrahl) überstreicht in gleichen Zeiten gleiche Flächen.
3. Die Quadrate der Umlaufzeiten der Planeten verhalten sich wie die Kuben (3. Potenzen) der großen Halbachsen ihrer Bahnellipsen.

Wenn Galilei und Kepler die Riesen waren, auf deren Schultern Newton (1643–1727) stand, dann ist Newton Atlas, der die Welt der modernen Wissenschaft auf seinen Schultern trägt. Sämtliche Leistungen dieses Mannes zu schildern würde den Rahmen dieses Vortrags sprengen.

Newton lieferte mit seinen drei Axiomen der Mechanik die Grundlage für die moderne theoretische Physik. Im Jahr 1687 erschien sein Hauptwerk *Philosophiae naturalis principia mathematica (Mathematische Grundlagen der Naturphilosophie)*, in dem er diese drei Axiome und sein Gravitationsgesetz vorstellte. Damit lieferte er den endgültigen Beweis dafür, dass im Himmel und auf Erden dieselben Gesetze herrschen. Dieselbe Kraft, die den Apfel zu Boden fallen lässt, hält den Mond auf seiner Bahn und führt die Erde um die Sonne.

Newton untersuchte Strömungsvorgänge an Flüssigkeiten, entdeckte die Interferenz und Dispersion des Lichtes und beschäftigte sich mit Akustik – und führte Selbstversuche durch.

Weil er wissen wollte, was geschieht, wenn man sich eine dicke Metallnadel hinter den Augenapfel schiebt, probierte er es bei sich aus. Merkwürdigerweise wurde er nicht blind davon und konnte einen neuen optischen Versuch starten: Er blickte so lange mit bloßen Augen in die Sonne, wie er es aushalten konnte. Über das Ergebnis dieses Selbstversuchs konnte er während eines mehrtägigen Aufenthaltes in einem abgedunkelten Zimmer ausgiebig nachdenken.

Die Mathematik war weniger riskant für seine Gesundheit. Hier entwickelte er die Infinitesimalrechnung, Reihenentwicklung und Binomialentwicklung. Er war Mitglied der Royal Society und später ihr Präsident, vertrat die Universität Cambridge im englischen Parlament und bekämpfte als Vorsteher der königlichen Münze das Falschmünzerwesen. Als er am 31. März 1727 vierundachtzigjährig in Kensington starb, hinterließ er einen Koffer voller Aufzeichnungen: insgesamt 25 Millionen Wörter lang, darunter erwartungsgemäß viele Zeilen über Mathematik und Physik. Der größte Teil dieser Aufzeichnungen beschäftigte sich jedoch mit Alchemie und Theologie.

Frederico di Trochio schreibt über den Inhalt von »Newtons Koffer«: »Seite um Seite über die Umwandlung der Elemente, den Stein der Weisen, das Lebenselixier, gefolgt von langen Interpretationen der Apokalypse und der Prophezeiungen Daniels – alles streng häretisch. Das reicht von der Ablehnung des Dogmas der Dreieinigkeit bis zur Identifizierung der katholischen Kirche mit dem Drachen der Apokalypse und des Papstes mit dem Antichrist.«[54]

Newton war ein Anhänger der ketzerischen Arianer-Sekte, die nicht an die Dreifaltigkeit glaubte. Er studierte nicht nur die Natur seiner Augen, er studierte auch ausführlich den Grundriss des längst vergangenen salomonischen Tempels in Jerusalem, weil er hoffte, darin Hinweise auf die Wiederkehr Christi und das Ende der Welt zu finden. Den Schöpfungstag berechnete er für das Jahr 3988 v. Chr., den Jüngsten Tag dürfen wir seinen Studien gemäß im Jahr 2060 n. Chr. erwarten. Seit 1669 beschäftigte er sich auch ausführlich mit Alchemie und dem Stein der Weisen. In den siebziger Jahren des 20. Jahrhunderts ergab die Analyse einer seiner Haarsträhnen eine um das Vierzigfache erhöhte Konzentration von Quecksilber, damals eines der Lieblingsmetalle der Alchemisten. Doch Newton war kein Hobbyspinner. Er betrieb seine »nichtwissenschaftlichen« Studien mit großem Ernst und widmete ihnen mindestens die Hälfte seiner Arbeitszeit.

»Der wahre Newton ist der Alchemist und Theologe, weil aus diesen Studien nicht nur die Ziele der *Philosophiae naturalis principia mathematica* geboren wurden, sondern auch die Methode dieser Bibel der modernen Physik«[55], schreibt Di Trochio.

Am Anfang des dritten Bandes seiner *Prinzipia* formuliert Newton vier Regeln zur Erforschung der Natur: die »regulae philosophandi«.
Diese Regeln gelten bis heute als ein Monument der wissenschaftlichen Naturerforschung.

NEWTONS REGELN ZUR ERFORSCHUNG DER NATUR

I. Als Ursachen zur Erklärung naturwissenschaftlicher Phänomene nicht mehr heranziehen als jene, die wahr sind und zur Erfassung dieser Erscheinungen ausreichen.

II. Gleichartigen Wirkungen in der Natur, soweit dies möglich ist, gleichartige Ursachen zusprechen.

III. Diejenigen extensiven Eigenschaften der Körper, die allen experimentell untersuchten Körpern zukommen, als universell betrachten.

IV. Nach theoretischen Behauptungen suchen, die ungeachtet entgegenstehender spekulativer Hypothesen aus den Phänomenen erschlossen werden, und an ihnen festhalten, solange nicht neuartige Phänomene dazu zwingen, sie zu präzisieren oder ihren Anwendungsbereich einzuschränken.

Es ist schon fast peinlich für die moderne Wissenschaft (und ein Student der Physik erfährt deshalb auch nichts davon), dass Newton diese Regeln nicht in erster Linie ausarbeitete, um damit die Natur zu erforschen, sondern um eine Methode zu finden, mit der er die Heilige Schrift, insbesondere die Apokalypse, interpretieren konnte. Seine Abhandlung über die Apokalypse (»Trattato sull Apocalisse«) zeigt dies ganz deutlich. Newton war überzeugt davon, dass der

Mensch die eine und letzte Wahrheit nicht in der Natur, sondern nur in der Bildsprache der Prophezeiungen finden könne. Nur die Kenntnis der Heiligen Schrift könne zur vollständigen Erkenntnis der physischen Welt führen. Er suchte und fand einen Schlüssel für diese Bildsprache in den siebzig Definitionen und 16 Regeln eines Logikhandbuchs von Robert Sanderson, das er als junger Mann studiert hatte. Newtons Methoden zur Erforschung der Natur, die noch heute in der Wissenschaft großes Ansehen genießen, sind nichts anderes als eine Vereinfachung und Reduktion dieser Regeln.

Newton ein Alchemist und religiöser Offenbarungsfetischist? Wir hätten es ahnen müssen, denn Newtons geniale Gravitationstheorie hatte von Anfang an auf Gott nicht verzichten können. Seine Theorie postulierte die Anziehungskraft aller materiellen Körper im Universum. Wenn sich aber alle Dinge anziehen, dann kann das Universum nicht stabil sein. Die Sterne und Planeten müssten alle aufeinander zustürzen, was sie offensichtlich nicht tun. Seine Theorie widersprach damit fundamental den Beobachtungen. Newton hatte das natürlich erkannt und führte deshalb Gott als Zusatzannahme und stabilisierenden Faktor ein: »Und obgleich die Materie erst einmal in verschiedene Systeme geteilt und jedes System durch göttliches Walten dem unseren ähnlich geformt wurde, würden dennoch die außen liegenden Systeme gegen die der Mitte zunächst liegenden sinken; so dass diese Ordnung der Dinge nicht ständig dauern könnte ohne eine göttliche Kraft, die sie erhält ...«[56]

Auch der Atlas der modernen Wissenschaft steht also auf einem Fundament aus (Aber-)Glauben.

Totale Verzweiflung

Galilei, Kepler, Newton, drei Geistesriesen, die das Fundament der modernen Wissenschaft legten. Und bei jedem von ihnen waren Glaube und Vernunft aufs innigste verbunden. Immer agierte der Verstand auf einer Grundlage aus Glauben, und immer stellte die Vernunft den alten Glauben in Frage, um ihn dann durch einen neuen (vernünftigeren?) zu ersetzen.

Glaubenssysteme wurden gewechselt, nicht weil eine neue Wahrheit zweifelsfrei erkannt oder bewiesen werden konnte, sondern weil sich durch neue technische oder gesellschaftliche Entwicklungen die Lebenspraxis änderte und so neue Einsichten und Erfahrungen möglich wurden. Dass Sonne und Mond keine perfekten Körper sind, konnten Menschen erst anzweifeln (nicht beweisen), als das Teleskop andere Erfahrungen ermöglichte. Jetzt hatten sie die Wahl, entweder an der alten Theorie der perfekten himmlischen Körper festzuhalten und dem Teleskop eine fehlerhafte Wiedergabe zu unterstellen, oder sie konnten das Teleskop ernst nehmen und die Theorie der perfekten Körper und Kreise aufgeben. Neue Entwicklungen eröffneten neue Alternativen und damit neue Entscheidungsmöglichkeiten und – Freiheit.

Ist es heute anders? Hat sich die Wissenschaft im Laufe der letzten Jahrhunderte von ihren esoterischen und religiösen Wurzeln so weit emanzipiert, dass sie heute nur noch der Vernunft verpflichtet und dem Glauben vollständig entwachsen ist? Sind wir heute vernünftiger als Bruno, Kepler oder Newton, weil moderne Wissenschaft auf Glauben verzichten kann?

Ehe wir dieser Frage ausführlicher nachgehen können, müssen wir noch eine wichtige Frage beantworten, die wir bisher vor uns hergeschoben haben: Was ist Vernunft, was ist Glaube, und wie hängen beide zusammen?

Kein Zweifel (zumindest kein besonders großer): Glaube ist etwas anderes als Vernunft. Aber Glaube ist auch etwas anderes als unsicheres Wissen. Der Glaube, um den es hier geht, ist etwas anderes als der Glaube, durch den wir Unsicherheit oder Vermutungen zum Ausdruck bringen. Wenn wir etwa sagen: »Ich glaube, die Wurzel aus 8 beträgt ungefähr 2,8«, oder: »Ich glaube, dein Vater hat einen Sparren locker«, dann sind das zwar Glaubensaussagen, sie haben aber trotzdem nichts mit dem Glauben zu tun, um den es hier geht.

Unter Glaube verstehen wir eine feste Überzeugung, eine (auch unbewusste) Lebenseinstellung, von der man zwar weiß (oder unbewusst annimmt), dass sie nicht logisch bewiesen oder vollständig durch Erfahrung begründet werden kann (muss), die man aber trotzdem für wahr und vernünftig hält, weil man sein Leben – oder zumindest Teile davon – danach ausrichtet. Dieser Glaube basiert auf Intuition, Lebenserfahrung und tiefer innerer Überzeugung, und er geht viel tiefer als die Vermutung, dem Schwiegervater könne ein Besuch beim Psychiater nicht schaden. Dieser Glaube beschränkt sich nicht nur auf den religiösen Glauben. (Auch der Atheismus ist nur ein Glaube, der nicht bewiesen werden kann.) Dieser Glaube gehört zum Bereich der Grundentscheidungen, zu denen jeder auf irgendeine Weise Stellung beziehen muss, ohne letztlich Gewissheit darüber zu erlangen, ob seine Wahl richtig ist. Gibt es einen Gott? Wurde die Welt erschaffen? Ist das Universum unendlich? Ist die Welt ein Produkt des Zufalls? Hat mein Leben einen Sinn? Wie soll ich leben? Wofür bin ich bereit zu sterben? Vermitteln mir meine Sinneseindrücke ein wahres Bild der Welt? Sind diese Fragen sinnlos? Solche Glaubensfragen können nicht eindeutig durch den Verstand aufgrund objektiver Sachverhalte entschieden werden.

Wenn es keinen festen und für alle gültigen Grund gibt, auf

dem die Vernunft arbeiten kann, was meinen wir dann, wenn wir Sätze sagen wie: »Bitte sei vernünftig. Komm doch wieder zur Vernunft.« Auf welchen Grund soll sich der Angesprochene wieder zurückbegeben?

Wenn wir so etwas sagen, dann meinen wir damit, dass sich der Angesprochene doch bitte wieder so verhalten soll, wie wir es von ihm erwarten. Wir wollen, dass er unsere Erwartungen (unseren Glauben) erfüllt und nicht aus der Reihe tanzt. Dies ist der konservative Teil der Vernunft, und er hat zweifellos seine Berechtigung, weil er ein geregeltes Zusammenleben erst möglich macht. Allgemein akzeptierte Ansichten zu vertreten und sich auf das Wissen zu verlassen, das Generationen angesammelt haben, kann man nur als vernünftig bezeichnen. Opposition und Revolte nur um ihrer selbst willen haben nichts mit Vernunft, aber viel mit Dummheit, Selbstüberschätzung und Eitelkeit zu tun. Und doch hat die Vernunft auch einen revolutionären Aspekt. Manchmal bedeutet Vernunft eben auch, dass man alte Ansichten über Bord werfen und etwas tun muss, was niemand erwartet und viele als unvernünftig ansehen.

Kein Zweifel (zumindest kein besonders großer): Vernunft ist etwas anderes als Glaube. Aber Vernunft ist auch etwas anderes als Denken. Die Vernunft steht über dem Verstand und dem Denken. Sie ist das, was unseren Verstand kontrolliert und unser Denken immer wieder in Frage stellt. Sie ist unser Instrument der Reflexion, sie ist das kleine Loch aus dem sich der Zweifel hervorstiehlt, um an uns zu nagen. Es ist die Vernunft, die es uns erlaubt, unser Denken und unseren Glauben (den alten Grund) immer wieder in Frage zu stellen und zu kontrollieren. Während der Verstand nur die Teile eines auf Glauben basierenden Puzzlespiels zu ordnen versucht, erlaubt es uns die Vernunft, das Puzzlespiel durch ein anderes zu ersetzen.

Aber es ist auch die Vernunft, die es uns erlaubt, unsere Vernunfturteile zu hinterfragen und wenn nötig zu verwerfen. Aber weil die Vernunft auch imstande ist, sich selbst in Frage zu stellen, kann sie sich selbst nicht begründen. Wie ein verflohter Hund jagt sie ständig ihrem eigenen Schwanz hinterher, ohne ihn je zu erwischen. Sie ist wie ein Spieler, der mittels Escape-Taste immer wieder aus dem alten Trott aussteigen und eine neue Metaebene eröffnen kann. Vernünftig sein ist kein Zustand, es ist ein potenziell unendlicher Prozess des Infragestellens.

Es ist das sogenannte Münchhausen-Trilemma: Wenn eine Begründung vollständig sein soll, dann muss auch ihre Begründung begründet werden. Das hatte schon Aristoteles erkannt. Er schrieb: »Dass es schlechterdings für alles einen Beweis gebe, ist ausgeschlossen; damit geriete man in den Fortgang ins Unendliche; und es ließe sich überhaupt nichts mehr beweisen.«[57] Wer glaubt, er könne eine vollständige Begründung für eine Behauptung oder Theorie liefern, der verhält sich wie der Baron Münchhausen. Er muss sich dazu am eigenen Schopf aus dem Sumpf ziehen.

Der Mensch sieht sich drei (gleichwertigen) Möglichkeiten gegenüber, kann also eine freie Wahl treffen:

Ist er mit dem, was von einem anderen begründet wird, nicht einverstanden, kann er das kindliche Warum-warum-warum-Spiel spielen. Der unendliche Rückgriff auf die Begründung der Begründung führt in einen unendlichen Regress und treibt den Gegner in den Wahnsinn.

Beim Zirkelschluss, wo wir in der Begründung mehr oder weniger versteckt bereits das voraussetzen, was wir begründen wollen, geben wir uns den Anschein des logischen Denkers und begründen unseren Glauben »logisch« durch unseren Glauben.

Beim Dogmatismus halten wir an einer willkürlichen Stelle an und weigern uns, auf die unvermeidliche nächste Warum-Frage eine weitere Begründung zu liefern. (Mit Ungläubigen, die keine Ahnung haben, lohnt es nicht zu diskutieren, weil sie so oder so verdammt sind.) Diesen Standpunkt könnten wir den »heiligen« Standpunkt nennen.

Also kann keine Begründung vollständig sein – was allerdings nicht zu beweisen ist.

Also läuft alles vernünftige Zweifeln auf einen unendlichen Regress hinaus.
Im Prinzip, ja.
Nur im Prinzip?
Natürlich, kein Mensch kann ständig alles bezweifeln. Dieser Regress ist nur potenziell unendlich. Er ist endlich, weil wir im absoluten Zweifel nicht leben können.
Und wann endet er dann?
Wenn man sich einen Sprengstoffgürtel umschnallt, sich unter möglichst viele unschuldige Menschen mischt und ihnen durch Zünden des Sprengstoffs die eigene absolute Wahrheit aufzwingt.
Würdet ihr jetzt bitte zur Sache kommen.
Wir sind bei der Sache. Hier geht es nämlich um Freiheit.
Das verstehe ich nicht.
Sie haben gefragt, wann der Regress endet. Nun, er endet, wenn Sie ihre geistige Freiheit an den Nagel der absoluten Wahrheit hängen.
Aber ihr habt doch eben noch gesagt, dass kein Mensch im absoluten Zweifel leben kann, dass niemand ständig alles bezweifeln kann und der Regress deshalb enden muss.
Das gilt nur potenziell.
Ihr wollt mich wohl verarschen.
Ganz und gar nicht.
Was soll dann euer Gerede bedeuten?
Wenn wir sagen, dass niemand im absoluten Zweifel le-

ben kann, dann meinen wir damit, dass man den absoluten Zweifel nicht aussprechen kann. Wer spricht oder auch nur denkt, der setzt den Sinn der Worte oder seiner gedanklichen Konstrukte schon voraus. Wenn ich also sage: »Ich bestreite, dass es eine absolute, objektive Wahrheit gibt«, dann glaube ich zumindest für diesen Augenblick, dass die Worte und Begriffe, die ich benutze, um diesen Zweifel auszusprechen, einen Sinn besitzen und damit in gewissem Sinne »wahr« sind. Und wenn wir sagen, dass der Regress nie endet, dann meinen wir damit, dass jeder vernünftige Zweifel ein Motiv, einen Grund braucht. Ich zweifle, weil … Dieses neue Motiv, dieser neue Zweifelsgrund ist aber seinerseits nichts absolut Sicheres, auch er basiert letztendlich auf einem Glauben und kann damit auch selbst wieder angezweifelt werden, so dass der Regress potenziell unendlich weitergehen kann.

Hm, ihr sagt also, dass jedes Wissen und natürlich jeder Glaube bezweifelt werden können – oder dass man zumindest nicht ausschließen könne, dass irgendwann Zweifel daran auftauchen –, dass aber gleichzeitig auch jeder vernünftige Zweifel einen Glauben braucht, der den Zweifel motiviert und der zumindest für diesen Augenblick nicht bezweifelt wird.

Richtig. Allerdings dürfen wir nicht vergessen, dass uns sehr häufig die elementarsten Gründe, auf denen unser Zweifel letztlich fußt, gar nicht bewusst sind. Diese untersten Glaubensgründe werden uns meist erst dann bewusst, wenn wir durch neue Erfahrungen auf unüberwindliche Widersprüche und Paradoxien in unserem Weltbild stoßen und neuerlich daran zu zweifeln beginnen. Interessant ist auch, dass uns unser fortgesetztes Zweifeln schließlich wieder auf einen Standpunkt zurückführen kann, den wir bereits einmal verworfen hatten. Denn schließlich können wir auch unsere Zweifel bezweifeln.

Würdet ihr zustimmen, dass es irrational wäre, einfach nur um des Zweifels willen zu zweifeln. dass es also sinnlos ist, alles zu bezweifeln?

Ja, dem würden wir zustimmen. Wie haben ja schon gesagt, dass man im absoluten Zweifel nicht leben kann.

Ihr verlangt also »vernünftige« Zweifel.

Ja.

Und was, bitte schön, ist ein vernünftiger Zweifel? Gibt es dafür irgendwelche Kriterien?

Natürlich gibt es die.

Nun, dann könnte man doch die Summe dieser Regeln oder Kriterien unter dem Oberbegriff »Vernunft« zusammenfassen. Damit hätten wir eine eindeutige Definition für vernünftiges Denken.

Nein!

Nein?

Nein, denn keine dieser Regeln wäre unzweifelhaft wahr, jede dieser Regeln könnte bezweifelt und hinterfragt werden und sich tatsächlich irgendwann als falsch oder unnötig herausstellen.

Ihr haltet es tatsächlich für möglich, dass die Regeln der Logik sich als falsch erweisen?

Von welcher Logik sprechen Sie? Meinen Sie die aristotelische Logik, die Quantenlogik, Weizsäckers zeitliche Logik, Zadehs Fuzzylogik oder eine der anderen unzähligen möglichen Logiken? Oder meinen Sie eine der vielen Metalogiken oder Metametalogiken? Vernunft lässt sich nicht eindeutig und objektiv definieren.

Das Leben lässt also keine absoluten Wahrheiten zu, kann aber auf vorläufige Wahrheiten nicht verzichten – richtig?

Besser hätten wir es nicht ausdrücken können. Das ist genau das, was wir glauben. Zumindest glauben wir es so lange, bis uns daran Zweifel kommen.

Hm, ihr glaubt also an keine absolute Wahrheit. Und wenn ich jetzt zu euch auf die Bühne käme und euch ohrfeigen würde, wären diese Ohrfeigen für euch ebenfalls keine absolute Wahrheit?

Nein.

Warum nicht? Zweifelt ihr etwa an euren eigenen Wahrnehmungen?

Nein, aber wir zweifeln daran, dass sich diese unschöne Erfahrung absolut objektivieren lässt. Auf welche Weise könnten wir für alle anderen Menschen logisch zwingend beweisen, dass Sie uns wirklich geohrfeigt haben? Zeugen könnten bestochen, Videomaterial könnte gefälscht, Ihre oder unsere Erinnerung könnte getrübt oder manipuliert sein. Wie schwierig es ist, andere Menschen durch Erfahrungsberichte zu überzeugen, sehen Sie doch an den Zweifeln, die viele Menschen noch immer an der Existenz paranormaler Phänomene haben. Es gibt unzählige Augenzeugenberichte, es gibt Video- und Tonaufzeichnungen, es gibt experimentelle Befunde und Berichte – trotzdem bezweifeln sehr viele Menschen deren Existenz. Zeugenaussagen oder Zeugnisse allein reichen nicht aus, um absolute Wahrheiten zu begründen. Würden Aussagen oder Berichte ausreichen, so wären die Wunder Jesu allein deshalb wahr, weil es dafür Augenzeugenberichte gibt. Absolute Wahrheit erfordert die jederzeitige von jedermann vornehmbare Überprüfbarkeit, weil jedes Dokument gefälscht oder manipuliert sein kann. Es geht nicht um die Wahrheit subjektiver Erfahrungen, es geht um absolute, objektive Wahrheiten. Und zur Objektivität gehört, dass andere Menschen eine Behauptung zweifelsfrei nachprüfen können und dass alle zwingend zum selben Schluss kommen müssen – ob sie wollen oder nicht.

Was eine Einschränkung ihrer Freiheit wäre.

Richtig, langsam verstehen wir uns.

Freiheit in Aktion

Wenn Vernunft und Verstand immer auf einem Fundament aus Glauben agieren, dann hat das viele erfreuliche, aber auch einige erschreckende Konsequenzen. Wenn jede Argumentation, wenn jeder Beweis durch ein (wenn auch noch so kleines) Quentchen Glauben verunreinigt ist, dann kann es letztlich für uns Menschen keine absolut objektive Wahrheit geben.

Glaube ist etwas zutiefst Subjektives. Einen Glauben kann man nicht objektivieren, er lässt sich nicht objektiv durch den Verstand beweisen, sonst wäre er kein Glaube. Versucht man einen Glauben zu begründen, muss man das durch einen anderen Glauben tun. Eine Glaubenswahrheit ist immer nur der vorläufige Endpunkt einer im Prinzip unendlichen Begründungskette.

Dass der Glaube individuell und subjektiv ist, bedeutet nicht, dass er nicht von vielen Menschen geteilt werden kann. Menschen werden von Menschen erzogen und wachsen mit bestimmten Glaubensvorstellungen auf, die sie (meist) nicht hinterfragen und als »Grundwahrheit« verinnerlichen. Wenn die weiter oben erzählten Geschichten aber eines zeigen, dann, dass die Menschen nicht ein für alle Mal an diese »Grundwahrheiten« gekettet sind. Sie sind frei, diese Glaubenswahrheiten zu hinterfragen und wenn nötig durch andere zu ersetzen.

Solche neuen Glaubenswahrheiten werden immer von Individuen, von Subjekten entdeckt, aber nicht, indem der Entdecker, von seiner Vernunft geleitet, einem logischen Pfad folgt und schließlich einen brennenden Dornbusch erreicht. Wäre es so, hätte der Entdecker keinerlei Schwierigkeiten, seine neue Wahrheit allen anderen zu beweisen. Diese müssten dann nur der Spur aus logischen Brotkrumen folgen, die er ausgelegt hat. Neue Ideen werden aus einem kreativen Akt heraus geboren. Ihre Entstehung entzieht sich in letzter Konsequenz der rationalen Analyse. Sind sie einmal da und werden kommuniziert, besteht die Möglichkeit, dass sie sich verbreiten, um später einmal zu unhinterfragten »Grundwahrheiten« zu werden. (Wenn sie da sind, lassen sich im Nachhinein objektive und logische Begründungen für sie finden. Solange sie noch nicht da und anerkannt sind, lassen sie sich nicht logisch aus bereits Bekanntem herleiten.)

Der Mensch, der die Götter erfand und die Naturgeister arbeitslos machte, konnte für seine Entdeckung sicher keine objektiven Beweise vorlegen. Aber die »vernünftigen« Erklärungen und Geschichten, die er aus seinem Weltbild für die Vorgänge in der Natur ableitete (der Blitz als auf die Erde geschleuderter Hammer Thors), um seine Behauptung plausibel zu machen, überzeugten (faszinierten) nach und nach seine Mitmenschen. Weder Kopernikus noch Giordano Bruno, noch Galilei konnten ihren Mitmenschen logisch zwingend beweisen, was sie behaupteten. Weder, dass sich die Erde bewegte, noch, dass das Universum unendlich ist. Da die anderen ihren Glauben (ihre Grundwahrheit) nicht teilten, mussten sie versuchen, sie zu überzeugen. Dazu genügt es aber nicht, auf den eigenen, subjektiven Glauben zu verweisen. Man braucht Argumente. In der Religion können diese Argumente in der eigenen Lebensführung bestehen. »Seht her, wie ich lebe. Mir geht es gut, ich bin zufrieden, ich finde Trost, Geborgenheit und Kraft in meinem Glauben.« Das Beispiel eines glücklichen, trostreichen Lebens kann ein sehr überzeugendes Argument sein. Galilei brauchte andere Argumente.

Hier kommen nun Vernunft und Verstand ins Spiel. Während der Glaube individuell und subjektiv ist, zielt der Verstand auf Allgemeinheit und Objektivität. Der Verstand will andere überzeugen, er ist nach außen gerichtet. Also besann sich auch Galilei auf seinen Verstand, um seine Mitmenschen zu überzeugen. Da er aber keine objektiven Beweise hatte, wandte er einige sehr wirkungsvolle und vernünftige Tricks an, um sein Ziel zu erreichen.

Statt den eigenen Standpunkt zu beweisen, verlangte er von seinen Gegnern, dass sie ihn widerlegten. Statt seine Theorie den Messdaten anzupassen, passte er die Daten seiner Theorie an. Mit anderen Worten: Er fälschte die Daten.[58] Er führte widersprüchliche Argumente an, argumentierte unehrlich, verschwieg und verfälschte Fakten und versuchte seine Gegner durch rhetorische Tricks lächerlich zu machen. Statt auf Argumente und Fakten berief er sich auf Autoritäten (auf Kepler, obwohl der nie durch Galileis Teleskop geblickt hatte).

Der Fall Galilei war sicher ein Meilenstein im Prozess der Trennung von Wissenschaft und Religion. Er war aber kein Auslöser für die Trennung von Vernunft und Glauben. In den Jahrhunderten nach Galilei eroberten sich die Wissenschaftler Schritt für Schritt ihre vollständige Unabhängigkeit von Religion und Kirche. Gab es früher kaum einen Wissenschaftler, der nicht auch in irgendeiner Weise der Kirche nahestand, ob als Ordensbruder oder als Absolvent einer kirchlichen Universität, so gibt es heute kaum noch Wissenschaftler, die von der Religion oder einer Kirche abhängen. Selbstverständlich sind auch heute noch viele Wissenschaftler religiös, doch hat die institutionalisierte Religion in den westlichen Ländern keinen direkten Einfluss mehr auf ihre Forschungstätigkeit.

Die Wissenschaft konnte zwar auf die Religion verzichten, aber sie konnte auch nach Galilei nicht auf den Glauben verzichten; sie kann es bis heute nicht.

Wissenschaftler glauben an sehr viele Dinge. Manche glauben an eine objektive Außenwelt, andere an die Mathematisierbarkeit der Wahrheit, die meisten daran, dass Naturgesetze »real« sind und nicht nur im menschlichen Geist existieren. Steven Hawking und seine Jünger glauben an eine Weltformel, fast alle glauben an die unbestechliche Vernunft und den Fortschritt.

Auf der Basis dieser Glaubenswahrheiten konstruiert die Wissenschaft ein Bild von der Welt, das sie für objektiv wahr hält.

Aber Wissenschaftler sind Menschen, Subjekte, und als solche leben sie in dieser als objektiv angenommenen Welt. Und das Bild, das sie sich von dieser objektiven Welt machen, ruht in diesen Subjekten und auf ihren »Glaubenswahrheiten«. Im Menschen verschmelzen Vernunft (Objektivität) und Glaube (Subjektivität) zu einer untrennbaren Einheit, so wie der Mensch letztlich auch mit seiner Umwelt eine Einheit bildet.

So, jetzt mal Butter bei die Fische!
Ja?
Ist Wissenschaft nur ein Glaube wie jeder andere auch?
Glaubt ihr das wirklich?
Nein!
Aha, nun ja.
Haben wir Sie jetzt auf dem falschen Fuß erwischt?
Aber ihr sagt doch, dass Wissenschaft letztlich auch nur auf Glauben basiert – oder habe ich euch da falsch verstanden?
Nein, Sie haben das schon richtig verstanden.
Und ihr sagt auch, dass es keine letztgültige Wahrheit geben kann.
In der Tat.
Aber wenn die Wahrheit weder durch Denken noch durch Erfahrung oder Experimente gefunden werden kann, wenn alles Denken und alle Vernunft auf Glauben

basieren, ist es dann letztlich nicht ganz egal, was ich denke, glaube oder tue? Schließlich kann ich doch glauben, was ich will, niemand kann mir das Gegenteil beweisen.

Richtig, niemand könnte Ihnen auf logischem Wege das Gegenteil beweisen. Die Frage ist aber doch, ob es *Ihnen* wirklich egal ist, was Sie glauben, denken oder tun.

Natürlich ist mir das nicht egal, aber wie soll ich denn entscheiden, was richtig und was falsch ist, wenn es gar keine Wahrheit gibt? Sind dann nicht alle Theorien gleich gut oder gleich schlecht? Macht es denn wirklich keinen Unterschied, ob man an eine flache oder eine kugelförmige Erde glaubt?

Für uns macht es einen Unterschied. Auch wenn keine Theorie als absolut wahr bewiesen werden kann, bedeutet das doch noch lange nicht, dass alle Theorien gleich gut oder gleich schlecht sind.

Aber was gut und was schlecht ist, lässt sich doch eurer Meinung nach auch nicht objektiv definieren.

Ganz richtig, es lässt sich nicht objektiv definieren, aber es lässt sich subjektiv entscheiden.

Auf welcher Grundlage?

Auf der Grundlage unseres Wissens und Glaubens, indem wir uns unserer Vernunft bedienen. Vernunft ist Freiheit in Aktion.

Vernunft ist Freiheit in Aktion?

Ganz richtig. Die Fähigkeit der Vernunft, alles in Frage zu stellen, ist ein Ausdruck unserer Freiheit.

Und der Glaube steht dann wohl für die Unfreiheit?

Nicht unbedingt. Da die Vernunft nicht auf einen Glauben verzichten kann, ist auch der Glaube ein Teil unserer Freiheit. Jeder Mensch braucht einen Standpunkt, von dem aus er seine Freiheit leben kann.

Und wenn ich nicht an die Freiheit glaube?

Dann würde Sie das zu unserem Gegner machen.

Nur zu eurem Gegner, nicht zu eurem Feind?

Das käme darauf an, welche praktischen Konsequenzen Sie aus Ihrem Glauben ziehen und welche konkreten Entscheidungen Sie aufgrund Ihres Glaubens treffen würden.

Und woher soll ich wissen, ob meine Entscheidungen richtig sind?

Indem Sie sie leben. »Richtige« Entscheidungen sind solche, die sich im Leben als vorteilhaft erweisen. Ob eine Entscheidung in diesem Sinn wirklich richtig ist, können Sie bestenfalls im Nachhinein beurteilen. Und manchmal nicht einmal dann.

Also liegt alles an uns selbst?

Ja, wir tragen die Verantwortung für unsere Entscheidungen und für unser Leben. Diese Verantwortung können und wollen wir weder an einen Gott noch an ein heiliges Buch, noch an irgendeine absolute wissenschaftliche oder moralische Wahrheit delegieren. Das ist der Preis für unsere Freiheit – und ein gefundenes Fressen für unsere Kritiker.

Und irgendwelche Sicherheiten gibt es nicht?

Nein, jedenfalls keine absoluten. Das Risiko des Scheiterns ist Teil unseres Menschseins, die Freiheit des Scheiterns aber ist Teil unserer schöpferischen Kraft.

Jetzt tragt ihr aber ganz schön dick auf. Ich möchte noch einmal auf die Wissenschaft zurückkommen.

Gerne.

Wenn ich eure Argumentation auf die Spitze treibe, dann bedeutet sie doch, dass wir nicht eindeutig entscheiden können, ob die Erde eine Scheibe oder eine Kugel ist, weil beide Theorien auf Glauben basieren.

Ganz richtig.

Aber wir sehen doch, dass die Erde eine Kugel ist. Auf

*Satellitenfotos ist doch eindeutig zu erkennen, dass wir
auf keiner Scheibe leben. Oder glaubt ihr, dass all diese
Fotos und die Berichte der Astronauten gefälscht seien?
Gibt es vielleicht eine riesige Verschwörung des wissen-
schaftlich-industriellen Komplexes?*

Überaus witzig. Wir möchten an dieser Stelle noch einmal dezent darauf hinweisen, dass sinnliche Wahrnehmungen in der Wissenschaft keine Beweiskraft besitzen.
Wäre es anders, dann würde die Erde stillstehen und das
Universum würde sich um uns drehen, weil das nämlich
genau das ist, was uns unsere Sinne sagen.

*Richtig, ich vergaß, dass es keine objektiven Beobach-
tungstatsachen gibt. Also ist auch die Theorie, wonach
die Erde eine Scheibe ist, für euch nicht endgültig widerlegt?*

Nein, das ist sie nicht.

*Und irgendwann wird sich die Wissenschaft dann wohl
auch genötigt sehen, die Erde wieder zum Mittelpunkt
des Universums zu erklären und sie »in alle Würden wie-
dereinzusetzen, die das kirchliche Dogma ihr wahren
wollte«?*

Ah, Sie haben Ihren *Zauberberg* gelesen. Das freut uns.

*Mich würde es wesentlich mehr freuen, wenn ihr mir eu-
ren Standpunkt etwas plausibler machen könntet.*

Unser Standpunkt ist einfach. Goethe hat ihn folgendermaßen beschrieben: »Auf freiem Grund mit freiem Vol-
ke stehn. Zum Augenblicke dürft ich sagen: Verweile
doch, du bist so schön!«[59]

*Dann waren also die revolutionären Ideen von Kepler
oder Newton nicht das Ergebnis eines rationalen Prozes-
ses, sondern von Freiheit?*

Wir glauben, dass wirklich neue Ideen weder durch logisches Denken noch durch vernünftiges Schlussfolgern
entstehen. Neue Ideen entstehen durch einen kreativen

Akt, sie sind kein Produkt der Logik oder der reinen Erfahrung. Erst im Nachhinein, nach ihrem »Erscheinen«, werden sie dem Verstand und der Logik ausgesetzt. Wenn einem die Idee gefällt, versucht man sie durch vernünftige Argumente zu stützen, findet man sie dumm, sucht man nach Gegenargumenten.

Hm. Ich glaube, ich habe irgendwo[60] gelesen, dass die Logik nicht erfunden wurde, um aus gegebenen Axiomen Schlüsse abzuleiten, sondern um für vorhandene Schlüsse Prämissen, also die grundlegenden Voraussetzungen zu finden. Würdet ihr dem zustimmen?

Ja. Zuerst ist die Idee da, und die versucht man zu begründen, indem man nach Axiomen oder Argumentationswegen sucht, aus denen sie folgt. Neue Ideen wurzeln letztlich in der Freiheit des Einzelnen, der nach neuen Wegen sucht und seine Kreativität nutzt, um sie zu verwirklichen.

Kreativität setzt also Freiheit voraus?

Unbedingt. Dazu müssen Sie sich nur den Ausstoß von Patenten oder Büchern Israels im Vergleich zur gesamten arabischen Welt oder den Ertrag an Nobelpreisen der USA im Vergleich zur gesamten restlichen Welt ansehen.

//

DIE FOLGEN DER FREIHEIT BZW. UNFREIHEIT

Bücher

In der gesamten arabischen Welt (ca. 300 Millionen Einwohner) werden heute jährlich ca. 330 Bücher übersetzt. Das ist ein Fünftel der Menge, die allein in Griechenland übersetzt wird. In den letzten 1200 Jahren wurden nur etwa zehntausend Bücher ins Arabische übersetzt, so viele, wie jährlich ins Spanische. *Nagib Mach-*

fus, der erste arabische Literatur-Nobelpreisträger, hatte im gesamten arabischen Raum eine Auflage von ca. fünftausend Exemplaren pro Buch und war damit dort einer der meistgelesenen Autoren.

In Israel (sieben Millionen Einwohner) erscheinen jedes Jahr ca. sechstausend Bücher aus aller Welt.

Patente

In den zwanzig Jahren zwischen 1980 und 2000 meldete die gesamte arabische Welt 370 Patente in den USA an, Israel dagegen 7652.

Wissenschaftliche Nobelpreise (Physik, Chemie, Medizin) von 1901 bis 2006 USA: 228. Es folgen mit Abstand Großbritannien (75), Deutschland (65) und Frankreich (26).

3
Wissenschaftliche Wahrheiten

Wissenschaftliche Forschung ist ein Handwerk. Die Objekte dieser Tätigkeit sind nicht natürliche Dinge, sondern intellektuelle Konstruktionen, die durch die Untersuchung von Problemen studiert werden.

J. R. Ravetz[61]

Sand im ewigen Uhrwerk

Seit den Zeiten Galileis hat sich die Wissenschaft zu einer nie da gewesenen Erfolgsgeschichte entwickelt. Die damals entwickelte Methode von Theorie, Experiment und mathematischer Beschreibung erlaubte es, Naturgesetze zu formulieren, die sich bei Anwendung der entsprechenden Verfahren überall überprüfen ließen. Bis zum Ende des 19. Jahrhunderts schien die gesamte materielle Welt fest im Griff der mathematikbewehrten Theoretiker und Experimentatoren zu sein. Die gesamte Welt, so wussten die Gelehrten, war ein unglaublich fein abgestimmtes Uhrwerk, in dem sich jedes Objekt, vom Atom bis zum Planeten, auf der Basis eherner Gesetze seit Urzeiten durch den dreidimensionalen Raum bewegte.

Auf der Basis dieses Glaubens ließen sich technische Revolutionen realisieren, welche die menschlichen Lebensbedingungen fundamental veränderten: Die Dampfmaschine beschleunigte das Leben der Menschen dramatisch. Verbrennungsmotoren ermöglichten erstmals einen zuverlässigen und billigen Individualverkehr. Ballone, Luftschiffe und erste Flugzeuge eroberten den Luftraum, während Dampfschiffe Seereisen schneller und sicherer machten. Die Telegrafie verband weit entfernte Regionen durch blitzschnelle Informationsübertragung.

Kein Wunder, dass die Hüter des Wissens gegen Ende des 19. Jahrhunderts vor Selbstbewusstsein strotzten. Alles schien unter die Kontrolle des wissenschaftlichen Denkens gezwungen worden zu sein. Die Welt, so das Glaubensbekenntnis, besteht aus getrennten Objekten, die sich in einem absoluten Raum und einer absoluten Zeit nach kausalen Gesetzen bewegen. Und die Naturwissenschaft hatte diese Gesetze vollständig im Griff. Sie war prinzipiell in der Lage, jeden Vorgang im Universum exakt zu beschreiben und mittels kausaler Ketten vollständig auf vorausgehende Ursachen zurückzuführen. Ob die als kleinste Materiekügelchen gedachten Atome oder ein Planet wie der Mars – sie alle folgten ewig gültigen Gesetzen, die es dem Forscher erlaubten, aus einmal gemessenen Anfangsbedingungen jeden späteren Zustand oder Aufenthaltsort zu berechnen. Nichts blieb in dieser Welt dem Zufall überlassen, nichts, auch kein Mensch, hatte in diesem Räderwerk die Freiheit, aus dem determinierten Geschehen auszuscheren.

Der französische Physiker Pierre Simon Laplace (1749–1827) brachte das Credo seiner Zeit auf den Punkt, indem er sich einen allwissenden Dämon vorstellte, der alle Bestimmungsgrößen aller Materie im Universum zu einem bestimmten Zeitpunkt kennt. »Wir können den jetzigen Zustand des Universums als die Wirkung der Vergangenheit und die Ursache seiner Zukunft sehen. Eine Intelligenz, die in einem gegebenen Augenblick alle Kräfte kennt, durch welche die Natur belebt wird, und die entsprechende Lage aller Teile, aus denen sie zusammengesetzt ist, und die darüber hinaus bereit genug wäre, um alle diese Daten einer Analyse zu unterziehen, würde in derselben Formel die Bewegungen der größten

101

Körper des Universums und die des kleinsten Atoms umfassen. Für sie wäre nichts ungewiss, und die Zukunft ebenso wie die Vergangenheit wäre ihren Augen gegenwärtig.«[62] Zukunft und Vergangenheit der Welt wären diesem Dämon ein offenes Buch.

Zahlreiche Forscher äußerten damals ihre Überzeugung, dass die Physik bis auf einige eher buchhalterische Details alle Rätsel der Natur bereits gelöst habe. So sagte zum Beispiel Lord Kelvin (1824–1907), Präsident der britischen Royal Society, im Jahre 1900 in einer Rede: »Jetzt gibt es nichts Neues mehr in der Physik zu entdecken. Wir müssen jetzt nur noch zunehmend genauere Messungen durchführen.«[63]

Über zwanzig Jahre später schrieb Bert Brecht dann in seiner Dreigroschenoper: »Ja, mach nur einen Plan, sei nur ein großes Licht, und dann mach noch einen Plan, gehen tun sie beide nicht.« Dichtermund tat Wahrheit kund, kann man da nur sagen.

Denn während die meisten Wissenschaftler noch selbstgefällig von den Zinnen ihrer ach so festen Theorietürme über das von ihnen regierte Land der Erfahrungswelt blickten, knirschte es bereits bedenklich in den Turmuhren unter ihnen. Sand war im Getriebe, doch niemand konnte es hören.

Scheinbar zu vernachlässigende Sandkörnchen begannen die bis dahin unhinterfragte Glaubensbasis des ewigen Uhrwerks zu zersetzen.

Ein solches Sandkorn war die Natur des Lichts. Was war Licht, woraus bestand Licht? Niemand wusste das so recht. Newton war noch davon ausgegangen, dass Licht aus Teilchen bestehe. Diese Theorie konnte die meisten Lichterscheinungen erklären, die geradlinige Ausbreitung, aber auch beispielsweise das Phänomen der Lichtbrechung.

Ganz anderer Ansicht war hingegen der niederländische Physiker Christiaan Huygens (1629–1695). Er betrachtete das Licht als Wellenerscheinung. Auch diese Theorie konnte

Phänomene wie Brechung und Spiegelung erklären. Was aber allein das Wellenbild perfekt beschreiben konnte, waren die für Licht typischen Beugungserscheinungen. Sie gehen auf das Phänomen der Interferenz von Wellen zurück, also auf die Tatsache, dass aufeinandertreffende Wellenberge und -täler sich gegenseitig verstärken oder auch auslöschen können (zum Beispiel, wenn ein Berg auf ein Tal trifft).

BEUGUNG UND INTERFERENZ

Schickt man Licht durch ein engmaschiges Gitter und fängt es dahinter mit einem Schirm auf, so zeigt sich ein charakteristisches Beugungsmuster aus hellen (Wellen verstärken sich) und dunklen (Wellen löschen sich aus) Bereichen. In solchen Beugungsexperimenten stellte man fest, dass Licht plus Licht nicht in jedem Fall mehr Licht ergibt, wie es der Fall sein müsste, wenn das Licht aus kleinen Teilchen aufgebaut wäre. Vielmehr kann Licht plus Licht Dunkelheit ergeben – eine mit klassischen Teilchen niemals realisierbare Situation. Wäre Licht aus Teilchen aufgebaut, würden diese hinter jeder Gitteröffnung nur jeweils einen hellen Streifen erzeugen und kein komplexes Beugungsmuster.

Aus der Kontroverse um die Natur des Lichts schien Huygens als eindeutiger Sieger hervorgegangen zu sein. Die Wellentheorie hatte nur einen Schönheitsfehler: Leider war vollkommen unklar, in welchem schwingenden Medium sich Lichtwellen eigentlich ausbreiten. Was schwingt denn da, wenn sich Licht durch das Vakuum bewegt? Wasser oder Luft konnte es ja wohl nicht sein.

Eine unbekannte Substanz, genannt Äther, sollte die Trägerfunktion für die Lichtwellen übernehmen. Das Problem mit dieser »Zusatzannahme« war nur, dass noch niemand den Äther je gesehen, gemessen oder gerochen hatte. Was war dieser merkwürdige Äther? Einerseits sollte er fein und leicht genug sein, damit sich beispielsweise der Mond ohne Behinderung durch ihn um die Erde bewegen konnte. Andererseits musste er aber so dicht und elastisch sein, dass er Billionen Schwingungen in der Sekunde ausführen und diese mit 300 000 Kilometern pro Sekunde durch den Raum tragen konnte. Phantastische Konstruktionen dieser Substanz wurden ersonnen, aber immer hakte es irgendwo, so dass sich unter den Forschern statt Licht nur Ratlosigkeit ausbreitete.

Die Seele der Welt, aus der alles Leben entspringt.
Bitte?
Das war der Äther für die alten Griechen. Er war die reine Luft, welche die Götter atmen und in der die Gestirne schweben.
Für die damaligen Physiker war er nur Mittel zum Zweck.
Für die Pythagoräer war er das fünfte Element, die Quintessenz, aus der Feuer, Wasser, Erde und Luft entstanden.
Schön. Für die Physiker war er das, was ihren Theorien fehlte.
Für die Alchemisten stand er für die Einheit oder die Vereinigung der Gegensätze.
Für die Physiker war er nur rätselhaft.
So rätselhaft wie die dunkle Materie und die dunkle Energie es heute sind?
Das ist anzunehmen.
Und welche Rolle spielt der Äther heute in der Physik?
Keine.

Der Äther war aber nicht das einzige Rätsel, vor welches das Licht die Forscher stellte und das ein leises Knirschen im Getriebe verursachte. Auch mit der Lichtgeschwindigkeit gab es Probleme – die schien nämlich konstant zu sein. Ganz egal wie schnell sich eine Lichtquelle bewegte, das von ihr ausgesandte Licht hatte immer dieselbe Geschwindigkeit (ca. 300 000 km/h[64]). Bewegt sich eine Lampe mit 1000 Sekundenkilometern relativ zum Erdboden, so sollte ihr ausgesandtes Licht eigentlich 301 000 Kilometer in der Sekunde relativ zum Erdboden zurücklegen. Dies ist aber nicht der Fall. Wir messen immer nur 300 000 Kilometer pro Sekunde, egal wie schnell sich die Lichtquelle bewegt. 300 000 plus 300 000 ergibt in der verrückten Lichtwelt nicht 600 000, sondern 300 000!

Ein weiteres Sandkorn im Getriebe des klassischen Uhrwerks war die Energieabstrahlung heißer Körper. Die Berechnungen der Theoretiker zu Intensität und Frequenz der abgestrahlten Energie stimmten einfach nicht mit den Beobachtungen überein. Die Theorie stand hier eindeutig im Widerspruch zur Wirklichkeit. Wirkliche Sorgen machte man sich deshalb aber nicht, weil man annahm, dass sich dieses Problem mit einer etwas verbesserten Theorie bald lösen ließe.

Theorie und Wirklichkeit klafften aber auch am Himmel auseinander. Bei der Beobachtung des sonnennächsten Planeten Merkur hatten die Astronomen einige Ungereimtheiten festgestellt. Idealerweise sollte Merkur sich auf einer durch Keplers Gesetze beschriebenen Ellipsenbahn bewegen. Die Beobachtungen zeigten aber einen »eiernden« Planeten: Der sonnennächste Bahnpunkt (Perihel) wanderte jährlich um einen geringen Betrag auf der Bahn weiter. Den größten Teil dieser »Periheldrehung« konnten die Theoretiker mit Hilfe der Störeinflüsse der übrigen Planeten erklären. Es blieb aber ein kleiner Rest, der sich einfach nicht mit den bekannten Gesetzen der Himmelsmechanik begreifen ließ. Aber auch dies brachte seinerzeit noch niemanden so recht in Verlegenheit:

105

Man machte einfach eine Zusatzannahme und postulierte einen noch nicht entdeckten Kleinplaneten namens Vulkan, der innerhalb der Merkurbahn um die Sonne laufen und den Merkur entsprechend stören sollte. Die Theorie dazu funktionierte hervorragend, allerdings fanden die Beobachter den Phantomplaneten nicht.

Vier unerklärliche Phänomene, die niemand so richtig ernst nahm und deren leises Knirschen im regelmäßigen Ticken des ewigen Uhrwerks unterging. Doch im 20. Jahrhundert entfalteten die kleinen Sandkörnchen eine geradezu revolutionäre Kraft. Relativitätstheorie und Quantentheorie erschütterten die axiomatische Aufhängung des alten Uhrwerks wie ein gewaltiges Erdbeben, rissen Rädchen und Pendel aus ihren Verankerungen, veränderten das Weltbild der klassischen Naturwissenschaft bis zur Unkenntlichkeit.

Das klingt beinahe so, als hätte die Wissenschaft damals bankrott gemacht.
In gewisser Weise hat sie das auch.
Auf mich wirkt sie aber auch heute noch putzmunter.
Das hat sie mit dem Kapitalismus gemeinsam. Wissenschaft ist kein dogmatisches System; sie ist deshalb nicht zwingend dem Untergang geweiht, wenn einige ihrer Axiome unter ihr wegbrechen. Wissenschaft und Kapitalismus sind lernfähig, weil sie nicht auf Dogmen, sondern auf die Freiheit der Menschen bauen.
Moment! Ihr habt behauptet, dass Wissenschaft sehr wohl auf bestimmten unhinterfragten Glaubensdogmen aufbaue, die kritiklos akzeptiert werden müssen, weil man nur so überhaupt Wissenschaft treiben könne.
Das ist richtig. In der Regel gilt das ja auch.
Also hat Karl Valentin recht, wenn er sagt: »Des is wia bei jeda Wissenschaft, am Schluss stellt sich dann heraus, dass alles ganz anders war.«

Ja, es gibt in der Wissenschaft keine absolute Sicherheit. Wissenschaftliches Denken muss auch im Hinblick auf seine »grundlegendsten Glaubenssätze« offen für eine Neuordnung sein, sagt Weizsäcker.[65] Das bedeutet aber nicht, dass man Wissenschaft ohne irgendwelche Glaubenssätze, die man für »wahr« hält, betreiben könnte. Es geht einfach nicht ohne.

Die Relativitätstheorie und die Quantentheorie haben also einige dieser grundlegenden Glaubenssätze umgestoßen?

Ja, zumindest haben sie Zweifel daran geweckt, ob diese »Grundwahrheiten« absolut gültig sein können. In einigen Fällen haben sie uns erst bewusst gemacht, auf wie vielen anderen – uns bis dahin gar nicht bewussten – Voraussetzungen unser wissenschaftliches Denken nach wie vor basiert.

Heute stehen also Lokalität, Kausalität und Objektivität in Frage?

Ja – und noch einiges mehr.

Zum Beispiel?

Zum Beispiel die Struktur von Raum und Zeit, die freie Wahl des Experiments, die aristotelische Logik oder auch das, was man hochtrabend kontrafaktische Bestimmtheit nennt und was uns erlaubt, Folgerungen aus nicht stattgefundenen, sprich kontrafaktischen Ereignissen zu ziehen.

Und darum wird es jetzt gehen?

Unter anderem, ja. Wir werden uns an Beispielen auch ansehen, wie Wissenschaft »tatsächlich« funktioniert und wo die wissenschaftliche Logik an ihre Grenzen stößt.

Dann bleibt mir nur noch, mit Karl Valentin auszurufen: »Hoffentlich wird es nicht so schlimm, wie es ist.«

Ein objektiv verliebtes Genie

Das 20. Jahrhundert hat viele Revolutionen erlebt: politische, gesellschaftliche, künstlerische, sexuelle, komische und wissenschaftliche. Die Boten des wissenschaftlichen Umsturzes waren zwei Männer, Albert Einstein (1879–1955) und Max Planck (1858–1947), der Erste ein unbekümmerter Gedankenrevolutionär, der Zweite eher ein Revolutionär wider Willen.

Einstein war ein auf naturwissenschaftlichem Gebiet äußerst begabter Schüler und eckte frühzeitig überall dort an, wo es um die Beibehaltung überlieferter Ordnungen ging: Das wilhelminische Schulsystem verließ er ohne Abschluss, nachdem ihm dort in erster Linie Verständnislosigkeit entgegengeschlagen war, dem Militärdienst entzog er sich durch Ausreise nach Mailand, und auch aus der jüdischen Gemeinde trat er aus. Nachdem er das Abitur nachgeholt hatte, studierte Einstein am Polytechnikum in Zürich und erwarb dort im Jahr 1900 das Diplom als Fachlehrer für Mathematik und Physik. Die außergewöhnlichen Fähigkeiten des jungen Mannes blieben entweder unerkannt oder wurden durch seinen wenig anpassungswilligen Charakter im negativen Sinne ausgeglichen. Wie auch immer, jedenfalls blieb ihm eine schnelle Karriere an den akademischen Hochburgen versagt. Als »Experte dritter Klasse« begann er stattdessen 1902 eine Karriere am Schweizer Patentamt. Dieser Umstand erwies sich im Nachhinein als Glücksfall, denn die dröge Zettelwirtschaft im Amt ließ ihm offenbar genügend Zeit, seine revolutionären Gedanken zu den wichtigsten physikalischen Grundfragen jener Zeit zur Reife zu bringen. Drei Jahre Patentexperte dritter Klasse brachten einen Physiker erster Klasse hervor: Mit vier revolutionären Veröffentlichungen betrat Einstein 1905 die Bühne des Wissenschaftsbetriebs. Im Jahr 1921 trug ihm eine dieser Publikationen schließlich den Nobelpreis ein:

seine Arbeit über den sogenannten photoelektrischen Effekt. In dieser Arbeit behauptete Einstein – in völligem Widerspruch zu Huygens und zum Wissenskanon der klassischen Physik –, dass Licht doch aus Teilchen bestehe. Nur so, meinte Einstein, ließen sich die experimentellen Befunde verstehen, die zeigten, dass Licht Elektronen aus einer Leiterplatte herausschlagen könne. Diese frühen Arbeiten bildeten auch die Basis für seine Spezielle Relativitätstheorie.

Was Einstein umtrieb, war ein Problem, das jahrtausendelang für die Menschen gar kein Problem gewesen war, nämlich die Bewegung von Körpern in Raum und Zeit. Wie kann diese Bewegung in maximaler Allgemeingültigkeit physikalisch beschrieben werden? Kann es eine objektive Darstellung der Bewegung geben?

Dass der Begriff einer objektiven Geschwindigkeit einige Schwierigkeiten bereitet, sehen wir spätestens dann, wenn wir einem anderen Menschen exakt mitteilen wollen, wie wir uns bewegen. Wir müssen angeben, relativ zu welchen »Objekten« wir uns bewegen. Normalerweise nehmen wir die Erdoberfläche als Bezugspunkt. Hier wird es aber kompliziert, denn »relativ zur Erdoberfläche« ist ein sehr müder Abglanz der »tatsächlichen« Bewegungsvorgänge. Die Erdoberfläche bewegt sich am Äquator mit Überschallgeschwindigkeit um die Erdachse, die Erde düst um die Sonne, die Sonne um das Zentrum der Milchstraße, die Milchstraße bewegt sich mit anderen Nachbargalaxien in einem Galaxienhaufen, dieser wiederum in Relation zu anderen Galaxienhaufen und so weiter. Wir finden keinen festen Standort.

Da es einen (erkennbaren) absoluten Ruhepunkt nicht gibt, können wir nur insoweit Objektivität herstellen, als wir eine allgemein verbindliche Umrechnungsvorschrift angeben, mit der jeder Beobachter seine eigene Bewegungssituation in die jedes beliebigen anderen Beobachters umrechnen kann. Nur diese Gleichungen sind objektiv, nicht aber die subjektiven

Beobachtungen. Galilei stellte solche Transformationsgleichungen auf. Diese Gleichungen sagen uns zum Beispiel, dass sich die Geschwindigkeiten zweier gleichförmig bewegter Systeme einfach addieren.

Einstein erweiterte in seiner Speziellen Relativitätstheorie die galileischen Transformationsgleichungen dergestalt, dass sie nicht nur die klassische Mechanik, sondern alle bekannten Naturvorgänge (auch das Licht) umfassten. Schließlich sollte die ganze Physik ja für alle Beobachter (ob bewegt oder nicht) gleichermaßen gelten. Er machte aus der Not eine Tugend und setzte die in der klassischen Betrachtungsweise rätselhafte Konstanz der Lichtgeschwindigkeit (ihre Unabhängigkeit von der Bewegung der Lichtquelle) einfach als Axiom voraus. Einsteins Theorie ruht auf der Annahme, dass die Lichtgeschwindigkeit für alle Beobachter konstant ist.

Für die gewonnene Allgemeingültigkeit musste Einstein jedoch einen hohen Preis zahlen: Die Verträglichkeit der neuen Physik mit dem gesunden Menschenverstand und dem Wissensgebäude der klassischen Physik blieb auf der Strecke. Denn aus den Gleichungen, die er aufstellen musste, um zu seiner objektiveren Fassung der Naturgesetze zu gelangen, ergaben sich spektakuläre Folgerungen:

1. Bewegte Körper sind kürzer. Ein ruhendes Lineal von einem Meter Länge ist für uns nur 80 Zentimeter lang, wenn es sich relativ zu uns mit 60 Prozent der Lichtgeschwindigkeit (also 180 000 Kilometer pro Sekunde bewegt). Bei 100 Prozent der Lichtgeschwindigkeit hätte es überhaupt keine Längenausdehnung mehr, seine Länge wäre für uns dann null.

2. Die Zeit in bewegten Systemen vergeht langsamer. Eine bewegte Uhr geht langsamer als eine ruhende Uhr. Bewegt sich die Uhr mit Lichtgeschwindigkeit, so steht die Uhr still. Dies hat nichts mit der Uhr als mechanischer Kon-

struktion zu tun, sondern ist eine allgemeine Aussage über Vorgänge in Raum und Zeit. Das hat bizarre Konsequenzen: Raumfahrer altern im Vergleich zu den Daheimgebliebenen tatsächlich (nicht nur scheinbar) langsamer. Je schneller sie fliegen, desto langsamer altern sie im Vergleich zu den Daheimgebliebenen.

3. Die Masse eines Körpers ist nicht konstant, sie nimmt mit steigender Geschwindigkeit zu. Könnte der Körper Lichtgeschwindigkeit erreichen, wäre seine Masse unendlich groß. Es ist deshalb nach Einsteins Theorie unmöglich, materielle Körper auf Lichtgeschwindigkeit zu beschleunigen. Das würde unendlich viel Energie erfordern.

4. Energie und Masse sind äquivalent. Dies wird durch Einsteins berühmteste Formel ausgedrückt: $E = mc^2$. Jeder Masse entspricht eine bestimmte Energiemenge, jedem Energiebetrag eine gewisse Masse. Licht, Wärme, Magnetfelder – alles besitzt Masse.

5. Es gibt keine »objektive« Gleichzeitigkeit. Da sich Information maximal mit Lichtgeschwindigkeit ausbreiten kann, hängt es vom Standort und Bewegungszustand des Beobachters ab, ob er zwei Ereignisse als gleichzeitig erfährt oder nicht. Ereignisse, die für den einen Beobachter gleichzeitig erfolgen, sieht ein anderer Beobachter als Folge ungleichzeitiger Ereignisse. Nicht nur Geschwindigkeit, auch Gleichzeitigkeit ist relativ.

Die Spezielle Relativitätstheorie hinterließ in der Newtonschen Welt verbrannte Erde: Die Ausdehnung von Körpern im Raum, die Dauer und Abfolge von Ereignissen und die Masse eines Körpers – all diese Eigenschaften und Begriffe, die in der klassischen Physik streng definierte Bedeutungen hatten, sind nun relativiert, nämlich abhängig von den Bewegungsverhältnissen und damit vom Zustand des Beobachters. Es gibt keine absolute, im ganzen Universum gleichermaßen geltende Zeit (und damit auch keinen absoluten Raum) mehr. Jeder Körper, jeder Mensch trägt seine eigene, mit keinem anderen Körper identische Zeit, seine »Eigenzeit«, mit sich herum.

Einstein beendete auch das klassische Nebeneinander von Raum und Zeit. Unsere Vorstellung von Körpern, die in einem absoluten Raum lokalisiert sind und sich »durch die Zeit bewegen«, steht einem tieferen Verständnis des Naturgeschehens im Weg, also verabschiedete sich Einstein unbekümmert von ihr. Raum und Zeit werden zu einer Einheit, dem Raum-Zeit-Kontinuum verschmolzen. Damit wird die Zeit zu einer Art vierten Dimension neben Länge, Breite und Höhe. Ereignisse sind keine Bewegungen in Raum und Zeit mehr, sondern feststehende Zustände in der vierdimensionalen Raum-Zeit. Das ist im wahrsten Sinne des Wortes »unvorstellbar«. Kein Wunder also, dass Einstein von diesem Zeitpunkt an seinen Ruf als verschrobenes, unverständliches Genie weghatte.

Diesen Ruf vermochte er noch zu steigern. Er beschäftigte sich nämlich mit dem Fall, dass zwei Beobachter mit ihren Bezugssystemen sich nicht mit konstanter Geschwindigkeit, sondern beschleunigt gegeneinander bewegen, wenn also etwa ein Astronaut in einer beschleunigenden Rakete sich von seinem Kollegen im Kontrollzentrum entfernt. Dieses Problem konnte man zwar auch mit Newtons Gleichungen behandeln, doch hatten diese einen eklatanten Nachteil – zumindest nach Einsteins Meinung. Sie waren nicht vollständig objektiv, das heißt, sie hatten für unterschiedlich beschleunigte Beobachter jeweils ein anderes Aussehen.

Einstein wollte das ändern und die Gleichungen vollständig objektivieren. Das Ergebnis war die Allgemeine Relativitätstheorie (ART), welche die Unanschaulichkeit der Physik in wirklich schwindelerregende Höhen steigerte.

Das Merkwürdige an der ART ist, dass sie damals eigentlich

gar nicht nötig war. Die Periheldrehung des Merkur zum Beispiel galt damals als eine unbedeutende Störung und nicht als ein fundamentales Problem, das eine neue Theorie der Gravitation erforderlich gemacht hätte. Was Einstein zu seiner Theorie trieb, waren also keine Beobachtungen, die Newtons Theorie nicht erklären konnte, es war einzig und allein sein Unbehagen angesichts der mangelnden »Objektivität« von Newtons Gleichungen. Einstein war überzeugt, dass man die Welt noch »objektiver« sehen könnte. Im Laufe seiner Überlegungen zeigte sich dann, dass die vierdimensionale Raum-Zeit nicht einfach nur ein Aufenthaltsraum für materielle Körper ist, sondern ein dynamisches Gebilde, das untrennbar mit dem Materieinhalt verknüpft ist. Die Massen der Körper wirken auf die Raumzeit ein und krümmen sie, wie eine schwere Eisenkugel eine Gummimatte. Die Krümmung der Raumzeit wiederum schreibt dem Körper seine Bewegungsmöglichkeiten vor. Newtons Schwerkraft ist somit nicht mehr eine Kraft im klassischen Sinne, sondern lediglich Ausdruck des Krümmungseffekts der Raumzeit. Die Erde bewegt sich nicht wegen eines Kraftfelds um die Sonne, sondern weil sie der durch die Sonnenmasse verursachten Raumzeit-Krümmung folgen muss. Dieser Effekt erklärte ganz nebenbei die rätselhafte Periheldrehung der Merkurbahn.

In noch viel schärferer Form als Galilei zeigte Einstein, dass nur die mathematischen Umrechnungsgleichungen, welche die Bewegung der Körper zueinander in Beziehung setzen, allgemein gültig und in diesem Sinn objektiv sind.

Es gab nun keinen Behälter (Raum) mehr, der einen Inhalt (Materie) für eine gewisse Dauer (Zeit) beherbergte. Raum, Zeit und Materie waren nun keine getrennten Größen mehr, sondern bildeten ein Geflecht, in dem das eine mit dem anderen (und dem Beobachter) untrennbar verbunden war.

Wichtige Basiselemente der Wissenschaft, nämlich fundamentale Begriffe, erfuhren eine komplette Umwertung. Einstein erweiterte oder verbesserte Newtons Theorie nicht etwa, er stürzte sie schlichtweg.

Der Patentamtexperte hat uns in ein neues Universum versetzt. Einsteins Zeit und Raum haben mit Newtons Zeit und Raum nicht mehr das Geringste zu tun. Hier wurden nicht nur das Bühnenbild umgebaut und ein paar Kulissen verschoben, hier wurde das Theater abgerissen und neu errichtet.

Einsteins ART ist seine ureigenste Entdeckung. Während an der Speziellen Relativitätstheorie auch andere Forscher arbeiteten und wichtige Vorleistungen erbrachten, auf denen Einstein aufbaute, ist die ART einzig und allein sein Werk.

Die Einsteinsche Revolution war nicht das Ergebnis logischer Schlussfolgerungen oder objektiver Beobachtungen, sondern das Resultat einer Abfolge von kreativen Akten eines in die Objektivität verliebten freien Geistes, der fähig war, die richtigen Prämissen für seine Überzeugungen zu finden. Am Anfang stand die geniale Idee (ein subjektiver Glaube an die absolute Objektivität), dann folgten ihre logische und schließlich ihre experimentelle Fundierung.

Einstein hat also Newtons Glauben an einen absoluten Raum und eine absolute Zeit gestürzt?
Ja, er hat Newtons Universum den Boden unter den Füßen weggezogen. In seinen *Principia* hatte Newton geschrieben, dass er Zeit, Raum, Ort und Bewegung nicht definiere, »weil alle damit vertraut sind«. Für Newton war sein Glaube an eine absolute Zeit so sicher wie die Wiederkehr Christi auf Erden. Newtons Universum basierte auf einem Glauben, nicht auf Wissen. Das hat Einstein uns gezeigt.

Newtons Theorien und die darauf aufbauenden Experimente und Beobachtungen waren also in hohem Maße theoriebehaftet?
Nicht nur das: Einstein hat uns gezeigt, dass die gesamte

114

Wissenschaft in höchstem Grade theoriebehaftet ist und es deshalb unmöglich ist, wissenschaftliche Gesetze von einem objektiven Standpunkt aus logisch herzuleiten.

Einsteins Relativitätstheorie scheint mir aber ziemlich logisch zu sein.

Aber sie lässt sich weder aus Newtons Theorie noch aus Beobachtungen logisch ableiten.

Warum nicht?

Weil Newtons Theorie einen absoluten Raum und eine absolute Zeit axiomatisch voraussetzt. Aus einer solchen Theorie kann man keine relative Raumzeit logisch herleiten, weil ihre Axiome dem entgegenstehen. Um zu seiner Relativitätstheorie zu gelangen, musste Einstein Newton beiseiteschieben, er konnte ihn nicht als Sprungbrett nutzen, weil beide Theorien nicht kompatibel sind, sie sind inkommensurabel, wie Philosophen sagen.

Aber es gab doch auch Beobachtungen, die Newtons Theorie nicht erklären konnte, die Anomalie der Merkurbahn zum Beispiel. Und aus solchen Beobachtungen werden doch neue Theorien gewonnen.

Nein! Im vierten Kapitel werden wir sehen, warum es unmöglich ist, von Beobachtungen auf logischem Wege zu Theorien zu gelangen. Einstein ist auch gar nicht so vorgegangen, für ihn spielte die Merkur-Anomalie keine große Rolle. Einstein ersetzte Newtons Glauben an einen absoluten Raum durch einen anderen Glauben und baute darauf dann seine Theorie auf.

Und welcher Glaube ist das?

Der Glaube, dass physikalische Gesetze für jeden Beobachter, ob beschleunigt oder nicht, dieselbe mathematische Form besitzen müssen. Dieser Glaube lässt sich weder durch Beobachtungen begründen, noch lässt er sich logisch beweisen. Dieser Glaube war die Basis, auf der Einstein Physik betrieb. Einstein war sich dessen durchaus bewusst. Ihm war klar, dass sich elementare Gesetze nicht logisch beweisen oder aus Beobachtungen zwingend ableiten lassen. In seinem Buch *Mein Weltbild* sagt er das sehr deutlich: »Zu diesen elementaren Gesetzen führt kein logischer Weg, sondern nur die auf Einfühlung in die Erfahrung sich stützende Intuition. Der Gefühlszustand, der zu solchen Leistungen befähigt, ist dem des Religiösen oder Verliebten ähnlich.«[66]

Unscharfe Welt

Den endgültigen Gnadenstoß versetzte dem klassischen Weltbild schließlich die zweite wissenschaftliche Revolution des 20. Jahrhunderts: die Quantenphysik.

Ihr Vater ist der deutsche Physiker Max Planck, dem sein Lehrer abgeraten hatte, Physik zu studieren, weil doch schon alles entdeckt sei. Planck befasste sich mit dem bereits erwähnten Sandkorn im Getriebe der klassischen Strahlungstheorie. Er ging die Sache allerdings ganz anders an. Um das Problem zu lösen, gab er einen Glauben preis, der bis dahin für die Wissenschaft unantastbar gewesen war: Er opferte den Glauben an die Stetigkeit der Welt auf dem Altar der Theorie. Im Jahr 1900 entdeckte er, dass sich die Energieverteilung eines mit einer bestimmten Temperatur strahlenden Körpers tatsächlich dann und nur dann richtig berechnen ließ, wenn man annahm, dass der Körper seine Energie nicht in beliebigen Portionen abstrahlen kann, sondern dass es eine Mindestgröße gibt, eine kleinste Energiemenge, die er Energiequant nannte. Die strahlenden Atome geben die Energie nicht stetig ab, sondern in Paketen.

Wie revolutionär Plancks Gedanke war, zeigt das folgende auf unsere Alltagswelt übertragene Beispiel. Stellen wir uns

116

vor, wir steigen in ein Auto und fahren los. Wir starten bei einer Geschwindigkeit von 0 km/h und wollen auf 100 km/h beschleunigen. Es ist klar, dass wir jede Geschwindigkeit zwischen 0 und 100 durchlaufen müssen, ehe wir die Endgeschwindigkeit erreichen. Wir können unmöglich von 0 auf 100 springen. Doch genau so und nicht anders müsse es gehen, meinte Planck. In Plancks Welt gibt es verbotene Energiebereiche (Geschwindigkeiten), die ein Teilchen nicht besetzen kann. Aber wie kommt ein Teilchen von 0 auf 100, wenn es weder die 10 noch die 50, noch die 90 durchlaufen darf? Wie kann ich ein Auto auf 100 km/h beschleunigen, wenn es mir von der Natur verboten ist, vorher 10 und 90 km/h zu fahren? Durch einen Sprung, durch einen Quantensprung, meinte Planck. Das Teilchen verschwindet einfach bei 0 und taucht im selben Augenblick bei 100 wieder auf. So einfach kann Physik sein.

Plancks Quanten lösten das Rätsel der Strahlungstheorie und warfen tausend neue Rätsel auf. »Wer nicht völlig verwirrt ist, wenn er zum ersten Mal vom Wirkungsquantum hört, der hat überhaupt nicht verstanden, wovon die Rede war«[67], meinte Niels Bohr (1885–1962), ein anderer Vater der Quantentheorie. Wie kommt man auf die Idee, die Stetigkeit der Welt aufzugeben? Jedenfalls nicht durch Logik und rationale Überlegungen. Auch in Plancks Fall war es ein kreativer Akt, der – so Planck – der Verzweiflung entsprang. Kein konventioneller Ansatz hatte zum Erfolg geführt, also probierte er einfach etwas »Verrücktes« aus. Douglas R. Hofstadter beschreibt Plancks Weg zu seiner neuen Formel so: »Planck hatte sie auf gut Glück erraten, auch wenn mehr als Glück daran beteiligt war, denn auf die Fährte zu dieser Formel war er dank seiner intuitiven Kraft gestoßen und wie ein Bluthund nicht davon losgekommen.«[68]

Es ist einer der erstaunlichsten Fakten der Wissenschaftsgeschichte, dass die großen Wendungen im Verständnis der

Naturvorgänge durch solche dem rationalen Vorgehen widersprechende Geistesblitze bewirkt wurden.

Planck behauptete also, dass die Atome Licht nur in bestimmten Portionen (Quanten) emittieren und absorbieren könnten und sich daher der Energiegehalt des strahlenden Körpers nur ruckweise ändern könne. Es sah ganz danach aus, als ob elektromagnetische Strahlung aus Teilchen bestehe, die umso größer sind, je höher ihre Energie ist. Dies bildete den Grundstock für die späteren Arbeiten Einsteins zum lichtelektrischen Effekt, für die er den Nobelpreis erhielt. Licht (elektromagnetische Strahlung) schien eindeutig aus Teilchen zu bestehen. Andererseits hatte man aber auch die Experimente zu den Beugungs- und Interferenzerscheinungen, die zweifelsfrei bewiesen, dass sich Licht wellenartig ausbreitet und damit eine Welle sein musste. Welle und Teilchen sind jedoch miteinander unvereinbare Konzepte. Was nun?

Ein anderes großes Problem war, dass diese merkwürdigen Quanten mit anderen Teilchen in Kontakt kommen und mit ihnen in Wechselwirkung treten. Was geschieht zum Beispiel, wenn so ein Quant auf ein Elektron in der Atomhülle trifft? Das Elektron bekommt dadurch eine bestimmte Menge (ein Quantum) an Energie mitgeteilt. Das Verrückte an der Sache ist, dass das Elektron die Menge an Energie auf einen Sitz zugeteilt bekommt, es »beschleunigt« quasi von 0 auf 100, ohne die dazwischen liegenden Stufen zu durchlaufen. Es macht einen »Quantensprung« und springt auf eine energetisch höhere Bahn. (Springt das Elektron wieder zurück auf seine alte Bahn, dann strahlt es ein Quant derselben Größe wieder ab.) Wenn das Elektron aber ein Teilchen wie jedes andere auch sein soll, dann ist dieses Verhalten vollkommen unmöglich.

Wie merkwürdig Elektronen sich verhalten, sehen wir an einem berühmten Experiment, dem Doppelspaltversuch.

Der Versuchsaufbau ist ganz einfach. Wir haben eine Elektronenkanone, um Elektronen abzuschießen, einen Schirm mit zwei Löchern (Spalten) und eine Reihe von Detektoren, um die Elektronen zu registrieren. Wir nehmen nun an, Elektronen seien ganz normale Teilchen, nur eben etwas kleiner als andere Teilchen. Wir feuern mit unserer Elektronenkanone auf den Schirm mit den zwei Spalten und sehen, was unsere Detektoren registrieren. Das ist schon alles. Wenn Elektronen ganz normale Teilchen wären, dann würden wir ein Ergebnis wie in Abbildung 3.1[69] erwarten. Direkt hinter den jeweiligen Spalten würden sehr viele Elektronen registriert werden. Zwischen den Spalten und etwas abseits davon würden wir entsprechend weniger finden, hierher würden sich nur einige Querschläger verirren. Dasselbe Ergebnis würden wir erhalten, wenn wir mit Tennisbällen, Pistolenkugeln oder Sandkörnern feuerten. Falls wir das obere Loch verschließen, dann verschwindet der obere Haufen einfach, und nur der untere bleibt übrig. Verschließen wir nur das untere Loch, dann bleibt der obere Haufen übrig. Das ist keine Hexerei, das kann jeder verstehen. Das könnte jeder verstehen, wenn dies das Ergebnis wäre, das uns die Natur liefert.

Was wir erwarten würden, wenn beide Spalte offen sind.

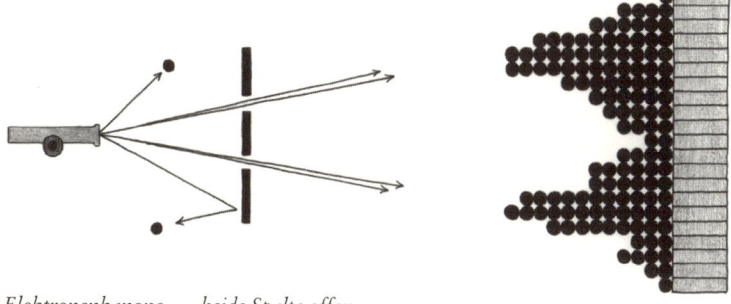

Elektronenkanone   *beide Spalte offen*

was wir erwarten würden

Abb. 3.1: Ergebnis eines Doppelspaltversuchs, falls Elektronen »normale« Teilchen wären

Leider ist die Sache aber nicht so einfach. Wie in vielen anderen Fällen nimmt das Leben auch in diesem Fall keine Rücksicht darauf, was wir erwarten. Statt unsere Erwartungen zu erfüllen, beschenkt es uns mit folgendem Ergebnis (Abb. 3.2[70]): Dort, wo wir viele Elektronen erwarten, gibt es kaum welche. Und wo wir wenige erwarten, werden wir von ihnen fast erschlagen. Ganz offensichtlich war also eine unsere Voraussetzungen falsch, denn sonst hätte der Versuch anders ausgehen müssen. Sind Elektronen vielleicht gar keine Teilchen wie andere Teilchen auch? Sind Elektronen vielleicht Wellen? Das wäre eine Erklärung, denn das Bild, das wir erhalten haben, gleicht verblüffend einem Interferenzmuster, wie es auch von Wellen erzeugt wird.

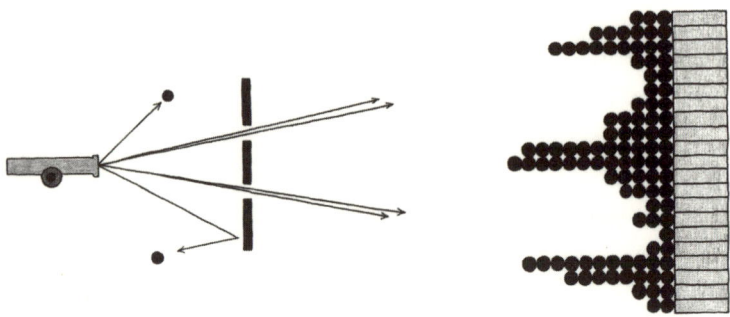

Abb. 3.2: Tatsächliches Ergebnis eines Doppelspaltexperiments mit Elektronen (Wehrli 2007)

Falls Elektronen Wellen sind, dann wäre das Messergebnis kein »Wunder« mehr. Aber: Unsere Detektoren registrieren keine Wellen, sondern einzelne Elektronen. Wenn ein Elektron auftrifft, registriert jeder Detektor sofort eine volle Elektronenladung und Elektronenmasse. Die Detektoren sagen uns, dass sie Teilchen registrieren, und das Messergebnis sagt uns, dass das nicht stimmen kann. Da ist guter Rat teuer. Ändern wir nun den Versuchsaufbau etwas ab und sehen, was passiert. Wir schließen den oberen Spalt, und es passiert genau das, was wir für Teilchen erwarten würden. Hinter dem unteren Spalt sammeln sich die Elektronen, ganz so, wie es Teilchen tun würden. Nun schließen wir den unteren Spalt und öffnen den oberen. Auch jetzt finden wir das erwartete Ergebnis für Teilchen: ein Haufen Elektronen hinter dem oberen Spalt und sehr wenige in der Mitte. Jetzt öffnen wir wieder beide Spalte, und es passiert, was gar nicht passieren dürfte. An Stellen, an denen sich sehr viele Elektronen gesammelt hatten, als nur ein Spalt auf war, finden wir jetzt plötzlich kaum noch welche. Eins plus eins scheint hier nicht zwei, sondern null zu ergeben.

Wenn beide Spalte offen sind, müssen Elektronen bestimmte Orte meiden, die sie bei nur einem offenen Spalt aufsuchen dürfen. Damit verhalten sie sich analog zu Wellen. Für Wellen spielt es nämlich eine entscheidende Rolle, ob nur ein Spalt oder beide Spalte offen sind, weil eine Welle nämlich durch beide offenen Spalte hindurchgeht. Nach dem Durchtritt durch beide Spalte überlagern sich Wellenberge und -täler und ergeben auf dem Auffangschirm das bekannte Interferenzmuster aus hellen und dunklen Streifen.

Vielleicht spalten sich Elektronen auch »irgendwie« auf, gehen durch beide Spalte und vereinigen sich danach wieder. Wir testen unsere Theorie, indem wir an jedem Spalt eine Messvorrichtung anbringen, die uns sagt, durch welchen Spalt ein Elektron hindurchgeht oder ob es vielleicht beide Spalte gleichzeitig nutzt. Wir stellen fest, dass immer nur ein ganzes Elektron durch jeweils einen Spalt hindurchgeht. Was wir aber noch feststellen, ist verwunderlicher als alles Vorherige. Denn nun registrieren unsere Detektoren genau das Bild, das wir für normale Teilchen erwarten würden. Beide

Spalte sind offen, und hinter jedem Spalt hat sich ein Haufen Elektronen versammelt (Abb. 3.1). Nehmen wir allerdings unsere Messvorrichtung an den Spalten wieder weg, dann finden wir wieder das Ergebnis aus Abbildung 3.2.

Irgendwie scheinen es Elektronen zu schaffen, im selben Experiment sowohl als Welle wie auch als Teilchen zu erscheinen. Damit haben wir mit den Elektronen dasselbe Problem wie mit dem Licht: einerseits Welle, andererseits Teilchen.

Das moderne Konzept zur Erklärung dieser Phänomene geht auf die tiefgründigen Überlegungen vieler Physiker zurück. Prominent haben Niels Bohr, Werner Heisenberg, Erwin Schrödinger und Max Born daran mitgewirkt. Die Quantentheorie ist nicht die Leistung eines Einzelnen wie die Allgemeine Relativitätstheorie, sie ist das Werk vieler großer Wissenschaftler. Und was für eines. Die heutige Quantentheorie ist die exakteste und umfassendste Theorie, welche die Menschheit je besessen hat. Sie macht die genauesten Vorhersagen und erlaubt die präzisesten Messungen. Leider ist sie so wenig anschaulich, dass kein Mensch versteht, was sie uns eigentlich über unsere Welt sagen will. Wir haben zwar einen sehr eleganten und mächtigen Formalismus, der es uns erlaubt, bestimmte experimentelle Anfangsbedingungen mit den gemessenen Endergebnissen in eine logisch-mathematische Beziehung zu setzen – für jeden einzelnen Versuch funktioniert das sehr gut –, aber wenn wir versuchen, das, was uns die einzelnen Versuche sagen, zu einem einheitlichen Bild zu fügen, geraten wir in Schwierigkeiten.

Eine sehr merkwürdige Eigenschaft der Quantentheorie ist, dass sie uns nicht mehr sagt, was ein konkretes physikalisches »Objekt« tut oder tun wird, sondern uns nur noch Wahrscheinlichkeiten dafür liefert, was das »Objekt« tun könnte. Beim Doppelspaltversuch sagt uns die quantenmechanische

Wellenfunktion nicht, welchen Weg ein bestimmtes Elektron nehmen und an welchem Ort es von einem Detektor registriert werden wird. Die Theorie sagt uns nur, wie hoch die Wahrscheinlichkeiten dafür sind, dass es auf diesen oder jenen Detektor trifft. Bei der Messung durch einen der Detektoren »kollabiert« die Wellenfunktion, und einer der möglichen Werte wird »realisiert«.

Die von Newton übernommene Theorie, Teilchen jederzeit einen Ort und eine Geschwindigkeit zuzuschreiben, führt in der Quantenwelt nur zu Widersprüchen. Einer der ersten, der erkannte, dass man sich von jenen alten Vorstellungen lösen musste, war Niels Bohr.

Zusammen mit seinem Schüler Werner Heisenberg (1901 bis 1976), der die sogenannte Unschärferelation entdeckte, entwickelte Bohr 1927 die sogenannte Kopenhagener Interpretation der Quantenmechanik.

//

UNSCHÄRFERELATION DER QUANTENMECHANIK

Die Unschärferelation bedeutet nichts anderes, als dass Ort und Impuls eines Quantenobjekts nicht gleichzeitig eindeutig definiert sind. Ort und Impuls lassen sich nicht gleichzeitig genau messen. Je genauer man die eine Größe misst, desto ungenauer wird die andere (komplementäre) Größe. Wichtig ist dabei: Es geht nicht um praktische Messbarkeit. Dass Ort und Impuls nicht gleichzeitig beliebig genau messbar sind, weil wir bei der Messung das winzige Elektron durch unseren Messakt stören würden, ist zwar richtig, hat aber mit der grundsätzlichen Erkenntnis Heisenbergs nichts zu tun. Die Kopenhagener Interpretation der Quantenmechanik geht davon aus, dass weder Ort noch Impuls eines Quantenteilchens als feste Größen definiert sind. Es »gibt« schlicht keinen »wirklichen« Ort, keinen »wirklichen« Impuls, *bevor wir eine*

Messung vornehmen. Erst eine Messung legt einen definitiven Ort *oder* eine definitive Geschwindigkeit fest, niemals aber beides zugleich.

Bohr war ein ähnlich revolutionärer Geist wie Einstein. Anstatt die erfolglosen Bemühungen fortzusetzen, die Quantentheorie mit den klassischen Wirklichkeitsvorstellungen in Einklang zu bringen, plädierte er dafür, auf alle aus der Makrophysik übernommenen Bilder, wie feste Orte und definierte Geschwindigkeiten, zu verzichten. Wenn uns die Theorie keinen Weg für das Elektron liefere, dann sollten wir auch nicht so tun, als ob es einen Weg des Elektrons tatsächlich und real gebe, meinte Bohr.

Das Elektron ist kein Teilchen im klassischen Sinne, vielmehr gleicht es einem abstrakten Gebilde aus Wahrscheinlichkeiten, die angeben, was passiert, wenn ein Beobachter kommt und sich entscheidet, eine Messung durchzuführen. Mit der Entscheidung, einen bestimmten Messaufbau zu realisieren, beeinflusst der Experimentator damit den Charakter des Elektrons (Welle oder Teilchen) fundamental.

Nach der Kopenhagener Interpretation sagt uns die Quantentheorie nicht, wie die Realität der Quantenteilchen aussieht, sondern sie beschreibt, was wir über die Quanten herausbekommen können, wenn wir diese oder jene Methode anwenden. Subjekt und Objekt gehen im Beobachtungsakt quasi eine Verbindung ein, weil eine Messung keinen Zustand feststellt, sondern ihn erst herstellt. Es ist die Messung, welche die physikalisch messbaren Eigenschaften der Quantenteilchen erst erschafft. Heisenberg selbst hat es so ausgedrückt: »Man kann gar nicht mehr vom Verhalten des Teilchens losgelöst vom Beobachtungsvorgang sprechen ... Die Frage, ob diese Teilchen ›an sich‹ in Raum und Zeit existieren, kann in dieser Form also nicht mehr gestellt werden ... Wenn

124

von einem Naturbild der exakten Naturwissenschaft in unserer Zeit gesprochen werden kann, so handelt es sich also eigentlich nicht mehr um ein Bild der Natur, sondern um ein Bild unserer Beziehungen zur Natur ... Die Naturwissenschaft steht nicht mehr als Beschauer vor der Natur, sondern erkennt sich selbst als Teil dieses Wechselspiels zwischen Mensch und Natur.«[71]

Würfelt Gott?

Für die »Realisten« unter den damaligen Physikern war die Kopenhagener Interpretation des quantenmechanischen Formalismus die reinste Ketzerei. Die Welt der Physik hatte real, kausal und determiniert zu sein. Wenn eine Theorie keine Aussagen über die »realen« Vorgänge zuließ und nur Wahrscheinlichkeiten lieferte, dann konnte man daraus noch lange nicht schließen, dass es keine »realen« Vorgänge gab, dann war eben die Theorie unvollständig – basta.

So dauerte es auch gar nicht lange, bis der in die Objektivität verliebte Einstein Bohr herausforderte. So revolutionär er in seiner Relativitätstheorie vorgegangen war – was die Quantentheorie anging, hielt er es nach wie vor mit den klassischen Gewissheiten. In einem Brief an den Physiker Max Born brachte er damals seine Skepsis gegenüber der Quantentheorie zum Ausdruck. Einstein schrieb: »Die Quantenmechanik ist sehr achtung-gebietend. Aber eine innere Stimme sagt mir, dass das noch nicht der wahre Jakob ist. Die Theorie liefert viel, aber dem Geheimnis des Alten bringt sie uns kaum näher. Jedenfalls bin ich überzeugt, dass der nicht würfelt.«[72] Einstein glaubte so fest an seine innere Stimme, dass er Gott das Recht absprach zu würfeln.

EINSTEINS GLAUBE AN REALITÄT UND LOKALITÄT

Eine physikalische Theorie ist nach Einstein dann *real*, wenn Messungen die Eigenschaften von Objekten *ablesen* und nicht *herstellen*. Der Wert jeder denkbaren Messung steht also real fest, selbst wenn wir nur Wahrscheinlichkeiten für den Wert angeben können.

Einsteins Forderungen nach Lokalität (Einstein-Separabilität) bedeutet, dass kein Objekt auf ein anderes schneller als mit Lichtgeschwindigkeit wirken kann. Räumlich getrennte Objekte können sich nicht instantan beeinflussen.

In einer ganzen Serie von scharfsinnigen Gedankenexperimenten versuchte Einstein daher zu beweisen, dass die Quantenphysik irgendwie unvollständig sei, dass also eine tiefere Theorie den Laden wieder ins objektive Lot bringen werde: Irgendwelche der Quantentheorie verborgenen Vorgänge (verborgene Variablen) würden dann zeigen, dass die Welt doch in seinem Sinne real und kausal gestrickt ist und die Wahrscheinlichkeiten nur Ausdruck unseres Unwissens waren. Zusammen mit seinen Kollegen Boris Podolsky und Nathan Rosen konzipierte er ein berühmtes Gedankenexperiment, das zeigen sollte, dass die Quantenmechanik nicht vollständig sein konnte: das EPR-Paradox.

Um die Argumentation zu verstehen, muss man wissen, dass quantenmechanische Systeme eine Eigenschaft besitzen, die man »Verschränkung« nennt. Wenn etwa Photonen bei bestimmten Prozessen gemeinsam (als »Zwillinge«) erzeugt werden, so gibt es bestimmte feste Abhängigkeiten zwischen ihren Eigenschaften. Wichtig ist dabei: Die Werte der Eigenschaften liegen damit keineswegs fest (sie entstehen nach

Bohr erst, wenn wir eine Messung an einem der Photonen vornehmen), nur die gegenseitige Beziehung der messbaren Eigenschaften ist festgelegt.

Als Beispiel für eine solche Eigenschaft betrachten wir den sogenannten Spin. Worum es sich dabei handelt, ist nicht so wichtig, genau weiß dies sowieso niemand. Entscheidend ist nur eines: Der Spin eines Teilchens kann nur zwei Werte annehmen – nennen wir sie einfach *auf* und *ab* (½ und -½, links und rechts, plus und minus täten's auch). Misst man also den Spin eines Teilchens, so hat er entweder den Wert *auf* oder den Wert *ab*. Bevor man ihn misst, gibt es laut Kopenhagener Interpretation keinen feststehenden Wert.

Nun sagt die Quantentheorie hierzu Folgendes: Die beiden verschränkten Teilchen haben – wenn wir den Spin messen – niemals beide den gleichen Spinwert, sondern eines hat den Wert *auf*, das andere den Wert *ab*. Wir brauchen also immer nur den Wert für das eine Teilchen zu messen und wissen dann automatisch, dass sein Zwillingspartner den jeweils anderen Wert hat. Messen wir am ersten Teilchen *ab*, dann ist automatisch der zweite Spinwert *auf* und umgekehrt.

Betrachten wir also nun unsere beiden erzeugten Zwillingsphotonen, von denen wir wissen, dass sie ungleiche Spinwerte haben. Welchen Wert jeweils welches Teilchen haben wird, wissen wir nicht, weil wir noch keine Messung durchgeführt haben. Nach ihrer Erzeugung sorgen wir dafür, dass die beiden Teilchen sich sehr weit voneinander entfernen, sagen wir zehn Lichtjahre. Wir beauftragen einen dort niedergelassenen Quantenmechaniker, die Messung des Spins von Photon 1 zu einer bestimmten Zeit durchzuführen. Wir führen zum selben Zeitpunkt[73] eine Messung an Photon 2 durch.

Frage: Woher weiß unser Photon 2, dass der ferne Quantenmechaniker bei seinem Zwilling *ab* gemessen hat, sodass es bei unserer Messung *auf* realisieren kann?

Einstein und seine Kollegen argumentierten nun folgendermaßen[74]: Entweder liegt der Spin der Teilchen schon vor der Messung fest, dann wäre der Spin eine Eigenschaft der Teilchen, die ihnen »objektiv« zukommt. Oder aber der Spin liegt nicht fest und wird erst durch die Messung »realisiert«, dann muss Photon 1 unserem Photon 2 irgendwie die Information übermitteln, dass es bei der Messung den Spinwert *ab* angenommen hat. Im ersteren Fall müsste es »verborgene Variablen« geben, die den Spin objektiv und unabhängig von einer Messung festlegen. Das würde bedeuten, dass die Quantentheorie unvollständig ist. Im zweiten Fall müsste Information mit Überlichtgeschwindigkeit von Photon 1 zu unserem Photon 2 unterwegs sein. So eine »geisterhafte Fernwirkung« würde allerdings die Relativitätstheorie und das Lokalitätsprinzip verletzen. Hatten nun die Realisten um Einstein recht, die behaupteten, die Quantenmechanik sei unvollständig, oder hatten Bohr und seine Anhänger, die bereit waren, sowohl Realität als auch Lokalität aufzugeben, mit ihrer Kopenhagener Interpretation recht? Glaube prallte auf Glaube, denn einen objektiven Beweis konnte keine Gruppe vorlegen. Was allerdings für Bohr und Heisenberg sprach, war der unglaubliche Erfolg der Quantentheorie. Sie machte korrekte Vorhersagen und stimmte atemberaubend gut mit den Experimenten überein. Konnte eine solche Theorie unvollständig sein?

Im Jahr 1964 stellte der irische Physiker John S. Bell dann eine Ungleichung auf, die es erlaubt, physikalische Theorien daraufhin zu testen, ob sie eine lokale und reale Welt beschreiben. Theoretische Analysen zeigten eindeutig, dass der quantenmechanische Formalismus diese Ungleichung verletzt und damit nicht gleichzeitig lokal und real sein kann. Bis heute haben die Physiker auch zahlreiche reale Experimente auf der Basis des Gedankenexperiments von Einstein, Podolsky und Rosen durchgeführt und eine überwältigende Übereinstimmung zwischen Theorie und Experiment festgestellt.

Es scheint also keine lokale und objektive Realität zu geben, zumindest nicht von der Art, wie Einsteins innere Stimme sie verlangte. Und das ist längst nicht alles, was uns die Quanten zumuten. Es gibt nämlich Experimente, bei denen der Experimentator durch sein Handeln sogar die »Möglichkeiten« der Vergangenheit ändern kann. Solche Experimente bezeichnet man als Experimente der verzögerten Wahl *(delayed choice*[75]*)*. In einem solchen Experiment stehen einem Lichtquant (Photon) zwei mögliche Laufwege zur Verfügung, und der Beobachter kann durch eine spontane und subjektive Entscheidung in der Gegenwart die Alternativmöglichkeiten, die das Photon in der Vergangenheit hatte, beeinflussen. Die Entscheidung zwingt das Photon, nachdem es in der klassischen Betrachtungsweise längst über den Verzweigungspunkt der beiden möglichen Wege hinausgeflogen ist, sich für den Weg zu entscheiden, den der Experimentator vorgibt. Wäre das Photon tatsächlich ein objektives klassisches Teilchen oder eine klassische Welle, dann wäre die Kausalität auf den Kopf gestellt; die Entscheidung des Experimentators würde in die Vergangenheit zurückwirken. Das wäre so, als könnte man durch Umstellen einer Weiche einen Zug zwingen, eine bestimmte Strecke zu fahren – nachdem der Zug die Weiche bereits passiert hat.

Man kann es drehen und wenden, wie man will, wenn man das, was die Wissenschaft für das Fundament unserer Welt hält, betrachtet, so sieht man, dass dieses Fundament fremdartiger ist, als unsere Phantasie es sich vorstellen kann.

Was sagt uns also die Quantenmechanik über unsere Welt? Zurzeit können wir aus folgenden Möglichkeiten frei wählen, wobei wir keine Garantie für die Vollständigkeit der Liste übernehmen:

Wir könnten erstens die quantenmechanischen Gleichungen als »falsch« ablehnen, weil uns die Folgerungen daraus als absurd erscheinen. Da der Formalismus aber sehr erfolgreiche

Vorhersagen macht und von zahlreichen Experimenten gestützt wird, ist diese Option nicht sehr erfolgversprechend (jedenfalls solange wir nichts Besseres anzubieten haben.)

Oder wir könnten den quantenmechanischen Formalismus und die Bellsche Ungleichung als »wahr« akzeptieren, das Prinzip der Realität beibehalten und die Lokalität aufgeben. David Bohm hat eine solche Theorie vorgeschlagen. Sie basiert auf nichtlokalen, verborgenen Parametern und akzeptiert, dass ein Quant instantan mit allen anderen Quanten Informationen austauschen kann. Einsteins »spukhafte Fernwirkung« wäre damit »real«.

Wir könnten aber auch den quantenmechanischen Formalismus und die Bellsche Ungleichung als »wahr« akzeptieren und sowohl Realität als auch Lokalität aufgeben. Die Kopenhagener Interpretation geht davon aus, dass Quanten vor einer Messung keine realen Eigenschaften »an sich« besitzen, und akzeptiert, dass der Kollaps der Wellenfunktion ein nichtlokaler Vorgang ist.

Wie können den quantenmechanischen Formalismus als »wahr« akzeptieren, aber die Bellsche Ungleichung ablehnen, weil sie von »falschen« Voraussetzungen ausgeht. Da in die Ungleichung faktisch nicht durchgeführte Messungen eingehen, würde es der Ungleichung den Boden unter den Füßen wegziehen, gäben wir das Prinzip der kontrafaktischen Bestimmtheit[76] auf. In seiner Viele-Welten-Interpretation[77] hat Hugh Everett genau das getan.

In einem Anfall von Wahnsinn könnten wir schließlich noch die freie Wahl des Experiments durch den Beobachter aufgeben. Damit wären alle Probleme der Quantenmechanik gelöst. Die Welt wäre auf einer uns unzugänglichen Ebene superdeterminiert. Jede unserer Entscheidungen, zum Beispiel, ob wir eine Ort- oder Impulsmessung durchführen wollen, wäre vorherbestimmt und damit natürlich auch der Ausgang jedes Experiments. Gott würde mit gezinkten Würfeln spie-

len und uns nur vorgaukeln, dass der Zufall auf Quantenebene existiert.

Wir könnten dem Ganzen aber auch ein Ende machen, indem
wir die aristotelische Logik preisgeben. (Die Diskussion wäre
beendet, weil wir diese Logik als Argumentationsgrundlage
nutzen.)

Wie auch immer, wer daran festhalten will, dass die Quantentheorie eine objektiv reale Welt beschreibt, der muss etwas
anderes Grundlegendes dafür aufgeben. Das ist der Stand der
Dinge zu Beginn des 21. Jahrhunderts.

*Ich höre, was ihr sagt, aber was es eigentlich für unsere
Welt bedeutet, begreife ich beim besten Willen nicht. Was
verrät uns die Quantentheorie denn nun darüber, wie
unsere Welt »wirklich« ist? Oder sind die Quantenwelt
und die Alltagswelt einfach getrennte Welten? Hier die
Makrowelt, die sich ganz gut verstehen lässt, und dort
die Quantenwelt, die im Alltag keine Rolle spielt.*

Leider gibt es keine Sub- und Supraquanten-Trennlinie,
von der ab wir sagen könnten, hier gilt das eine, dort das
andere. Letztlich ist es nur eine Welt, und den philosophischen Fragen, welche die moderne Physik in dieser
Welt aufwirft, können wir uns nicht entziehen. Denn
ohne Rückgriff auf die Quantenphysik können wir unsere Alltagswelt nämlich keineswegs verstehen. Wenn
Sie – ohne irgendwelche Geister anzurufen – verstehen
wollen, auf welche Weise ein Kernkraftwerk Ihnen
Strom ins Haus liefert, dann kommen Sie ohne Plancks
und Einsteins Geniestreiche nicht aus.

*Und wie sieht unsere Welt dann »eigentlich« aus? Ist sie
lokal, kausal, determiniert – oder nichts davon?*

Das wissen wir nicht, das weiß bis heute kein Mensch.
Wir haben noch keine Möglichkeit gefunden, diese Frage »objektiv« zu beantworten. Sie haben die freie Wahl.

Aber die Quantentheorie ist doch nichtdeterministisch, sie bietet uns doch nur Wahrscheinlichkeiten, oder nicht?

Das kommt darauf an, was Sie unter Determinismus verstehen. Die Wellenfunktion eines quantenmechanischen Zustands entwickelt sich vollkommen deterministisch. Ein Zustand legt alle zukünftigen Zustände fest. Dieser Determinismus bezieht sich allerdings auf Wahrscheinlichkeiten und nicht auf Orte oder Impulse. Erst wenn Sie versuchen, aus der Wellengleichung Ortskoordinaten oder Energiewerte zu extrahieren, kommt die Wahrscheinlichkeitsdeutung ins Spiel.

Und was ist dann mit der Kausalität auf Quantenebene? Es ist doch unmöglich, für einen Quantensprung eine Ursache anzugeben.

Das ist richtig. Wir wissen nicht, warum ein Elektron jetzt auf eine niedrigere »Bahn« im Atom springt und nicht erst in einer Stunde. Aber das bedeutet nicht zwingend, dass die Quantentheorie keine kausale Theorie ist. Die Wahrscheinlichkeiten, von denen die Theorie handelt, ändern sich nämlich nicht zufällig. Jede Änderung hat auf dieser Begriffs- und Beschreibungsebene auch eine Ursache.

Was hat uns dann die Quantenmechanik überhaupt über unsere Welt mitzuteilen?

Sehr viel. Zum Beispiel macht sie deutlich, dass wir nicht mit Sicherheit davon ausgehen können, dass unsere Begriffe einen objektiven Bezug zu realen Dingen haben. Keiner unserer Begriffe hat eine absolute Bedeutung. Begriffe wie Raum, Zeit, Teilchen, Kausalität oder Wahrscheinlichkeit erlangen ihre sinnvolle Bedeutung nur innerhalb eines komplexen Begriffssystems und nicht, weil sie mit irgendwelchen realen objektiven Dingen oder Vorgängen korrespondieren. Unser »Teilchen«-Begriff hat in der Quantenwelt keine Bedeutung. Quanten sind keine Teilchen im traditionellen Sinne. Im Atom laufen keine kleinen Kügelchen umeinander herum oder hüpfen zwischen Bahnen hin und her.

Moment, eben habt ihr noch behauptet, die Quantenmechanik beweise keineswegs zwingend, dass es keine objektive Realität gibt.

Richtig. Es gibt Interpretationen der Quantentheorie, die von einer objektiven und realen Quantenwirklichkeit ausgehen. Deren Anhänger sind allerdings in der Minderheit.

Wie könnt ihr dann behaupten, dass unsere Begriffe nicht mit objektiven Dingen in Zusammenhang stünden.

Weil wir diesen Schluss nicht aus der Quantentheorie, sondern aus der Wissenschaftsgeschichte und aus philosophischen Überlegungen ableiten. Wenn Sie an der objektiven Realität festhalten wollen, dann müssen Sie den Begriff »Realität« in einen anderen Bedeutungszusammenhang stellen. Real und objektiv sind dann nicht mehr »Teilchen« oder »Bahnen«, sondern nichtlokale, verborgene Parameter oder ein uns unzugängliches Multiversum. Realität gäbe es dann auf einer anderen Beschreibungsebene. Real wäre das, was unsere Formeln als real ausweisen.

Nur weil uns in der Vergangenheit immer wieder bestimmte Wahrnehmungen und Phänomene gezwungen haben, einige unserer Begriffe zu überdenken und zu relativieren, bedeutet das noch lange nicht, dass es keine objektiv reale Welt gibt, auf die sich unsere Begriffe beziehen.

Sie halten also die objektive Realität unserer Welt für eine »objektive« Tatsache?

Ja, zumindest bis zum Beweis des Gegenteils.

Wenn das so ist, warum gibt es dann keinen objektiven

Beweis dafür? Warum gibt es keine objektive Definition von Objektivität? Warum finden die Physiker kein Experiment, mit dem sie eindeutig entscheiden können, ob die Welt der Quanten objektiv und real ist?

Vielleicht brauchen sie nur mehr Zeit.

Sie geben also zu, dass Sie an eine objektive Welt glauben, ohne jetzt einen Beweis dafür zu besitzen?

Tja, das muss ich wohl.

Sehen Sie nun, was uns die Quantentheorie über unsere Welt sagt?

Dass alle unsere Weltbilder auf Glauben beruhen?

Da haben Sie verdammt recht. Im ersten Kapitel sagten wir, dass die Wissenschaft nicht bei null beginnt, dass sie bestimmte Glaubensvoraussetzungen macht, die sie im Normalfall nicht hinterfragt. Wir haben drei dieser Voraussetzungen genannt: Objektivität, Kausalität und Lokalität. Die Quantentheorie bietet Grund genug, jede einzelne dieser Annahmen kritisch in Frage zu stellen.

Falls es eure Absicht war, mich zu verwirren, dann ist euch das gelungen. Die Sache ist auch wirklich nicht einfach, warum sonst würden sich die besten Wissenschaftler seit über hundert Jahren die Zähne daran ausbeißen. Ehrlich gesagt, das ist kein Trost für mich.

Merken Sie sich doch einfach, dass wir auf keinen Fall den Fehler des 19. Jahrhunderts wiederholen sollten, die Physik oder unser Wissen als abgeschlossen zu betrachten. Es gibt keine Garantie dafür, dass wir die »Wahrheit« endgültig erkannt haben. Es könnte sich jederzeit eine neue Beschreibungs- und Begriffsebene vor uns auftun. Dann steht die Erde nicht mehr still, und wir leben plötzlich in einem Multiversum.

Ein neuer Glaube, eine neue Wahrheit

Wie ist das Universum entstanden? Woher kommt die Welt? Das sind Fragen, die sich Menschen von jeher stellen. Die Fragen mögen seit Jahrtausenden gleich geblieben sein, von den Antworten kann man das jedoch nicht behaupten. Jede Kultur und jede Zeit hat auf diese Fragen ihre eigenen fundamentalen Antworten in Form von Schöpfungsmythen formuliert. Und nicht selten waren die unterschiedlichen Ansichten darüber, wessen Antwort denn nun die »wahre« sei, Auslöser für jegliche Form von Gewalt. Wenn es ums Ganze oder um die Schöpfung geht, verstand der Fundamentalist noch nie Spaß.

Die letzten beiden Generationen von Schülern in der westlichen Welt sind fast durchweg mit der Gewissheit aufgewachsen, dass der »Urknall«-Schöpfungsmythos eine bewiesene Tatsache ist und auf sicheren Fundamenten ruht. Die »Wahrheit«, die uns und unseren Kindern verkündet wird, sieht kurz gesagt so aus: Alles begann vor rund 13,7 Milliarden Jahren mit einem gigantischen »Knall«. Raum, Zeit, Materie und Strahlung entstanden aus dem »Nichts« und traten ins »Sein«. Der Raum dehnte sich aus und tut das bis heute. Der heiße Zustand der ersten Sekunden kühlte ab, und dabei kam es zu Prozessen, die im Laufe der Zeit die Elementarteilchen erzeugten. Die verbanden sich zu Atomen, die wiederum zu Materiewolken, die sich unter dem Einfluss der Gravitation zu Sternen und Galaxien zusammenballten. Aus dem Staub explodierter Sterne bildeten sich schließlich Planeten und Monde.

So ein schönes und lineares Weltbild fällt natürlich nicht einfach vom Himmel. Viele Menschen haben daran mitgearbeitet und über längere Zeit ihren Beitrag dazu geleistet. Zunächst einmal ist festzuhalten: Es waren keine Beobachtungen, sondern theoretische Überlegungen, die den Anstoß zur Urknalltheorie lieferten. Es ging darum, passende Lösungen der Einsteinschen Gleichungen zu finden. Und die sind, obwohl von einem Patenthüter dritter Klasse aufgestellt, kompliziert. Um sie lösen zu können, muss man vereinfachende Annahmen machen. Dazu gehören in allererster Linie die Postulate von der Homogenität und Isotropie des Kosmos. Homogenität bedeutet, dass an allen Orten im Weltall die Objekte (Sterne, Galaxien) ähnlich verteilt sind und sich gleichartig entwickeln. Isotropie wiederum bedeutet, dass die kosmischen Objekte in allen Richtungen gleich angeordnet erscheinen: Wohin ich mein Fernrohr auch richte – immer sehe ich im Wesentlichen das Gleiche. Weder ein bestimmter Ort im All noch eine bestimmte Richtung sind irgendwie ausgezeichnet.

Nun sehen wir zwar überall Sterne, aber die sind keineswegs gleich verteilt. Unsere Position in einem Spiralarm der Milchstraße bewirkt, dass wir in Richtung der Milchstraßenscheibe viel mehr Sterne sehen, als senkrecht zur Scheibenebene. Die Milchstraße wiederum ist Teil einer Familie von Galaxien, die ihrerseits Teil eines riesigen Galaxienhaufens ist. Wir beobachten, dass es unzählige Galaxienhaufen gibt, die ebenfalls nicht gleichmäßig verteilt, sondern in netzartigen Mustern aus Fäden, Knoten und leeren Zwischenräumen angeordnet sind.

Die Mehrheit der Theoretiker hält dennoch an den Postulaten der Homogenität und Isotropie fest, obwohl einige Beobachtungen durchaus Zweifel an der Homogenität aufkommen lassen.[78] Auf jeden Fall ist die nicht gesicherte Annahme, dass alle Orte im gesamten Universum gleich sind, die Grundvoraussetzung der modernen Kosmologie. Sie ist so entscheidend, dass sie als »kosmologisches Prinzip« bekannt ist. Und sie ist, streng genommen, nichts anderes als ein Glaubenssatz: Wir glauben, dass das All in seiner Gesamtheit überall so aussieht wie in unserer Nachbarschaft, weil wir nur dann sinnvoll Kosmologie betreiben können.

Die Tragweite dieser Annahme lässt sich an einem irdischen Beispiel verdeutlichen. Angenommen, wir wären Wissenschaftler eines Indio-Stammes im Amazonas-Gebiet. Mangels Urlaubsanspruch und Mindestlohn sowie aufgrund des Fehlens adäquater Transportmittel sind wir noch nie aus unserem Urwaldgebiet herausgekommen. Wir kennen also nur Bäume, so weit das Auge reicht, so weit wir gehen können und so weit Kontaktpersonen anderer Stämme bislang vorgedrungen sind.

Nun entwickeln wir plötzlich den unaufhaltsamen Drang, uns ein theoretisches Bild von der Gesamtheit der Welt zu verschaffen. Wie sollen wir vorgehen? Nach langen Beratungsrunden, die zu keinem Ergebnis geführt haben, steht ein besonders gewitztes Mitglied unseres Wissenschaftlerkreises auf und sagt: »Damit wir überhaupt irgendwelche Aussagen machen können, müssen wir irgendwelche Grundannahmen treffen. Das sind Aussagen, die uns vernünftig erscheinen und auf deren Basis wir voranschreiten können.«

Dieser Vorschlag findet einhellige Zustimmung. Wir beginnen mit einer Annahme, die unser aller Erfahrung nach korrekt und damit in unseren Augen »vernünftig« ist: Die Welt ist homogen und isotrop aufgebaut. Von jedem Standort aus sieht die Welt gleich aus, und in welche Richtung wir auch blicken, sie verändert ihr Aussehen nicht – Bäume, so weit das Auge reicht.

Nun beginnt ein Fest des Berechnens. Bald wissen wir ungeheuer viel über die Welt. Da wir annehmen, dass die Welt eine Scheibe ist, deren Mindestradius durch den fernsten Punkt vom Dorf bestimmt wird, den unsere Kundschafter bislang erspäht haben, können wir schnell Aussagen über die Mindestbaummasse, die Mindestzahl der Bäume etc. für unsere ganze Welt machen. Etwas problematisch sind verschiedene Rätsel, etwa der noch nicht verstandene Zusammenhang zwischen der Regenmenge, die auf die Bäume fällt, und der Verdunstungsmenge, aber mit einigen Zusatzannahmen könnte man das Problem wohl in den Griff kriegen.

Unser Weltbild hat Bestand, bis zwei luziferische Gestalten zu Besuch kommen, die von großen Seen, Oberpfälzer Nonnen, Sand- und Eiswüsten, brennenden Fanatikern, baumlosen Steppen, brennenden Schuhsolen, »Rad-Ecken« und anderen paranormalen Phänomenen erzählen. Manchmal hören wir sie am abendlichen Lagerfeuer leise und diabolisch über unsere Wissenschaftler lachen, die geglaubt hatten, das Gewicht allen Laubes auf der Welt berechnen zu können – unter der Annahme, die Welt sei ein homogener, isotroper und objektiver Dschungel.

Das bedeutendste auf der Basis des kosmologischen Prinzips entwickelte Weltmodell geht auf den russischen Mathematiker Alexander Friedmann (1888–1925) zurück. Er machte sich daran, Einsteins Gleichungen auf dieser Basis sinnvolle Lösungen abzuringen. Seine Arbeiten wurden anschließend von dem belgischen Priester und Physiker Abbé Georges Lemaître (1894–1966) aufgenommen und weiter ausgearbeitet. Lemaître wurde dann zum eigentlichen Begründer der Urknalltheorie.

Die Lösungen der Einsteinschen Gleichungen, die Lemaître vorlegte, sahen einen Anfang des Universums vor. Im Jahr 1931 sprach Lemaître zum ersten Mal von einem überdichten Anfangszustand, dem »Uratom«, das explodierte und damit das bekannte Weltall erzeugte. Dass dem Priester Lemaître die christliche Schöpfungsvorstellung am Herzen lag und ihm deshalb ein schöpferischer Anfang des physikalischen Kosmos sehr gelegen kam, ist wohl nicht zu bezweifeln. Und Lemaître wurde auch häufig gerade deshalb angegriffen, weil seine Theorie so nahe am christlichen Schöpfungsglauben lag – also auf der Basis wiederum nicht eines wissenschaftlichen Arguments, sondern eines Gegenglaubens.

Glaube hin, Glaube her, die Urknalltheorie nahm in den folgenden Jahren immer detailliertere Gestalt an. Unter den speziellen Annahmen von Homogenität und Isotropie postulierten die Theoretiker, dass auf einen gewaltigen Urknall, mit dem Raum, Zeit und Materie aus dem Nichts entstanden, eine Phase der Expansion des Raumes folgte.

Wissenschaft besteht aber bekanntlich nicht nur aus Theorie, sondern auch aus Beobachtungen und Experimenten. Welche Beobachtungen stützten also die neue Theorie? Lemaître baute hauptsächlich auf eine merkwürdige Eigenschaft, die das Licht benachbarter Galaxien aufwies: die sogenannte Rotverschiebung der Spektrallinien.

SPEKTRUM UND ROTVERSCHIEBUNG

Das Band von Farben, das entsteht, wenn sichtbares Licht durch ein Prisma oder ein Gitter fällt, nennt man Spektrum. Das Band verläuft von der Farbe Violett bis zur Farbe Rot. Die Farben entsprechen den verschiedenen Frequenzen des ausgestrahlten Lichts. (Violett hat eine höhere Frequenz als Rot.)

Bringt man kühlere Substanzen zwischen Lichtquelle und Beobachtungsschirm oder Detektor, so schlucken (absorbieren) sie aus dem Farbgemisch genau jene Energien beziehungsweise Wellenlängen, die den Elektronen ihrer Atome erlauben, auf höhere Bahnen zu springen. Diese Farben fehlen daher auf dem Schirm, was sich als Muster dünner schwarzer Linien, der sogenannten Spektrallinien, im Farbband des Spektrums bemerkbar macht. Dieses Linienmuster – also etwa die Abstände benachbarter Linien – ist für jedes Element charakteristisch und kann daher dazu verwendet werden, das Vorhandensein bestimmter Elemente in einer leuchtenden Substanz, wie etwa der Atmosphäre der Sonne, nachzuweisen.

Die Lage der Spektrallinien im Spektrum ist aus Laborexperimenten exakt bekannt. In den Spektren von Galaxien sind diese Linien aber ein Stück zur Lage der Farbe Rot hin verschoben. Dies ist die berühmte Rotverschiebung der Spektrallinien.

Lemaître und etwas später auch Edwin Hubble (1889–1953) führten diese Rotverschiebung auf eine »Fluchtgeschwindigkeit« der Galaxien zurück. Wenn sich der Raum zwischen uns und der Galaxie ausdehnt, während das Licht zu uns unterwegs ist, dann wird dadurch seine Wellenlänge etwas »gestreckt« und damit in Richtung des roten Endes des Spektrums verschoben. Ein sich ausdehnender Kosmos könnte also die Rotverschiebung erklären. Es war dann Edwin Hubble, der auf der Basis von Messungen der nächsten Galaxien eine mathematische Beziehung (Hubble-Gesetz) aufstellte, die zeigte: Je weiter eine Galaxie von uns entfernt ist, desto höher ist ihre »kosmologische« Rotverschiebung. Je länger das Licht also zu uns unterwegs ist, desto mehr Zeit hat die »Raumdehnung«, um die Wellenlänge zu »strecken«, und umso größer ist die Rotverschiebung.

Es gibt zwar durchaus andere Deutungsmöglichkeiten für die beobachtete Rotverschiebung, jedoch passte diese Deutung ausgezeichnet zu den vorherrschenden theoretischen Vorstellungen. Daher wurde sie als Bestätigung für das Urknallmodell angesehen.

Eine weitere wichtige »Beobachtungstatsache« zur Stützung des Urknallmodells ist der sogenannte Mikrowellenhintergrund, also die Wärmestrahlung, die das ganze Universum laut Urknalltheorie ausfüllen soll. Sie ist der klägliche Rest der unvorstellbar heißen Strahlung, die angeblich zum Zeitpunkt des großen Knalls herrschte. Da dem Universum nach dem Urknall keine neue Energie mehr zugeführt wurde, muss sich diese Hitze im kalten, leeren Raum bis heute fast völlig abgekühlt haben. Auf welchen Wert genau, das konnten die Theoretiker allerdings nicht vorhersagen.

Die »Bestätigung« dieser Vorhersage der Urknalltheorie brachte die Interpretation einer Beobachtung, die 1965 von Arno Penzias und Robert Wilson gemacht wurde. Als die beiden Forscher bei Bell Laboratories eine neue Antenne erprobten, fanden sie ein Hintergrundrauschen, das sie mit keinem bekannten Effekt in Verbindung bringen konnten. Kurze Zeit später war klar: Dieses Signal aus dem Mikrowellenbereich (Wärmestrahlung ist Mikrowellenstrahlung) kommt aus allen Richtungen des Weltalls und fällt mit äußerster Gleichförmigkeit auf die Erde ein. Es ist ein Wärmebad mit einer Temperatur von ziemlich genau 2,73 Kelvin, also etwa −270 Grad Celsius, ganz nahe am absoluten Temperaturnullpunkt (−273 Grad Celsius oder 0 Kelvin).

Zwischen dieser Beobachtung und ihrer Akzeptanz als »Beweis« für die Richtigkeit der Urknalltheorie steht nur noch eines: die Interpretation. Nur weil fast die gesamte Kosmologengemeinde bereits komplett auf diese Theorie fixiert war, wurde diese Strahlung als Reststrahlung vom Urknall interpretiert. Diese Deutung schien vor dem Hintergrund der allgemeinen Überzeugung völlig »natürlich« zu sein, eine andere Erklärung wurde gar nicht in Erwägung gezogen.

Das dritte Beispiel für den Zusammenhang von Theorie und Beobachtung ist die Häufigkeitsverteilung der chemischen Elemente im Kosmos. Durch die Technik der Spektralanalyse ist es möglich herauszufinden, wie viel Prozent der Materie im Universum aus Wasserstoff (rund 75 Prozent), wie viel aus Helium (24 Prozent) und wie viel aus den neunzig anderen Elementen (ein Prozent) besteht. Da die Urknalltheorie vermutet, dass die leichtesten Elemente (Wasserstoff, Helium und Lithium) kurz nach dem Urknall entstanden, machten sich die Theoretiker daran, die heiße »Ursuppe« zu untersuchen, aus der sich diese Elemente gebildet haben sollen. Es stellte sich dabei heraus, dass man für die Anfangszeit des Alls ein ganz bestimmtes Mengenverhältnis von Strahlungs-(Photonen-) zu Materieteilchen annehmen musste, um die gemessenen Häufigkeiten berechnen zu können.

Ein spektakulärer Triumph des Modells vom »Big Bang«. Oder vielleicht doch nicht? Die Beobachter hatten die Häufigkeitswerte geliefert. Die Theoretiker hatten nun die Aufgabe, mit dem für die theoretischen Berechnungen entscheidenden Zahlenverhältnis zwischen Materieanteil und Strahlungsanteil kurz nach dem Urknall so lange zu spielen, bis sie eine Kombination gefunden hatten, die auf die Messwerte führte. Aber es gibt keine physikalischen Notwendigkeiten für ein bestimmtes Verhältnis, also sind die Rechner völlig frei in ihren Annahmen. Die Anteile könnten 0,0001 Prozent Strahlung zu 99,9999 Prozent Materie betragen, aber auch 1 : 99 oder 11 : 89, jeder beliebige Wert ist prinzipiell möglich. Die einzige Rechtfertigung für die Wahl der Urknallkosmologen ist, dass mit dieser Kombination – die übrigens nicht nur ungefähr, sondern äußerst exakt stimmen muss – ihre Theorie mit der Beobachtung zumindest einigermaßen in Übereinstimmung gebracht werden kann. Allerdings führen in jüngster Zeit Häufigkeitsmessungen des Elements Lithium im Weltall zu erhöhtem Aspirinverbrauch unter den Urknallkosmologen, denn ihre Ergebnisse passen ganz und gar nicht gut zu den Vorhersagen ihrer Modelle.

Die Urknalltheorie fußt also im Wesentlichen auf drei »Beobachtungstatsachen«: der Deutung der Rotverschiebung als Indiz für die Expansion des Raums, der Deutung des Wärmestrahlungshintergrunds als Rest der heißen Phase des Urknalls und der Deutung der heute gemessenen Häufigkeiten der chemischen Elemente als Produkte einer Materieerzeugungsphase im frühen heißen Stadium des Urknalluniversums. Das war's, mehr braucht (und hat) man nicht.

Beobachtungen und theoretisches Nachdenken zeigten aller-

142

dings bald, dass diese einfache Vorstellung vom Urknall nicht zu halten war. Vor allem drei Fragen trieben die Forscher um:

1. Warum war das Universum exakt so eingerichtet, dass es gerade so viel Masse hatte, um sich einerseits nicht frühzeitig »in alle Winde zu zerstreuen« und andererseits nicht wieder unter der eigenen Gravitationswirkung in sich zusammenzustürzen? Wäre der »Schubs« am Anfang des Universums nur eine Winzigkeit größer gewesen, hätten sich alle Teilchen gar nicht zu Sternen formieren können, sondern wären komplett im All verströmt worden. Wäre der Anfangsimpuls eine Winzigkeit kleiner ausgefallen, so wäre das All wieder zusammengestürzt. Das Ganze ist noch viel prekärer als einen extrem gut gespitzten Bleistift auf seiner Spitze zu balancieren. Wie diese unglaubliche Feineinstellung hätte zustande kommen sollen, davon hatten die Urknalltheoretiker nicht den blassesten Sternenschimmer.

2. Ein weiteres Problem ergab sich aus der Tatsache, dass wir heute im Weltall gewissermaßen von Horizont zu Horizont sehen können: Die fernsten Galaxien sehen wir laut Urknallmodell in rund 13 Milliarden Lichtjahren Entfernung. Das bedeutet, dass ihr Licht sich nur wenige hundert Millionen Jahre nach dem großen Knall auf den Weg gemacht hat. Nun können wir aber eine so weit entfernte Galaxie ansehen, uns dann umdrehen und in der entgegengesetzten Richtung eine ebenso weit entfernte Galaxie sehen. Deren Entfernung von uns beträgt ebenfalls 13 Milliarden Lichtjahre, die Entfernung zwischen diesen beiden gegenüberliegenden Galaxien liegt damit bei 26 Milliarden Lichtjahren. Das Licht der beiden Galaxien kann also in den 13,7 Milliarden Jahren, die laut Urknallmodell von den Anfängen des Universums bis heute vergangen sind,

das jeweils andere Sternsystem nicht erreicht haben. Da beide Galaxien von Anbeginn an völlig voneinander isoliert sind, sollte man annehmen, dass sie sich unterschiedlich entwickelt haben und keineswegs so gleichartig aussehen, wie wir es beobachten. Wir sehen jedoch unabhängig von der Richtung Galaxien, die ganz offensichtlich identische Eigenschaften haben und sich gemeinsam klassifizieren lassen. Dasselbe gilt auch für die Lichtteilchen des Mikrowellenhintergrunds, die ja ebenfalls extrem gleichförmig, sozusagen synchronisiert, bei uns eintreffen.

3. Im ultraheißen Feuerball des Urknalls waren alle Naturkräfte[79] noch vereinigt. Die mit diesem Szenario beschäftigte Theorie sagt aber voraus, dass aus dieser Zeit eine seltsame Art Teilchen hätte übrig bleiben müssen: magnetische Monopole. Wir kennen nur magnetische Dipole mit Nord- und Südpol. Laut Theorie müssten wir eine große Anzahl solcher reinen Nord- oder Südpole finden. Aber es wurde noch nie ein solches Teilchen beobachtet.

Im Jahr 1981 kam der Urknalltheorie die Kavallerie in Gestalt von Alan Guth zu Hilfe, der die Idee eines »inflationären Universums« vorlegte. Guth suchte nach einer Möglichkeit, die verschiedenen Probleme der Urknalltheorie auf theoretische Weise zu lösen. Seine Rettungstat bestand darin, ein Feld zu erfinden, das in der Frühzeit des Alls für eine blitzartige Expansion des Raumes sorgte. Die Expansion des Universums erfuhr einen gewaltigen Schub (Inflation), der den Durchmesser innerhalb von Sekundenbruchteilen um einen Faktor aufblähte, der einer 1 mit 29 Nullen entspricht. Nach dieser Phase expandierte das Weltall vergleichsweise langsam weiter, die Inflation war erloschen. Als ein anderer kosmischer Kavallerist namens Andrej Linde 1983 die verbesserte »chaotische Inflation« in seinem Gehirn entdeckte, soll er ausgerufen haben: »Jetzt weiß ich, wie Gott das Universum schuf.«[80] Es ist doch wirklich beruhigend, dass moderne Kosmologen in so engem Kontakt zu ihrem Schöpfer stehen. »Und Gott sprach …« Und die Kosmologen hörten.

Im Ergebnis muss man sich die Welt heute so vorstellen: Das von uns überblickbare Universum macht nicht die gesamte »Blase« aus, die mit dem Urknall in die Welt gekommen ist, sondern stellt lediglich einen winzigen Ausschnitt eines ungleich größeren Raumes dar. In der Analogie, nach der das expandierende Universum einem stetig aufgeblasenen Luftballon gleicht, bedeutet dies: Statt gleichmäßig aufgeblasen zu werden, wird kurz nach dem Beginn der Befüllung unter gewaltigem Druck Gas hineingeblasen, so dass der Ballon blitzschnell auf ein gigantisches Vielfaches seiner Ausgangsgröße gedehnt wird. Anschließend wird ganz normal weiter geblasen – und wir, die wir auf einem der Farbpunkte auf der Ballonhaut leben, erfahren nur noch eine gemächliche Ausdehnung. Unsere Welt, die Außenfläche des Ballons, ist sehr viel größer, als sie es wäre, wenn es keine Inflation gegeben hätte.

Mit dem Inflationsmodell ließen sich mit einem Schlag die wichtigsten Probleme des Urknallmodells lösen. So fanden wir bisher keine magnetischen Monopole, weil diese durch die gewaltige Aufblähung des Universums so weit auseinandergerissen wurden, dass wir nur durch einen Glücksfall einmal einen zu Gesicht bekommen könnten. Alle anfangs eventuell vorhandenen Unebenheiten und Störungen im Raum wurden durch die rapide Expansion geglättet, so dass wir heute eine gleichförmige Welt beobachten. Damit ließ sich auch die synchronisierte Welt, also die Tatsache, dass die Galaxien über den gesamten Raum hinweg Ähnlichkeiten aufweisen, erklären, denn ihre Vorläufer am Beginn des Alls standen demnach miteinander in Kontakt und wurden erst danach inflationär auseinandergerissen. Kurz: Die Idee der Inflation nahm zunächst einen großen Druck von der Urknalltheorie.

Doch der Preis, den man dafür zahlen musste, war wiederum enorm. Zunächst handelte es sich um eine Ad-hoc-Lösung, eine Zusatzannahme: Ein Feld wird ohne physikalische Basis einfach erfunden und mathematisch so lange gedreht und gewendet, bis es genau das tut, was es soll, ähnlich wie bei der Erklärung der Elementhäufigkeiten im All. Zudem müssen die Eigenschaften des Feldes selbst wieder extrem genau eingestellt sein (wie und wodurch?), damit das Ganze so funktioniert, wie es funktionieren soll. Die Folge ist eine Inflation von Inflationstheorien, die darum wetteifern, wer die Aufgaben besser erfüllt. Man muss immer neue epizyklische Geister rufen, um das angestrebte Ziel einer Rettung der Urknalltheorie zu erreichen. Damit die beobachtete Häufigkeitsverteilung der leichten Elemente richtig wiedergegeben wird, gleichzeitig aber das Weltall genau die Balance zwischen zu schneller Expansion und Zusammensturz wahren kann, muss eine rätselhafte, unbekannte »dunkle« Materieform postuliert werden: Das All braucht mehr Masse, als an gewöhnlicher Materie vorhanden ist, aber die Differenz darf nicht durch gewöhnliche Materie geliefert werden, denn die hätte kurz nach dem Urknall viel zu hohe Werte an Helium und anderen Elementen produziert (weil sich das außerordentlich kritische und exakt einzuhaltende Zahlenverhältnis von Photonen zu Materieteilchen zugunsten der Materieteilchen verschoben hätte). So betrat die exotische »Dunkle Materie« die Bühne der Kosmologie.

//

DUNKLE MATERIE

Dunkle Materie wird auch gebraucht, um die »Existenz« von Galaxien und Galaxiengruppen zu erklären. Die Sterne in Galaxien rotieren nämlich schneller um das Zentrum der Galaxien, als sie das der Theorie nach eigentlich dürften. Ginge es nach der Theorie, müssten die Galaxien auseinanderfliegen, weil sie nicht genug sichtbare Materie (Sterne) enthalten, um sie zusammenzuhalten. Die »logische« Folgerung daraus ist, dass es Materie geben »muss«, die zwar nicht leuchtet, aber durch ihre Schwerkraftwirkung die Galaxien stabilisiert und zusammenhält.

Diese Materie könnte im Prinzip aus ganz normaler Materie bestehen, wie wir sie kennen, etwa aus ausgebrannten Sternen. Doch weil die Kosmologen ihre Beobachtungen ausschließlich mit dem Interpretationsschatz der Urknalltheorie deuten, müssen sie eine Form von Dunkler Materie postulieren, die nichts mit der Materie gemein hat, die wir kennen.

Niemand weiß, woraus diese exotische Dunkle Materie bestehen soll – sicher ist nur eines, dass sie dunkel ist. Um die Urknalltheorie zu retten, muss es zehnmal mehr Dunkle als sichtbare Materie geben.

Damit aber nicht genug: Als Messungen an bestimmten Typen explodierender Sterne (Supernovae) sich innerhalb des Urknallmodells dahingehend interpretieren ließen, dass eine bisher unbekannte, der Gravitation entgegenwirkende Energie die Expansion des Kosmos beschleunigt, wurde diese »Dunkle Energie« (die ebenfalls mit nichts von dem vergleichbar ist, was wir im Labor kennen) dem Inflationsformalismus hinzugefügt und mit einer sogenannten kosmologischen Konstante identifiziert, die eine Art »Energie des leeren Raums« darstellt. Deren Größenordnung ist allerdings mit der Theorie überhaupt nicht zu erklären: Theorie und Beobachtung liegen um schlappe 120 Zehnerpotenzen (eine Eins mit 120 Nullen) auseinander. Für findige Kosmologen ist eine lächerliche Differenz von 120 Nullen aber kein Problem, sie führen einfach eine »variable Konstante« ein. Auch 120 Nullen sind schließlich nur Nullen.

Ein Epizykel zieht so den nächsten nach sich. Keiner dieser Versuche ist wirklich überzeugend. Aber die mathematischen Modelle haben so viele anpassbare unbekannte oder unmessbare Größen (»Parameter«), dass sich immer wieder neue Möglichkeiten erproben und durch Herumprobieren so einstellen lassen, dass sie vorübergehend ein Problem lösen.

Wir sollen heute glauben, dass alles, was wir sehen und messen können, nur ein »Dreckeffekt« im Weltall ist. Der Anteil der uns bekannten Materie beträgt nur rund fünf Prozent. Unglaubliche 95 Prozent sollen aus geheimnisvollen dunklen Energien (ca. 70 Prozent) und Materieformen (ca. 25 Prozent) bestehen. Der Medizinmann im Busch sagt: »Was wir sehen, ist nur die dünne Oberfläche der Welt. Im Hintergrund beherrschen unsichtbare Geister alles Weltgeschehen.« Der Urknalltheoretiker sagt: »Was wir sehen, ist nur die dünne Oberfläche der Welt. Im Hintergrund beherrschen unsichtbare Geisterenergien alles Weltgeschehen.«

Kaum ein Kosmologe findet an dieser ganzen Prozedur, die nicht auf neuen Beobachtungen, sondern auf einzig zum Zweck der Rettung der Theorie erfundenen mathematischen Operationen beruht, irgendetwas Beunruhigendes! Im Gegenteil: Jede neue Wendung zog eine neue Ad-hoc-Erfindung nach sich, die jedoch nicht als solche dargestellt, sondern als Entdeckung verkauft wurde. Derart blind ist der Glaube an die alternativlos richtige Interpretation von Rotverschiebung, Hintergrundstrahlung und Elementhäufigkeit, dass gar nicht mehr bedacht wird, welch kompliziertes Gebäude aus der einst wegen ihrer Einfachheit gelobten Theorie geworden ist.

Der Urknall wurde zur Wahrheit und seine Theorie zu einer Zitadelle der Gewissheit. Als Max Planck Ende des 19. Jahrhunderts seine Studien begann, die später die Welt veränderten, erklärt ihm sein Lehrer Philipp von Jolly, dass die Physik eine ausgereifte Wissenschaft sei, in der es »vielleicht in einem oder dem anderen Winkel noch ein Stäubchen oder ein Bläschen zu prüfen und einzuordnen« gebe, »aber das System als Ganzes stehe ziemlich gesichert da«.[81] Ende des 20. Jahrhunderts verkündete ein Münchner Astrophysiker im Brustton der Überzeugung: »Der Rahmen des Bildes vom Woher und Wohin des Universums, nach dem wir so lange gesucht haben, ist nun bekannt. Jetzt arbeiten wir an den Details des großen Gemäldes.«[82] Die Lernfähigkeit einiger Wissenschaftler ist in der Tat erstaunlich.

Nicht dass außerhalb der Zitadelle ein »richtigeres« Modell stehen würde, aber es gibt durchaus andere Modelle, die möglicherweise zu größerem Verständnis oder mehr Denkmöglichkeiten führen. Nach über achtzig Jahren vergeblichen Stapelns von Zusatzannahmen wäre es vielleicht doch an der Zeit, die Dunkelheit erzeugenden Epizykel-Programme auszuschalten und den Blick wieder frei gen Himmel zu richten.

Worin besteht eigentlich der große Unterschied zwischen Plancks Ad-hoc-Einführung der Quanten und der Einführung des Inflationsmodells?
Planck brauchte seinen Einfall, um eine unverstandene Beobachtung zu erklären. Seine Idee führte unmittelbar zu einer Flut neuer Erkenntnisse, die weitere Rätsel der Beobachtungen auflösten und Türen zu bisher für unmöglich gehaltenen Räumen öffnete. Die Inflation dagegen hat überhaupt keine neuen Einsichten in die Beobachtungen gebracht, sondern lediglich Ungereimtheiten innerhalb einer Theorie weggezaubert. Insofern vergleicht man den Einfall des Inflationskonzepts statt mit Planck (oder auch Einstein) besser mit den Vätern der Äthertheorie, den Verfechtern der Existenz des Planeten Vulkan oder den Epizykel-Fetischisten.

Ketzer

Jede gute Geschichte braucht einen Helden und einen Schurken. Leider ist es im echten Leben nicht immer so einfach wie im Film, den einen vom anderen zu unterscheiden. Galilei gab für die Kirche den Schurken ab, während er für uns der Held ist, der für die »Wahrheit« stritt. Auch die frühen Vertreter der Urknalltheorie hatten ihren »Schurken«. Sein Name war Fred Hoyle (1915–2001).

Ende der vierziger Jahre des 20. Jahrhunderts schüttete Hoyle zusammen mit einigen anderen Kosmologen Eiswasser auf die Begeisterung der Urknallgläubigen. Diese »Ketzer« wiesen ihre Kollegen auf einige eindeutige Schwachstellen, Widersprüche und handwerkliche Hemdsärmeligkeiten der Theorie hin. Ihre Hauptkritik richtete sich gegen den Anfangspunkt des Universums, den man sich als einen ausdehnungslosen Punkt unendlicher Dichte denken sollte, der plötzlich (aus welchem Grund?) ins Dasein »explodierte« und dabei mit unendlich hoher Temperatur startete. Um seiner Skepsis Ausdruck zu verleihen, prägte Hoyle dafür den ironischen Begriff »Big Bang«. Ganz abgesehen davon, dass diese Vorstellung niemand wirklich nachvollziehen kann, brachten die Urknallkritiker theoretische Gründe dagegen vor, mit denen sie eine saubere, an den seriösen, bewährten Methoden der theoretischen Physik orientierte Vorgehensweise einforderten.

In einer strengen theoretischen Physik, so der Vorwurf von Hoyle, sind die grundlegenden mathematisch formulierten Gesetze und Prinzipien den speziellen, daraus abgeleiteten Lösungen übergeordnet. Eine solche fundamentale Theorie (beispielsweise die Gesetze der Mechanik) legt alle erlaubten Möglichkeiten fest. Durch die genaue Beschreibung einer speziellen Situation (indem man etwa bestimmte Ausgangs- oder Randbedingungen festlegt) lässt sich dann aus den Fundamentalgleichungen eine bestimmte Lösung errechnen, welche die spezielle Situation beschreibt. So kann man beispielsweise die Gesetze von Newtons Mechanik dazu nutzen, die möglichen Bewegungen eines Körpers auf einer schiefen Ebene in Abhängigkeit vom Neigungswinkel der Ebene zu berechnen. Newtons Gleichungen erlauben unzählige »Abrutschszenarien«, vom Stillstand des Körpers, wenn der Neigungswinkel der Ebene null beträgt, bis hin zum freien Fall, wenn die Ebene um 90 Grad oder mehr geneigt ist. Jedes dieser Szenarien wird dadurch gewonnen, dass durch Angabe spezieller Werte für Starthöhe, Körpermasse, Abrutschstrecke und so weiter eine der unzähligen Möglichkeiten herausgegriffen wird. Niemals kann es aber vorkommen, dass irgendeines dieser herausgegriffenen Szenarien (= speziellen Lösungen der Gleichungen) die Anzahl der Lösungsmöglichkeiten, die sich aus den Grundgleichungen der Mechanik ergibt, einschränkt.

Die Urknalltheorie verletzt diese allgemein akzeptierte Regel eklatant: Am Urknall versagen alle unsere Theorien, auch die Gravitationstheorie Einsteins, aus der ja die Urknalltheorie erst abgeleitet wurde. Eine physikalische Theorie, die einen Anfangszeitpunkt fordert, für den diese Theorie gar nicht gelten soll? Übertragen auf die schiefe Ebene wäre das so, als ob für einen ganz bestimmten Neigungswinkel plötzlich die Newtonschen Gleichungen nicht mehr gelten sollten. Normalerweise würde man hieraus auf eine Inkonsistenz des gesamten Theoriegebäudes schließen.

Aber auch an der Gravitationstheorie Einsteins störte Hoyle und seine Mitarbeiter etwas: Ihr fehlt nämlich eine Eigenschaft, die alle anderen fundamentalen physikalischen Theorien besitzen: Skaleninvarianz oder Selbstähnlichkeit. Darunter versteht man, dass ein Gesetz oder eine Theorie sich in ihren Grundaussagen nicht ändert, wenn man etwa die charakteristischen Längen, die in der Theorie vorkommen (beispielsweise Abstände zwischen Körpern) um einen bestimmten Faktor vergrößert oder verkleinert: Ein Naturgesetz sollte nicht kippen, nur weil wir Abstände mit zehn multiplizieren oder auf ein Millionstel reduzieren. Diese und andere Forderungen der theoretischen Physik motivierten Hoyle und seine Mitstreiter zur Formulierung einer alternativen Theorie, die unter dem Namen Steady-State-(Gleichgewichts-)Theorie (SST) für einige Zeit Aufmerksamkeit erregte. Auch Hoyle glaubte an ein expanierendes Universum, doch widersprach er der Ansicht, dass diese Expansion einen Anfang haben müsse. In seinem Kosmos war kein einmaliger »Big Bang« für die Ausdehnung verantwortlich, sondern eine kontinuierliche Erzeugung von Materie im Raum. Natürlich war auch Hoyles Theorie nicht perfekt. Sie verletzte den Energieerhaltungssatz, lieferte keine Antwort darauf, durch welchen Prozess Materie eigentlich erzeugt wird, und konnte nicht zufriedenstellend erklären, warum Materieerzeugung und Expansion sich gerade so im Gleichgewicht befinden sollten, dass die Materiedichte im Kosmos konstant bleibt. Trotzdem waren führende theoretische Physiker, darunter Werner Heisenberg, von der mathematischen Geschlossenheit und Schönheit der Gleichgewichtstheorie beeindruckt. Welche Theorie denn nun die »wahre« oder »richtige« war, konnte damals nicht eindeutig durch Experimente oder Beobachtungen entschieden werden. Die Mehrheit der Kosmologen neigte aber sicher dem Urknallmodell zu. Es war sowohl philosophisch als auch astronomisch zufriedenstellend, es passte in die Zeit, und nicht zuletzt hatte es die eloquentesten Fürsprecher: umtriebige Forscher, die sich öffentlichkeitswirksam in Szene zu setzen wussten. Als daher Fred Hoyle und seine Mitarbeiter ihren Gegenentwurf zum Urknall vorstellten, prallten sie auf eine festgefügte Mehrheitsmeinung. Die Kosmologen trugen ihre Rivalität offen aus und nutzten auch die Presse, um die Öffentlichkeit von der eigenen Sichtweise zu überzeugen. Beobachtungsteams gingen an die Arbeit, um aus einigen Schlüsselbeobachtungen, für die beide Theorien unterschiedliche Aussagen machen, auf die Überlegenheit eines der beiden Modelle zu schließen. Eines war dabei unübersehbar: Es wurde keine offene Entscheidung gesucht, sondern die Beobachtungen wurden mit dem Ziel betrieben, Hoyles SST zu widerlegen.

Ein entscheidendes Erlebnis, das Fred Hoyle in seiner Autobiographie[83] schildert, zeigt, mit welch harten Bandagen damals gekämpft wurde. Bestimmte Messungen an fernen, Radiostrahlung aussendenden Galaxien lieferten eine Kenngröße, die laut Berechnungen für die SST einen Wert von ungefähr –1,5 annehmen sollte. Nun setzten die Beobachter alles daran, einen anderen Wert zu finden, um die SST zu widerlegen. Einer der Hauptgegner von Fred Hoyle, der englische Astrophysiker Martin Ryle, führte die Beobachtungen durch und erzielte auf einer äußerst schmalen Datenbasis einen Wert von –3, woraus er sofort schloss, dass die SST falsch sei. Dieser Wert hing aber ganz entscheidend davon ab, wie viele Galaxien man verwendete, wie intensiv deren Strahlung war und in welche Entfernungen man dabei vordrang. Daher führte Ryle zwischen 1955 und 1960 weitere Messungen durch, die schließlich einen Wert von –1,8 ergaben, also wesentlich dichter an den –1,5 der SST lagen. Um die Genauigkeit weiter zu steigern, unternahm Ryle 1961 einen weiteren Versuch.

Anstatt wie üblich dessen Ergebnis innerhalb der Kosmologengemeinschaft zur Diskussion zu stellen, behielt Ryle seinen neuen Wert für sich und berief stattdessen eine Pressekonferenz ein (die damalige Öffentlichkeit nahm an dem Streit sehr regen Anteil), zu der er auch Fred Hoyle einladen ließ. Dieser erwartete, kollegiales Verhalten voraussetzend, dass Ryle einen Wert gefunden hatte, der die SST stützte, und Hoyle nun eine Bühne geben wolle, um seine Theorie als konform mit den neuesten Beobachtungen zu präsentieren.

Doch mit der Kollegialität war es nicht weit her: Ryle legte vor der Presse schwungvoll dar, dass seine neue Untersuchung den Wert −1,8 bestätigt habe, und ob Mr. Hoyle wohl die Güte hätte, dieses Ergebnis zu kommentieren? In aller Öffentlichkeit und vor den Kameras zahlreicher Pressevertreter war Hoyle schlicht hereingelegt und vorgeführt worden, ohne dass ihm vorher Gelegenheit gegeben worden wäre, die Daten selbst zu prüfen.

Obwohl man an Ryles Ergebnis allerhand aussetzen konnte und spätere verfeinerte Messungen zeigten, dass der Wert aus Ryles Analyse eigentlich sehr nahe an −1,5 lag, war das vorläufige Ende der SST eingeläutet. Die Londoner Abendzeitungen brachten die angebliche Demontage der SST und den Sieg der Urknalltheorie auf der ersten Seite, und von diesem Zeitpunkt an setzte sich das Modell vom großen Knall in den Köpfen der Öffentlichkeit fest.

Der endgültige Gnadenstoß für die SST war dann die Entdeckung der Mikrowellen-Hintergrundstrahlung durch Wilson und Penzias. Damals gab es einige Forscher, die der eleganten Einfachheit der SST nachtrauerten. Der britische Kosmologe Dennis Sciama schrieb 1967: »Ich muss hinzufügen, dass für mich der Verlust der ›Steady-State‹-Theorie Anlass zu großer Trauer war. Die ›Steady-State‹-Theorie hatte einen Schwung und eine Schönheit, die der Architekt des Universums aus einem unerklärlichen Grund übersehen zu haben scheint. Das Universum ist tatsächlich ein Flickwerk, aber ich glaube, wir müssen das Beste daraus machen.«[84] Wir haben gesehen, dass die Kosmologen tatsächlich das Beste daraus machten: Sie stapelten eine Zusatzhypothese auf die andere und erschufen so ein Flickwerk von bisher unbekannter Komplexität und Dunkelheit.

Ende der sechziger Jahre des vorigen Jahrhunderts war der gesamte kosmologische Raum durch die Urknalltheorie besetzt. Der gesamte Kosmos? Nein! Eine von unbeugsamen

Renegaten proklamierte Theorie hörte nicht auf, dem »Big Bang« Widerstand zu leisten. Hoyle und seine Kollegen gaben sich nicht geschlagen. Bis zu seinem Tod weigerte sich Hoyle zu konvertieren. Dass er sich nicht zur wahren (Urknall-)Lehre bekehren ließ, hat ihm die Zitadelle der Gewissheit nie verziehen. Obwohl er zusammen mit dem Ehepaar Geoffrey und Margaret Burbidge sowie William Fowler die entscheidenden Erklärungen für die Erzeugung der schweren chemischen Elemente im Inneren der Sterne lieferte, zu denen er die Hauptideen beigesteuert hatte, bekamen nicht etwa er oder die beiden ebenfalls als Urknallgegner bekannten Mitautoren Burbidge 1983 den Nobelpreis für Physik, sondern einzig und allein William Fowler. Fowler war der Einzige der vier, der zur Urknalltheorie neigte. Als ehrlicher und fairer Kollege hat Fowler diese kleingeistige Ungerechtigkeit mehrfach öffentlich beklagt.

Und ich war immer der Meinung, dass nur beim Literatur- und Friedensnobelpreis himmelschreiende Dummheiten passieren.
Da müssen wir Sie leider enttäuschen. Hoyles Fall ist nämlich keine Ausnahme, es gibt noch »weitere Einzelfälle«. Jocelyn Bell zum Beispiel. Sie war es, die den ersten Pulsar entdeckte. Trotzdem bekam ihr damaliger Chef Antony Hewish 1974 den Nobelpreis für »seine entscheidende Rolle bei der Entdeckung der Pulsare« allein verliehen. Hoyle hat damals die Preisverleihung einen Skandal genannt und Hewish beschuldigt, die Arbeit von Bell gestohlen zu haben.
War es bei Rosalind Franklin nicht ganz ähnlich. Da erhielten doch auch nur Crick und Watson den Nobelpreis für die Entdeckung der DNS-Struktur, obwohl die entscheidenden Röntgenaufnahmen von Franklin stammten.

Bei Franklin liegt die Sache etwas anders. Sie war nämlich leider schon tot, als der Preis verliehen wurde. Der eigentliche Skandal war, dass weder Watson noch Crick die entscheidende Rolle von Franklin in ihren Nobelpreisreden erwähnten. Beide hatten sich ohne Franklins Wissen Zugang zu ihren Daten verschafft und sie für ihre eigene Arbeit genutzt.

Die Rückkehr der Renegaten

In den Jahren nach der Entdeckung der Mikrowellen-Hintergrundstrahlung kam es zu einer regelrechten Urknall-Euphorie, die mit der »Entdeckung« der Inflation einem Höhepunkt zusteuerte. Alle Probleme des Modells schienen beseitigt, die Wahrheit schien zum Greifen nahe. Außer einigen wenigen hartnäckigen Urknall-Gegnern interessierte sich kein Forscher mehr für alternative Theorien.

Doch Anfang der neunziger Jahre kehrte die SST unter dem Namen Quasi-Steady-State-(Quasi-Gleichgewichts-)Theorie (QSST) in modernisierter Form wieder zurück. Die Ketzer gaben sich nicht geschlagen und präsentierten eine erweiterte Theorie, die Einsteins Gleichungen als Spezialfall enthält und zu einem Modell des Universums führt, das keinen Anfangszeitpunkt mit all seinen unwirklichen Eigenschaften mehr enthält. Dieses Universum ist unendlich in Raum und Zeit. Ein spezielles Feld erzeugt darin auf nun mathematisch nachvollziehbare Weise ständig Materie im Kosmos. Wo die Gravitation hoch ist (etwa in den Zentren von Galaxien), ist auch die Materieerzeugung sehr stark. Zugleich ergibt sich aus den Prozessen der Materieentstehung eine Art Antigravitation, die den umgebenden Raum zur Expansion zwingt und die Materie davonträgt. Die vielen kleinen Schübe addieren sich zur großen Expansion des Weltalls und sind damit die Ursache der beobachteten Rotverschiebung.

Auch das Wie der Materieentstehung erklärt die QSST. Die Materie wird bevorzugt an Orten mit hoher Materiedichte (beispielsweise in den aktiven Kernen der Galaxien) in Form von Urteilchen geboren, in der Physik als Planck-Teilchen bekannt. Diese Teilchen zerfallen sofort nach ihrem Entstehen in einen Schauer aus unzähligen anderen Elementarteilchen. Dabei zeigt sich, dass trotz physikalisch völlig anderer Ausgangsbedingungen die Häufigkeitsverhältnisse der Elemente sich mindestens genauso stimmig berechnen lassen wie mit der Urknalltheorie – und zwar ohne dass dabei auf die willkürliche Festlegung des Verhältnisses von Strahlung zu Materie zurückgegriffen werden muss. Und auch die Mikrowellen-Hintergrundstrahlung erhält in der neuen Theorie eine alternative und physikalisch plausible Erklärung.

Der Astrophysiker Arthur Eddington (1882–1944) rechnete bereits 1926 aus, auf welche Temperatur die Sterne den leeren Raum aufheizen würden, wenn ihre Strahlung sich gleichmäßig als Wärme verteilte. Erstaunlicherweise ergab sich dabei ein Wert von etwa drei Kelvin. Sollte diese Nähe zu 2,73 Kelvin wirklich Zufall sein? Ist die Hintergrundstrahlung vielleicht nichts anderes als die Wärme, welche die Sterne in der ungeheuren Weite des leeren Raumes erzeugen? Eddingtons Berechnung hatte nur einen Schönheitsfehler: Die von den Sternen ausgesandte Strahlung ist keine reine Wärmestrahlung. Damit sie sich in eine Strahlung im Mikrowellenbereich (also Wärme) umwandeln kann, bedarf sie eines Mediums, das die Sternstrahlung absorbiert und im Mikrowellenbereich wieder ausstrahlt. Zu Eddingtons Zeit war kein Medium bekannt, das diesen Vorgang hätte bewerkstelligen können. Erst in den fünfziger Jahren des 20. Jahrhunderts wurde ein solcher Prozess in Laborexperimenten nachgewiesen: Wenn Eisen von sehr hoher Temperatur im Vakuum abkühlt, entstehen dünne Nadeln von bis zu einem Millimeter Länge, die genau die geforderte Eigenschaft besitzen: Sie sind hervorragend geeignet, einfallendes Licht durch fortgesetzte Absorption und Emission in Wärme umzuwandeln. (Nadeln aus Graphit haben dieselbe Wirkung, sie wurden vor kurzem im Weltall nachgewiesen.[85])

Was im Labor funktioniert, sollte auch im All funktionieren. Dort sind es Supernova-Explosionen, die extrem heißes eisenhaltiges Material ins Vakuum des Weltalls schleudern, wo es dann zu solchen Nadeln »gefrieren« würde. Laut QSST treiben in den Weiten des Alls Abermilliarden von Nadeln aus Eisen (und Graphit). Zusammen schaffen sie es, wie die entsprechenden Berechnungen zeigen, das Sternlicht in eine Wärmestrahlung von 2,73 Kelvin zu verwandeln. Verschiedene Beobachtungen lassen sich bereits als Hinweise auf die Existenz solcher Nadeln interpretieren. Somit lassen sich sowohl die Strahlung selbst als auch deren Temperatur im Rahmen der QSST physikalisch erklären. Aus dem Urknallmodell lässt sich die Temperatur von 2,73 Kelvin dagegen nicht zwingend ableiten; in diesem Modell wären auch andere Werte möglich.

Ein Universum, das ohne Anfang und Ende ist und für alle Zeiten expandiert und immer neue Materie erzeugt, tritt damit in Konkurrenz zum Modell vom einmaligen Knall, mit dem die Welt vor endlicher Zeit aus dem Nichts auftauchte. In welcher Welt leben wir eigentlich?

Wir stehen nun vor folgender Situation: Im Wesentlichen basieren beide Theorien auf drei Beobachtungen: der Elementhäufigkeit im Kosmos (75% Wasserstoff, 24% Helium etc.), dem Mikrowellenhintergrund (2,73 Kelvin) und der Rotverschiebung der Spektrallinien.

Die Rotverschiebung deuten beide Theorien als eine Folge der Raumausdehnung. (Allerdings unterscheiden sie sich in der Frage, warum sich der Raum ausdehnt.) Mikrowellenhintergrund und Elementhäufigkeit führen beide Theorien allerdings auf gänzlich unterschiedliche Ursachen zurück. Interpretiert man die Beobachtungen auf die eine Weise, so kommt ein endliches Urknalluniversum heraus, das mit einem »Big Bang« ins Dasein tritt und dann für alle Zeiten expandiert, bis sämtliche Materie für immer vergangen ist. Beeindruckender Beginn, stark nachlassendes Ende. Interpretiert man zwei der drei Beobachtungen im Rahmen der QSST, hat man plötzlich ein völlig anderes Weltall: unendlich in Raum und Zeit, ewig expandierend und sich ständig durch neue Materie erneuernd. Urknall oder QSST-Ewigkeit, das ist hier die Frage.

Gibt es denn keine zuverlässigen Beobachtungen, durch die sich entscheiden ließe, welche Interpretation und damit welches theoretische Modell richtig ist?
Man darf nicht vergessen, dass alle unsere Beobachtungen theoriebehaftet sind. Zudem sind kosmologische Theorien so vieldeutig, dass man mathematisch fast beliebige Ergebnisse erzwingen kann, um sie mit Beobachtungen kompatibel zu machen.
Übertreibt ihr da nicht ein wenig?
Ganz und gar nicht. Ein Beispiel: Laut ursprünglichem Urknallmodell hätte der Wärmestrahlungshintergrund eigentlich relativ große räumliche Schwankungen aufweisen müssen – Spuren der großräumigen Ereignisse, die zur Bildung der Galaxien geführt haben sollen. Es wurden aber nur winzige Schwankungen gefunden. Um diese mit der Theorie vereinbar zu machen, wurden die mathematischen Parameter so lange verändert, bis alles passte, und das Ergebnis so verkauft, als ob die Theorie genau diese winzigen Schwankungen vorhersagen würde.
Kann denn die QSST diese Schwankungen auch erklären?
Ja. Da die QSST die Ursache für den Mikrowellenhin-

tergrund im Sternlicht sieht, sind diese Schwankungen relativ einfach zu erklären, nämlich als die Spuren, die Galaxien und Galaxienhaufen als Konzentrationen von Sternlicht hinterlassen. Die Größenordnung dieser Schwankung lässt sich mit Realschulmathematik errechnen und liegt genau im Rahmen der gemessenen Schwankungen.

Wenn das alles so ist, wie ihr behauptet, wenn die Urknalltheorie so viele Mängel hat und sich nur durch immer mehr Zusatzannahmen über Wasser halten kann, warum fällt sie dann nicht Ockhams Rasiermesser zum Opfer, also dem Sparsamkeitsprinzip, wonach in der Wissenschaft diejenige Theorie bevorzugt wird, die zur Erklärung desselben Sachverhalts mit weniger Zusatzannahmen auskommt.

Das Dumme dabei ist nur, dass es keine objektiven Kriterien dafür gibt, wann eine Theorie einfacher oder sparsamer ist als eine andere. Diese Kriterien hängen fundamental von der herrschenden Theorie ab. Wenn Sie daran gewöhnt sind, Ihre Kontaktdaten per Hand auf Zetteln ständig in Ihrer Westentasche parat zu halten, erscheint Ihnen vielleicht die Speicherung dieser Daten in einem digitalen Organizer als völlig abwegiger Umweg: Wieso sollten Sie denn umdenken und sich in ein neues System mit neuen Begriffen einarbeiten? Alles läuft doch perfekt. Wenn Ihnen eine theoretische Konzeption in Fleisch und Blut übergegangen ist, finden Sie jede Alternative unnötig und fremd.

Aber die QSST kann doch auf exotische Dunkle Materie verzichten, und sie braucht auch keine Inflation oder so etwas Ähnliches, nicht wahr?

Richtig.

Also für mich hört sich das eindeutig nach weniger Zusatzannahmen an.

160

Aber dafür brauchen Sie ein neues Feld, das überall im Kosmos Materie erzeugt. Sie brauchen eine Art Antigravitation, die den Raum dehnt, und Sie brauchen Eisennadeln, die Sternlicht in Mikrowellenstrahlung verwandeln.

Diese Annahmen sind doch notwendig. Ohne sie hätten wir gar keine neue Theorie.

Da haben Sie recht. Aber diese Annahmen sind nur dann notwendig, wenn Sie bereit sind, die neue Theorie zumindest als Alternative in Erwägung zu ziehen. Vom Standpunkt der alten Theorie aus sind das nur neue, unnötige Mätzchen. Man braucht sie nicht, weil die alte Theorie doch alles erklärt.

Aber alle neuen Theorien haben es doch nun mal an sich, neue Begriffe und Entitäten mitzubringen, sonst wären sie ja nicht wirklich neu.

Genau das ist der Grund, warum das Rasiermesser regelmäßig versagt. Im Grunde steht dieses Werkzeug auf einem sehr wackeligen Fundament aus Glauben und Hoffnung und dient orthodoxen Wissenschaftlern in erster Linie dazu, ihre liebgewordenen Theorien gegen neue zu verteidigen. Jede neue ungewöhnliche Ansicht und Idee wird damit rasiert, während die eigenen Theorien dagegen immun sind. Im praktischen Wissenschaftsbetrieb ist es mehr oder weniger nutzlos. Man kann nämlich erst dann erkennen, in welchen Sinne eine neue Theorie einfacher und sparsamer ist als die alte, wenn sich die Theorie und die damit verbundenen neuen Kriterien für Einfachheit durchgesetzt haben.

Dann müssen also Wissenschaftler, die wirklich neue Theorien erschaffen wollen, das Rasiermesser ignorieren?

Ja. Und Wissenschaftler, die es dazu verwenden, ihre

liebgewonnenen alten Theorien zu verteidigen, missbrauchen es.

Das wird ja immer besser. Zuerst erklärt ihr, dass es keine objektiven Beobachtungen gibt, dann zerfleddert ihr mein kosmologisches Weltbild, und zu guter Letzt schlagt ihr mir auch noch Ockhams Rasiermesser aus der Hand. Was kommt als Nächstes?

Arp.

Arp? Was ist das?

Halton Arp ist beobachtender Astronom und hat etwas entdeckt, das sowohl dem Urknall wie auch der QSST den Garaus machen könnte. Er gibt nämlich der Rotverschiebung eine andere Bedeutung.

Haut ihr mir jetzt noch ein weiteres Universum um die Ohren?

Ja.

Noch ein weiterer Einzelfall

Markarian 205 ist ein Quasar im Sternbild Drache. Quasare sind nahezu punktförmige Objekte am Himmel mit sehr großer Rotverschiebung. Bei diesen geheimnisvollen Objekten handelt es sich vermutlich um aktive Kerne von Galaxien, bei denen laut Urknallmodell ein Schwarzes Loch die umgebende Materie verschluckt, laut Quasi-Steady-State-Theorie eine Art Weißes Loch Materie erzeugt. Markarian 205 (Mrk 205) ist ein solches Objekt und müsste im Urknallmodell wegen seiner enormen Rotverschiebung eine Milliarde Lichtjahre von uns entfernt sein. Abbildung 3.3 zeigt uns Mrk 205 im linken unteren Bereich des Bildes.

Oberhalb von Mrk 205 ist ein größeres Objekt zu erkennen. Dabei handelt es sich um die allseits unbekannte Spiralgalaxie mit dem schönen Namen NGC 4319. Das eigentlich Skanda-

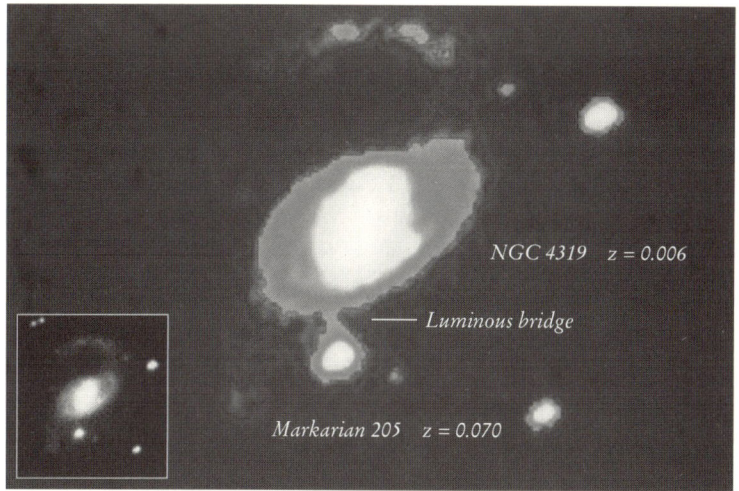

NGC 4319   z = 0.006

—— Luminous bridge

Markarian 205   z = 0.070

Abb. 3.3: Die deformierte Spiralgalaxie NGC 4319 und der Quasar Markarian 205 sind offensichtlich durch eine leuchtende Materiebrücke (Luminous Bridge) miteinander verbunden, obwohl sie stark unterschiedliche Rotverschiebungen (z) aufweisen.

löse an dem Bild ist aber Folgendes: Zwischen Mrk 205 und der schönen unbekannten Spiralgalaxie könnte es nämlich eine »verbotene« Verbindung geben. Beide scheinen durch eine leuchtende Brücke *(Luminous Bridge)* miteinander verbunden zu sein und eine Einheit zu bilden. Das ist schockierend!

Es ist schockierend, weil beide Objekte stark unterschiedliche Rotverschiebungen aufweisen und sich deshalb in getrennten Bereichen des Kosmos befinden sollten. Wenn die Interpretation der Rotverschiebung als eine Folge der Raumexpansion richtig ist, dann müsste laut Hubble-Gesetz Mrk 205 mehr als zehnmal weiter entfernt sein als NGC 4319. Selbst für Astronomen ist ein Raumabgrund von 920 Millionen Lichtjahren kein Pappenstiel.

Dabei ist das merkwürdige Paar von Himmelsobjekten nur eines unter vielen. Eher noch dramatischer wird das Phäno-

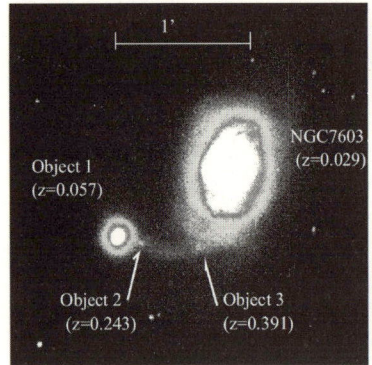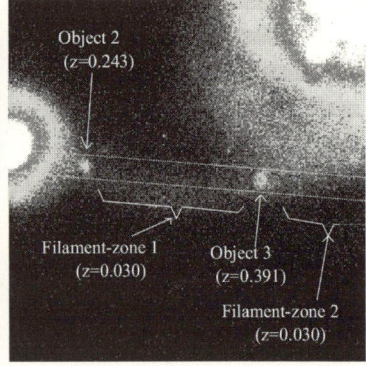

Abb. 3.4: Die aktive Galaxie NGC 7603 ist über eine leuchtende »Brücke« mit einer weiteren Galaxie und zwei Quasaren mit jeweils stark unterschiedlicher Rotverschiebung verbunden. Foto: M. López-Corredoira, C. M. Gutiérrez

men durch ein zweites Beispiel beleuchtet (Abb. 3.4), das eine Verbindung zwischen der aktiven Galaxie NGC 7603 und einer zweiten Galaxie mit etwa doppelter Rotverschiebung zeigt (Objekt 1). Direkt auf dem »Verbindungsast« beider Galaxien liegen zudem noch zwei Quasare (Objekte 2 und 3) mit vielfach höherer Rotverschiebung – also wiederum enormer Entfernung von NGC 7603, falls die Interpretation der Rotverschiebung als Entfernungsmaß richtig sein sollte.

Wie zum Teufel können sich diese Objekte dann »berühren«? Das ist eine der Fragen, die Halton Arp stellt und die ihn bei Urknallfans nicht gerade beliebt machen.

Der Amerikaner Arp ist einer der berühmtesten beobachtenden Astronomen und durch seinen *Atlas of Peculiar Galaxies* (»Atlas merkwürdiger Galaxien«) weltberühmt geworden. Er entdeckte explodierende Galaxien, Paare von Galaxien, die sich gegenseitig verformen, Galaxien, die miteinander verbunden sind, und viele andere Merkwürdigkeiten, die etwas Leben ins Universum bringen.

Schon sehr bald fiel Arp auf, dass eine Reihe von Galaxien über Brücken aus Sternen und Gas miteinander verbunden ist. Das Explosive daran: Es gab unter den verbundenen Galaxien einige, die sehr unterschiedliche Rotverschiebungen aufwiesen. Eine absolute Unmöglichkeit, wenn größere Rotverschiebung auch größere Entfernung bedeutet. Zwei Galaxien, die sich berühren, befinden sich offensichtlich in derselben Entfernung vom Beobachter – und dann müssen ihre Rotverschiebungen im Expansionsbild absolut identisch sein.

Die ersten dieser interessanten Objektverbindungen spürte Arp bereits vor über vierzig Jahren auf – und seitdem sind ständig neue hinzugekommen. Von den Anhängern des Urknallmodells werden diese seltsamen Konstellationen als »zufällige« Projektionen von räumlich hintereinanderliegenden Objekten auf den Himmelshintergrund abgetan und nicht weiter erforscht. So wie zwei entfernte Bäume aus einer bestimmten Perspektive so aussehen, als berührten sich ihre Äste, so könnte es ja tatsächlich sein, dass die Galaxien nur scheinbar in Kontakt stehen, in Wahrheit aber räumlich weit entfernt sind – ein Projektionseffekt also, der den Beobachter täuscht. Dagegen sprach allerdings von Anfang an, dass in manchen Fällen deutliche Deformationen an den Stellen zu beobachten waren, an denen sich die Galaxien berührten.

Besonders dramatisch wurde es dann, als Arp auch noch Verbindungen zwischen relativ nahen Galaxien und fernen Quasaren wie Markarian 205 entdeckte. Ist Arps Interpretation richtig, so bedeutet dies (bis auf weiteres) das Ende der Urknalltheorie und jedes anderen kosmologischen Modells, das ein expandierendes Weltall annimmt.

Kein Wunder, dass die Verfechter des Urknallmodells nicht sahen, was Arp so offensichtlich vor Augen stand. Wo Arp deutliche Verbindungen und leuchtende Brücken zwischen himmlischen Objekten sah, erkannten seine Gegner nur zufällige Projektionseffekte. Zeitweise muss sich Arp vorgekommen sein wie Galilei in jener Nacht auf Maginis Terrasse, als er vergeblich versuchte, seine Gegner von der Existenz der Jupitermonde zu überzeugen. Arp zeigte seine Bilder und gab die Orte am Himmel bekannt, wo sich diese merkwürdigen Objekte befanden. Doch diejenigen, die sich dazu herabließen, seine Daten zu prüfen, konnten nichts Bemerkenswertes erkennen. Allein zwölf Jahre tobte ein Kampf um die korrekte Interpretation der Markarian-205-Daten – bis 1984 digital bearbeitete Aufnahmen zeigten, dass die Verbindungsbrücke auch auf den bestauflösenden Bildern zu sehen war und sie daher wohl real sein musste.[86]

Doch das war noch lange nicht alles: Die Zahl der verdächtigen Objekte stieg ständig weiter an. Arp stellte fest, dass es in der Nachbarschaft von nahen aktiven Galaxien auffallend viele Quasare zu geben schien. Warum sollten sich diese fernen Himmelobjekte um nahe Galaxien drängen? Dafür gab es keinen bekannten Grund. Eigentlich sollten die Quasare am Himmel gleichverteilt sein. Handelte es sich um Gravitationslinseneffekte oder nur um zufällige Häufungen, kombiniert mit Projektionseffekten, wie Arps Gegner in schöner Wiederkehr vermuteten? Oder steckte mehr dahinter?

Licht ins Dunkel brachten dann die Daten des Röntgensatelliten ROSAT (1990–1999). ROSAT hatte fast alle bekannten Sternsysteme, die zur Gruppe der sogenannten Seyfert-Galaxien gehören (eine spezielle Klasse aktiver Galaxien), im Röntgenlicht untersucht. Eine systematische Analyse der Himmelskarten um diese Objekte herum zeigte nun mit außergewöhnlich hoher statistischer Signifikanz, dass tatsächlich in der Nähe der aktiven Galaxien eine auffällige Häufung von Quasaren zu finden ist. Die Wahrscheinlichkeit, dass es sich um eine zufällige Konstellation handelt, ist verschwindend gering.

Und wie reagierten die Verteidiger der Urknallzitadelle auf all das? Nun – formulieren wir es positiv. Arps Publikationen wurden nicht verboten, ihm wurde kein Prozess gemacht, und er wurde nicht unter Hausarrest gestellt. Stattdessen fährt das Gros des Astronomen fort, als ob nichts gewesen wäre. Sie ignorieren die Befunde. Als die Daten, die gegen das Urknallmodell sprachen, immer besser und zahlreicher wurden, lehnten Gutachter und Herausgeber von wissenschaftlichen Fachblättern Arps eingereichte Arbeiten mit fadenscheinigen, paradoxen und unredlichen Begründungen ab (»Nur ein weiterer Einzelfall«[87]!?! »Das kann nicht wahr sein«?!?[88]).

Als Arp 1995 versuchte, seine neuesten Beobachtungsdaten im Wissenschaftsmagazin *Nature* zu veröffentlichen, akzeptierte die Zeitschrift nur den unbedeutenderen Teil seiner Daten und verweigerte die Veröffentlichung derjenigen Beobachtungen, die dem Urknallmodell eindeutig widersprachen. Eines der wichtigsten Fachmagazine, die europäische Zeitschrift *Astronomy & Astrophysics,* teilte ihm sogar offiziell mit, dass man keine Arbeiten von ihm mehr zur Begutachtung annehmen werde – wohlgemerkt, die Absage galt nicht einem abseitigen Spinner, sondern einem der bedeutendsten Astronomen mit Hunderten von anerkannten Publikationen. Hier werden keine wilden theoretischen Spekulationen ausgesondert, sondern Beobachtungsdaten zensiert und unterdrückt.

Von wissenschaftlichen Fachtagungen wurde Arp wiederholt und ohne Angabe von Gründen ausgeschlossen, und der Zugang zu Datenarchiven wurde ihm verweigert. Folgerichtig und ganz im Sinne der orthodoxen Wissenschaftler stellte die Leitung der Carnegie-Observatorien 1981 dann auch prompt fest, dass »Arps Forschungen die allgemeine Lehrmeinung nicht beeinflussen und seine Ideen keine Zustimmung finden konnten« und dass es folglich »nicht mehr vernünftig ist, ihm die Benutzung der Teleskope zu gestatten«.[89] Arp wurde ultimativ aufgefordert, seinen ketzerischen Ideen abzuschwören und seine Forschung »grundlegend neu auszurichten«. Er blieb standhaft und wurde exkommuniziert. Ein Schelm, der dabei an Galilei denkt.

Konsequenterweise wurden auch anderen Forschern Beobachtungszeiten verweigert, sobald sie sich für »Arpsche Objekte« interessierten. Junge Theoretiker, die Alternativen zum Urknall erforschen möchten, haben kaum Karrierechancen, und das, obwohl bereits Hunderte von Doktoranden Urknall-Modellrechnungen erfolglos durch ihre teuren Computer jagen und fröhlich eine dunkle Zusatzannahme auf die andere stapeln.

Wir befinden uns hier in einer ganz ähnlichen Situation wie die Menschen zu Zeiten Galileis. Wir können weiter an den Urknall glauben und Arps Beobachtungen als Artefakt oder Zufall abtun – oder wir nehmen Arps Beobachtungen ernst, dann müssen wir aber das Urknallmodell in Frage stellen. Sind die Bilder, die Arp uns liefert, »real«, oder handelt es sich um »Täuschungen«? Falls es keine Täuschungen sind, was folgt dann daraus? Sehen wir uns an, welche Schlussfolgerungen Arp selbst zieht.

Für Arp zeigen seine Beobachtungen Folgendes: In der Nähe aktiver Galaxien (Seyfert-Galaxien) gibt es überproportional viele Quasare mit sehr hoher Rotverschiebung. Diese Quasare sind nicht beliebig um die Galaxien herum verteilt, sondern ordnen sich meist auf einem Kegel um deren Rotationsachsen an.

Arp interpretiert das so: Die aktiven Galaxien erzeugen in ihren Kernen nach Art der Weißen Löcher Materie und schleudern diese in Form von Quasaren längs ihrer Rotationsachse ins All. Dort entwickeln sich die Quasare zu aus-

168

gereiften Galaxien, wie wir sie kennen. Seyfert-Galaxien sind
also Muttergalaxien, die durch Erzeugung neuer Materie eine
wachsende Schar von Galaxien um sich scharen. Von diesen
sind wiederum viele selbst aktiv, erzeugen eigene Töchter, so
dass schließlich die beobachteten Galaxienhaufen entstehen.
Es bleibt aber immer noch die Frage nach der unterschiedlichen Rotverschiebung zwischen Muttergalaxie und Quasar.
Auch dafür hat Arp eine Erklärung.

Das Muster, das er in den gemessenen Rotverschiebungen
feststellte, gibt einen Hinweis darauf, wie diese sich auf andere Weise als durch die Expansion des Raumes erklären
lassen: Die Muttergalaxien haben in der Schar der Familie
die geringsten Rotverschiebungen. Der seiner Mutter am
nächsten stehende »Babyquasar« hat die größte Rotverschiebung der Familie. Er entfernt sich von der Mutter und wird
dabei älter. Arp stellte fest, dass die Rotverschiebung der
Quasare mit ihrer Entfernung von der Mutter, also mit ihrer
Alterung, abnimmt. Die Rotverschiebung ist also ein Maß
nicht für die Entfernung eines Objekts von uns, sondern für
das Alter seiner Materie: je jünger das Objekt, desto größer
seine Rotverschiebung.

Zusammen mit dem Theoretiker Jayant Narlikar arbeitete
Arp eine Theorie aus, die diesen Zusammenhang erklärt. Dabei handelt es sich um eine weitere elegante Lösung von
Einsteins Gravitationsgleichungen. Der Grundgedanke ist,
dass die Masse der Elementarteilchen nicht für alle Zeiten
konstant ist, sondern nach einem von dem Physiker Ernst
Mach (1838–1916) aufgestellten Prinzip durch die Wechselwirkung mit den anderen Materieteilchen im Weltall stetig
zunimmt. Die im Zentrum der aktiven Galaxien gebildete
neue Materie hat die Masse null, aber sofort nach ihrer Geburt steigt die Masse stetig an, weil die Teilchen mit immer
mehr Partikeln in ihrer Umgebung in Kontakt treten. Nun
zeigt aber die Elektrodynamik, dass Atome mit variabler

Masse umso röteres Licht abstrahlen, je geringer die Masse ist. Neugeborene Materie mit geringer Masse hat also eine sehr hohe Rotverschiebung. Während die Materie altert, nimmt ihre Masse zu, und die Rotverschiebung nimmt ab, ganz so, wie es Arps Interpretation der Beobachtungen an aktiven Galaxien fordert.

Interessanterweise ergibt sich für die Galaxien der gleiche mathematische Zusammenhang zwischen Rotverschiebung und Alter, wie ihn Hubble für Rotverschiebung und Entfernung aufstellte. Der Unterschied zwischen beiden ist also ausschließlich durch die unterschiedliche Interpretation derselben Beobachtungsgrößen zu erklären.

Während das Urknallmodell also einen Anfangszeitpunkt enthält, ab dem das All expandiert, und die QSST ein expandierendes Weltall ohne Anfang und Ende postuliert, beschreibt die Narlikar/Arp-Theorie ein ewiges, statisches (nicht expandierendes) Universum, in dem die Elementarteilchen eine zeitabhängige Masse haben. Dass diese Masse mit der Zeit größer wird, können wir allerdings nicht im Labor nachprüfen, denn alle Materie in der Milchstraße ist zur selben Zeit entstanden, und die Masse entwickelt sich seitdem gleichartig. Da das Weltall in diesem Bild nicht expandiert, haben wir auch keine Möglichkeit, große Entfernungen mit Hilfe der Rotverschiebung abzuschätzen. Alle Galaxien, die wir sehen, sind hier Teil eines einzigen großen Galaxienhaufens und unterscheiden sich nur in ihrem Alter.

Wir haben nun drei unterschiedliche Interpretation der drei grundlegenden kosmologischen Beobachtungen (Rotverschiebung, Hintergrundstrahlung und Elementhäufigkeit) kennengelernt und gesehen, wie daraus drei vollkommen unterschiedliche Weltbilder entstehen.

Und welche dieser Interpretationen ist nun die richtige?
Das wissen wir nicht.
Warum habt ihr dann Arp ständig mit Galilei verglichen? Gebt doch zu, dass ihr seiner Interpretation zuneigt.
Wir neigen seinen Beobachtungen zu, das ist richtig. Wir glauben nicht, dass diese Materiebrücken nur Illusionen sind. Das bedeutet aber nicht automatisch, dass die Narlikar/Arp-Theorie richtig ist. Auch diese Theorie hat, wie das QSSC- und Urknallmodell, Schwächen und kann keinesfalls alle Rätsel lösen.
Aber der Urknall ist eurer Meinung nach geplatzt?
Ja.
Und Arp ist ein neuer Galilei.
Nein, Arp ist noch kein neuer Galilei. Dazu müssen sich erst seine Interpretationen der Beobachtungen in der Astronomenzunft durchsetzen. Wenn das aber einmal geschehen sollte, dann werden seine Beobachtungen wohl zu ähnlich revolutionären Umwälzungen im Weltbild führen wie damals die Entdeckung der Jupitermonde.
Und ihr glaubt, dass das eines Tages geschehen wird?
Wir hoffen es. Dazu müssen sich aber erst einige liebgewordene alte Denkgewohnheiten in den Köpfen der Forscher ändern. Für uns ist eines klar: Die Anordnung von Galaxien und Quasaren im Raum bildet so häufig verblüffende, mit Arps Vorstellung übereinstimmende Muster, dass es ohne die Macht entsprechender Denkgewohnheiten absolut unerklärlich bliebe, warum nicht mehr Forscher sich offen mit dem Thema befassen – und wenn es ihnen nur darum ginge, Arp endlich zu widerlegen.
Gibt es denn wirklich keine Möglichkeit, durch Experimente oder Beobachtungen zu entscheiden, wer recht hat?

Tja, hier müssen wir wieder mit unserem alten Spruch antworten: Alle Experimente und Beobachtungen sind ...

... theoriebehaftet. Ich weiß, ich weiß, aber ich habe gehört, dass das Urknallmodell mausetot wäre, wenn wir Sterne oder Galaxien fänden, die älter sind als die knapp 14 Milliarden Jahre des Urknalluniversums. Also gibt es offenbar doch Beobachtungen, die es erlauben, zwischen den Modellen zu unterscheiden.

Es gibt sogar himmlische Objekte, bei denen der Verdacht besteht, dass sie älter sind als das Urknalluniversum. Allerdings ist die Deutung der Messergebnisse wieder theorieabhängig. Wer an der Materiebrücke zwischen Markarian 205 und seiner »Muttergalaxie« zweifeln kann, der wird auch einen Weg finden, 17 Milliarden Jahre alte Sterne in einem 14 Milliarden Jahre alten Universum unterzubringen.

Aber wenn die Beobachtungen Arps korrekt sind, dann bedeutet das doch das Aus für die beiden Konkurrenzmodelle Urknall und QSST, welche die Rotverschiebung als Expansionszeichen deuten.

Richtig. Wenn Arps Beobachtungen das sind, wofür er und wir sie halten, dann ist der Urknall geplatzt. Nur – wer sagt uns, ob Arps Interpretationen korrekt sind? Die Beobachtungen selbst besitzen offensichtlich allein nicht genügend Überzeugungskraft, sonst wäre die Sache längst entschieden. Wahrheit wird nicht erkannt, indem man nur genau hinsieht. Wahrheit ist immer ein theoretisches Konstrukt, bei dem der Glaube eine nicht unwesentliche Rolle spielt. Wer nicht glaubt, dass Teleskope »wahre« Bilder liefern, der wird weder Jupitermonde noch Materiebrücken »sehen« können.

Aber wenn die ganze Sache wirklich so unsicher ist, wie

ihr sagt, warum habe ich von den beiden alternativen Theorien dann noch nie etwas gehört?

Da sind Sie nicht der Einzige. Vielen Physikern geht es genau so. In ihren Seminaren lernen Studenten heute nicht mehr, das Urknallmodell als Theorie zu betrachten. Der Urknall wird als Tatsache präsentiert. Forschungsergebnisse können nur dann »wahr« sein, wenn sie dem Urknallmodell nicht widersprechen.

Aber das ist doch absurd. So kann man doch nicht Wissenschaft betreiben.

Warum nicht?

Weil hier ganz offensichtlich der Glaube wichtiger ist als Fakten und Wissen.

Könnte es sein, dass Sie dabei etwas Wichtiges vergessen?

Und was?

Dass Wissenschaft von Menschen gemacht wird. Wissenschaft kann nur so offen sein wie die Menschen, die sie betreiben. Sie selbst sagten so treffend, Zitat, »dass wir im Grunde nie eine Theorie mit der Realität vergleichen, sondern immer nur überprüfen, ob diese Theorie mit unseren anderen Theorien, die wir bewusst oder unbewusst schon von der Wirklichkeit haben, im Einklang steht«.

Trotz alledem, ich kann es einfach nicht verstehen. Die großen Namen unter den Kosmologen, die ja auch populäre Bücher veröffentlichen, müssten sich doch der Situation bewusst sein. Stattdessen tun auch sie so, als ob der Urknall eine von keinem vernünftigen Menschen mehr zu bezweifelnde Tatsache sei.

Große Namen der Urknalltheorie sind nicht automatisch große Kenner des Gesamtbildes der kosmologischen Wissenschaft. Dazu ein kleines Beispiel: Als jemand anlässlich eines hochkarätigen Kolloquiums fragte, ob manche Beobachtungen nicht im Rahmen eines Modells, das keinen Anfang des Universums annimmt, einfacher zu erklären wären als mit der Urknalltheorie, erhielt er die »Belehrung«: »Alle kosmologischen Modelle nehmen einen Anfang des Universums an.« Die Gegenbelehrungen, dass dies für die QSST definitiv nicht zutreffe und manches Rad Ecken habe, nahm das gesamte Auditorium mit fassungslosem Schweigen auf. Unter »alle kosmologischen Modelle« verstand das versammelte Kollegium ganz offensichtlich nur den Zoo mit den unterschiedlichen Urknallvarianten, also etwa die zahlreichen Inflationstheorien. Theorien außerhalb des Urknallmodells waren dem hochkarätigen Fachpublikum unbekannt. Übrigens gibt es durchaus große Namen in der Wissenschaft, die sich der Situation bewusst sind. Der Physiknobelpreisträger Robert Laughlin von der Stanford University etwa erkennt im Urknallszenarium »nichts als Marketing«[90] für den unter Kosmologen vorherrschenden Glauben.

Und warum lese ich von alldem so wenig in der Presse? Hier geht es doch um Milliarden an Steuergeldern, die verpulvert werden, nur weil man dunklen Gespenstern nachjagt.

Journalisten, die auf die Idee kommen, über die Theorien von Hoyle oder Arp zu berichten, werden schnell entmutigt, weil sie bei der Recherche auf die allgegenwärtigen Vertreter des Urknalls treffen, die ihnen in gutem Glauben erklären, dass diese Leute etwas verschrobene Außenseiter seien, die in der Forschergemeinde keinerlei Zustimmung hätten. Zudem sind Journalisten dem wissenschaftlichen Mainstream gegenüber bei weitem nicht so kritisch eingestellt wie zum Beispiel in der Kunst oder Politik. So war im *Spiegel* über den Inflationsforscher Andrei Linde allen Ernstes zu lesen: »Für

Forscher solcher Sonderklasse gelten eigene Gesetze: Niemand nimmt Anstoß, wenn Linde bei seinen Vorträgen statt Formeln selbstgezeichnete Comic-Strips an die Wand wirft ... was immer der russische Tausendsassa veranstaltet, sein Publikum zollt ihm frenetischen Beifall.«[91] Und der *Spiegel* sparte sich jede Häme und Ironie und stimmte ein in den frenetischen Beifall. Wir halten es da mit Karl Valentin. Der meinte: »Jedes Ding hat drei Seiten, eine positive, eine negative und eine komische.«

Apropos komisch, könnten wir noch einmal zum Urknall zurückkehren?

Gerne.

Wenn, wie ihr sagt, die Urknalltheorie letztlich durch keine Beobachtung gestürzt werden kann, weil alle Beobachtungen theoriebehaftet sind, wie kann sie dann überhaupt gestürzt werden?

Durch eine neue Theorie.

Für die ich einen kreativen Akt benötige?

Ja.

Aber es gibt doch schon alternative Theorien.

Richtig, aber offensichtlich sind diese Theorien noch nicht überzeugend genug.

Und wann ist eine Theorie überzeugend genug?

Wenn sie sich durchgesetzt hat.

Soll das ein Witz sein?

Nein, das ist kein Witz. Wir werden nicht müde zu betonen: Es gibt keine objektiven Kriterien, mit deren Hilfe wir entscheiden könnten, welche Theorie »wahrer« ist. Erst im Nachhinein, wenn der Glaube an eine Theorie sich durchgesetzt hat, lassen sich »objektive« Gründe dafür finden, warum sie besser ist. Die neue Theorie stellt dann Kriterien bereit, nach denen wir die anderen Theorien be- oder aburteilen.

Trotzdem müssen manche Theorien doch etwas an sich

*haben, das sie attraktiver macht als andere, sonst würden
sich neue Theorien ja nie durchsetzen.*
Ganz richtig.
*Und was macht manche Theorien attraktiver als ande-
re?*
FumM!
Fumm?
Freiheit und mehr Möglichkeiten.

4
Mythos Wissenschaft

Sein Grundsatz war, dass jede Theorie in der Naturgeschichte einen
Beitrag zur Genesis bedeute, weil der Menschengeist in jedem Alter die
Schöpfung von neuem konzipiere – und dass in jeder Deutung nicht
mehr an Wahrheit lebe als in einem Blatte, das sich entfaltet und gar
bald vergeht.

Ernst Jünger[92]

Der wählerische Mund
der positiven Wahrheit

D er Mund der Wahrheit befindet sich in Rom an der Piaz-
za della Bocca della Verità. In einer schönen, schlichten
Kirche wartet eine antike Tritonenmaske aus dem 4. Jahrhundert v. Chr. auf Touristen und andere Wahrheitssucher. Ein-
gelassen in eine Wand der Vorhalle, lauert die Maske darauf,
jedem die Finger abzubeißen, der nicht die Wahrheit sagt und
es trotzdem wagt, die Hand in die Mundöffnung zu stecken.
Hätte die Legende aus dem Mittelalter recht, so besäßen wir
in Form des Mundes ein perfektes Instrument zur Wahrheits-
findung. Der Mund würde uns die Wahrheit zwar nicht direkt verkünden, so leicht machen es einem die alten Götter
nun doch nicht, aber durch Versuch und Irrtum könnten wir
doch Finger für Finger der Wahrheit habhaft werden.
Der ungeahnte Erfolg der Naturwissenschaften seit Galilei
hatte dazu geführt, dass viele Forscher und Philosophen im
19. Jahrhundert glaubten, mit der Naturwissenschaft einen

Mund der Wahrheit zu besitzen – ein Erkenntnisinstrument, mit dem man endlich die absolute Wahrheit am Allerwertesten packen konnte. Was Theologie und abstrakte Philosophie über zweitausend Jahre hinweg nicht geschafft hatten, das vollbrachte die Naturwissenschaft innerhalb weniger Jahrhunderte. Sie enträtselte die Welt und stand am Ende des 19. Jahrhunderts kurz davor, auch die letzten noch offenen Fragen zu beantworten und aufzudecken, was die Welt im Innersten zusammenhält. Und das Rezept, mit dem all dies erreicht wurde, schien denkbar einfach zu sein. Nur drei Dinge brauchte der Wahrheitssucher: Beobachtungen, Experimente und in Mathematik gegossene Theorien. Auf der Basis objektiver Naturbeobachtungen konstruierte der Wissenschaftler Hypothesen und Theorien über die Welt, die er anschließend mit Hilfe von Experimenten testete. Sätze und Aussagen waren nur dann sinnvoll und wahr, wenn sie sich durch Beobachtungen oder Experimente verifizieren ließen. Sagte der Mund des Experimentes ja, so blieben die Finger an der theoretischen Hand, und die Wahrheit war erkannt. Sagte der Mund nein, plumpsten die Finger in den Abfalleimer für falsche Theorien, und eine neue Hypothese musste getestet werden. So einfach konnte die Suche nach der Wahrheit sein. Doch der experimentelle Mund war wählerischer als das alte Tritonenmaul. Dieser Wahrheitsprüfer ließ sich nicht alles zwischen die Zähne schieben. Manche Dinge weigerte er sich zu kosten.

In der Scholastik hatten die Gelehrten noch erbitterte Debatten darüber geführt, wie viele Engel auf einer Nadelspitze Platz fänden. Solche metaphysischen Fragen wurden nun als sinnlos abgetan, weil sie sich weder durch Beobachtungen noch durch Experimente entscheiden ließen. Derart stark war der Glaube an die wissenschaftliche Methode, dass man nur noch solche Aussagen über die Welt als sinnvoll gelten lassen wollte, die sich entweder durch Erfahrung verifizieren oder durch Logik entscheiden ließen. Für sinnlose metaphysische Spielereien blieb der Mund geschlossen.

Zu Beginn des 20. Jahrhunderts fand dieser Glaube seinen Ausdruck im Neopositivismus.

POSITIVISMUS

Der Begriff Positivismus wurde von dem französischen Philosophen Auguste Comte (1798–1857) geprägt. Comte lehnte jegliche Metaphysik und alle Absolutheitsvorstellungen ab und leugnete, dass der Mensch die wahre Natur (das An-sich-Sein) der Dinge erkennen könne. Comtes Wissenschaftstheorie basiert auf dem »Positiven«, das sind Phänomene, die sich aufgrund sinnlicher Wahrnehmung beschreiben lassen. Hinter seine sinnlichen Wahrnehmungen kann der Mensch nicht zurück, sie sind alles, was er hat, meinte Comte. Er versuchte alle Wissenschaften (Mathematik, Physik, Chemie, Biologie und Soziologie) in eine umfassende logische Ordnung einzugliedern. Obwohl er ein Kritiker der Religionen war, sah er sich selbst als Gründer und Prophet einer neuen »Religion der Menschlichkeit«.

In den zwanziger Jahren des letzten Jahrhunderts versammelte sich um den österreichischen Philosophen Moritz Schlick, einen Schüler Max Plancks, ein Kreis von Gelehrten, der als der »Wiener Kreis« bald sehr bekannt wurde. Zu seinen Mitgliedern gehörten unter anderem die Philosophen Rudolf Carnap, Viktor Kraft, Herbert Feigl und Otto Neurath sowie der Mathematiker Kurt Gödel. Zutritt zu diesem Kreis hatte nur, wer der Überzeugung war, dass nichts, was gesagt wird, irgendeine Bedeutung hat, solange es nicht durch wissenschaftliche Methoden »verifiziert« worden ist.

Eine Aussage wie »Kupfer leitet Strom« war für diese Gelehrten einerseits sinnvoll und andererseits auch »positiv«, weil sich in der Erfahrung zeigte, dass Kupfer tatsächlich Strom leitet.

Aussagen hingegen, die sich von keinem Gelehrten (ob »Wiener« oder nicht) experimentell oder mit Hilfe der Logik überprüfen ließen, waren »unsinnig«. Solche Aussagen beinhalteten metaphysische (jenseits der Erfahrung liegende) Sachverhalte und wurden in einem Schubfach abgelegt, das die Aufschrift »Scheinproblem« trug.

Die Aussage »Gott ist groß« war unsinnig, weil sie sich durch kein Experiment testen ließ; dasselbe galt für die Aussage »Freiheit ist besser als Sklaverei«, weil es sich hier um eine Wertung handelte – Wertungen waren subjektive Äußerungen (Pfui!). Fragen nach Gott, dem Jenseits, der ewigen Liebe, dem Sinn, der Moral, dem Nichts bezogen sich auf etwas, das der naturwissenschaftlichen Methode nicht zugänglich war, und wanderten in den Mülleimer.

Die Männer, die sich ab 1923 regelmäßig in einem heruntergekommenen Lesesaal des Instituts für Mathematik und Physik in der Wiener Bolzmanngasse trafen, hatten Großes vor. Eine schöne, positive neue Welt sollte entstehen, in der nur noch logisch-richtige und empirisch verifizierbare Aussagen über naturwissenschaftliche Tatsachen sinnvoll wären. Es sollte endlich Schluss sein mit dem gefühlsseligen, subjektiven Gedöns.

Im Jahr 1929 veröffentlichte der »Wiener Kreis« sein Manifest. Darin verkündete die Gruppe ihr Ziel, eine antimetaphysische Einheitswissenschaft zu schaffen, in der jedes Symbol genau dann »etwas ›Reales‹ bezeichnet, wenn es mit der Gesamtstruktur der Erfahrungen kohärent ist«.[93]

Und diese »Propheten im Gewand von Forschern«[94] machten keine halben Sachen. Nicht nur Gott und die Ethik wurden in die Wiener Pension »Zum unsinnigen Scheinproblem« einquartiert, sondern die »objektive Realität« und das »Ding an sich« wurden gleich mit entsorgt. Das war ein Aufwasch.

Da wir die Welt nur durch unsere Sinne wahrnehmen können und Sinneswahrnehmungen deshalb alles sind, was wir positiv erfahren können, schlossen sie, dass es »unsinnig« sei, von einer realen, objektiven Wirklichkeit zu sprechen. Wodurch unsere Wahrnehmungen ausgelöst werden, entziehe sich in letzter Konsequenz unserer Erfahrung. Ob da draußen »tatsächlich« ein realer Stuhl existiert, kann ich nicht wissen, denn alles, was ich habe, sind meine Sinneseindrücke (den Seheindruck, den Tasteindruck etc.). Kurz und gut: Es gibt keine Wirklichkeit oder Realität, die vom erkennenden Bewusstsein unabhängig ist. Aber ist das nicht Subjektivismus? Ganz und gar nicht. Mit solchem Obskurantismus wollten die Neopositivisten nicht in Zusammenhang gebracht werden. Der Glaube an eine objektive Realität war zwar unsinnig, aber der Glaube an eine objektive und kohärente Gesamtstruktur unserer Erfahrung war es nicht. Statt objektiver Realität objektive Erfahrungen.

Wie sieht es dann mit dem eigenen »Ich« aus? Ist das eigene »Ich« etwas, das uns als »positive« Erfahrung gegeben ist? Wo findet das »Ich« seinen Platz in der kohärenten Gesamtstruktur der objektiven Erfahrungen? Nun, da ich mein (oder dein) »Ich« nicht sehen, tasten, riechen oder schmecken kann, kann ich es auch nicht wiegen oder vermessen. Das eigene »Ich« nur zu »fühlen« reicht nicht. Folglich ist es unsinnig, vom »Ich« zu reden. Das »Ich« »ist kein Ur-Sachverhalt des Gegebenen«[95], stellte Rudolf Carnap mit dankenswerter Klarheit fest. Der logische Aufbau der Welt lasse ein nur gefühltes »Ich« nicht zu. »Aus dem cogito folgt nicht sum; aus dem ›ich erlebe‹ folgt nicht, dass ich bin, sondern, dass ein Erlebnis ist.«[96] Descartes mit seinem »ich denke« war abgemeldet. Nicht ein »Ich« denkt in mir, sondern ein »Es«. Aber dieses »Es« denkt nicht in mir (wo kein »Ich«, da kein »mir«), sondern »es denkt« einfach.

Damit hatten die Neopositivisten nicht nur der Metaphysik den Garaus gemacht, sie hatten auch das Subjekt endgültig aus der »objektiven Erfahrungswelt« herausbefördert.

Was ist mit meinem Tod?

Bitte?

Ist der eigene Tod ein Scheinproblem? Ich kann ihn nicht sehen, ich kann ihn nicht wiegen, und erfahren kann ich ihn auch nicht, weil er jeder Erfahrung ein Ende setzt.

Er setzt aber nur Ihrer Erfahrung ein Ende, nicht unserer. Wir können Ihren Tod sehr wohl erfahren.

Nein, das könnt ihr nicht. Mein Sterben könnt ihr erfahren, aber nicht meinen Tod.

Das kommt darauf an, was genau wir unter »Ihrem Tod« verstehen wollen. Wenn Ihr Tod lediglich das Ende Ihres Lebens bezeichnet, dann können wir Ihren Tod durchaus erfahren. Wir können Ihren toten Körper untersuchen und Experimente damit machen. Ihr Tod setzt unserer Erfahrung kein Ende – es sei denn, Sie tragen unter Ihrer Kleidung einen explosiven Gürtel und lassen uns auf diese Weise an Ihrer letzten Erfahrung teilhaben.

Und wenn mein Tod mehr ist als nur das Ende meines Lebens?

Diese Frage wäre im Sinne der Neopositivisten ganz sicher unsinnig und damit ein Scheinproblem.

Weil sich diese Annahme nicht experimentell verifizieren lässt?

Ja.

Was ist mit euch. Haltet ihr die Frage nach dem Tod auch für ein Scheinproblem?

Ganz sicher nicht. Wir halten sie für eine der wichtigsten Fragen überhaupt.

Und wie lautet eure Antwort?

Zweiundvierzig.

Lasst den Quatsch. Ich meine es ernst.

Wir auch.

Aber zweiundvierzig ist doch die Antwort, die der Supercomputer in Douglas Adams' Roman Per Anhalter durch die Galaxis *auf die Frage nach dem Sinn des Universums gibt.*

Ja.

Das ist doch Nonsens!

Ja, es ist Nonsens. Aber nicht die Antwort, die Frage ist unsinnig.

Die Frage nach dem Sinn des Ganzen ist unsinnig?

Wenn Sie darauf eine objektive und für alle gültige Antwort erwarten, dann ist sie unsinnig, ja. Wie sollte eine Antwort, die für alle Individuen dieses Universums gültig sein muss, denn anders aussehen als abstrakt bis zur Absurdität? Der Sinn des Universums ist Liebe, der Sinn des Universums ist Sein, der Sinn des Universums ist das Universum. Jede dieser Antworten ist ebenso nichtssagend wie zweiundvierzig oder zweiundsiebzig. Als freie Individuen haben wir doch jederzeit die Möglichkeit, diesen von »oben« verordneten Sinn abzulehnen und uns einen anderen zu suchen.

Auf die Frage nach dem Sinn gibt es also keine objektive, sondern nur subjektive Antworten?

Ja. Wenn wir Ihnen sagen würden, der Sinn Ihres Lebens läge darin, mitten in einer Gruppe von Menschen zu explodieren, weil Ihr Tod für Sie den Anfang immerwährenden Glücks in der Gesellschaft von zweiundsiebzig wunderschönen Jungfrauen markierte, was hätten Sie davon?

Nun, ich würde mich – und euch – fragen, woher ihr das wissen wollt.

Und Sie würden zu Recht fragen. Woher soll irgendjemand anderes wissen, was der Sinn *Ihres* Lebens ist. Wenn Ihr Leben oder Ihr Tod einen Sinn haben soll, dann müssen Sie ihm diesen Sinn schon selbst geben.

Dann sind also Priester, Gurus, Schamanen, Ayatollahs oder Psychologen vollkommen überflüssig?

Durchaus nicht. Wenn diese Menschen Ihnen helfen, Ihren Weg, Ihren Sinn zu finden, und nicht versuchen, Ihnen einen fremden Un-Sinn aufzuschwatzen, dann ist dagegen nichts einzuwenden.

Für die Todgeweihten haltet ihr also keinen Trost bereit?

Doch. Der Schauspieler Carl-Heinz Schroth hat einmal gesagt: »Die Lücke, die wir hinterlassen, ersetzt uns vollkommen.«

Metaphysik in kleinen Hirnen

Der Kampf wurde mit harten Bandagen geführt. Ruhm für den Sieger, Schande über die Versager. Am Start waren die größten Geister des 19. Jahrhunderts. Mathematiker, Wissenschaftler und Dichter, die Crème de la Crème der Geistesolympioniken nahm an dem spannenden Wettkampf teil. Ranglisten wurden geführt und Ergebnisse eifrig diskutiert. Fiebrige Erregung lag in der Luft. Welche Nation würde den Besten der Besten für sich reklamieren können? Favoritenstürze waren an der Tagesordnung.

Der hoch gehandelte geniale deutsche Mathematiker Carl Friedrich Gauß erlebte einen regelrechten Einbruch und brachte es nur auf kaum überdurchschnittliche 1492 Punkte. Der französische Naturforscher Georges Cuvier erfüllte hingegen die Erwartungen seiner Grande Nation und konnte stolze 1830 vorweisen. Walt Whitman, der amerikanische Dichter, versagte vollständig und endete bei lächerlichen 1282. Die Spannung war mit Händen zu greifen, wer würde die Schallmauer von 2000 durchbrechen? Die Ehre der Nation stand auf dem Spiel. Im Jahre 1883 war es dann so weit: Als man Ivan Turgenjews Gehirn nach seinem Tod auf die Waage legte, zeigte diese über 2000 Gramm an, das war Rekord. Der russische Schriftsteller hatte gesiegt, seine tote Hirnmasse stellte alle anderen Hirne in den Schatten.

Die Gehirne toter Genies waren damals bei den Anatomen und Schädelkundlern sehr begehrt. Allenthalben wurden hervorragende Männer dazu gedrängt, ihr Gehirn der Wissenschaft zu vermachen. Es galt, eine wissenschaftliche Theorie zu verifizieren (und den Ruhm der Nation zu mehren), konnte es etwas Ehrenvolleres geben?

Die Theorie lautete: Die Größe eines Gehirns sagt etwas über den Charakter und die Begabungen seines Besitzers aus. Der berühmte französische Anatom Paul Broca (1824–1880) erklärte seine Auffassung 1861 so: »Im Allgemeinen ist das Gehirn bei reifen Erwachsenen größer als bei alten Leuten, bei Männern größer als bei Frauen, bei hervorragenden Männern größer als bei mittelmäßiger Begabung, bei höherstehenden Rassen größer als bei minderwertigen.«[97] Oder anders ausgedrückt: je weniger, desto minderwertiger.

Selbstverständlich gab es auch Forscher, die eine etwas andere Auffassung in Bezug auf die Gehirnmasse hatten (wahrscheinlich lag das an ihren zu klein geratenen Gehirnen). Einer dieser Kleingeister war Brocas Konkurrent Louis Pierre Gratiolet. Dieser bezog sich auf eine Untersuchung, wonach Deutsche größere Gehirne besäßen als Franzosen. Der Franzose Gratiolet gab zu bedenken, dass allein deshalb schon keinerlei Zusammenhang zwischen Gehirngröße und Intelligenz bestehen könne. Broca nahm sich unverzüglich die Originaldaten vor, die diesen skandalösen Befund erbracht hatten. Er erweiterte die Datenbasis, führte einige notwendige Korrekturen und Anpassungen durch, die das Durchschnittsalter und die Durchschnittsgröße der verwendeten Daten-Ensembles angemessen berücksichtigten, und – voilà – die deutschen Gehirne landeten wieder dort, wo sie ihrer Intelligenz nach hingehörten.

Auch Brocas Kollege de Jouvencel stimmte den vorgenommenen Korrekturen zu. Sie seien notwendig gewesen, weil die Deutschen im Durchschnitt eine größere Statur besäßen als die Franzosen. Denn der Deutsche »verleibt sich eine Menge fester Nahrung und Getränke ein, die weitaus größer ist als die, welche uns zufriedenstellt. Dies bewirkt im Zusammenhang mit dem Bierkonsum … eine viel größere Fleischesfülle als beim Franzosen – und dies in solchem Umfang, dass ihr Verhältnis von Hirngröße zur Gesamtmasse dem unseren durchaus nicht überlegen ist …«[98] Damit war die Ehre Frankreichs gerettet. Doch Broca kam nicht zur Ruhe. Es dräute neues Unheil aus Deutschland. Die Ehre der Professoren und Intellektuellen stand auf dem Spiel. Der Deutsche Rudolf Wagner hatte die Gehirne von fünf hervorragenden Göttinger Professoren gewogen (darunter das Gehirn von Gauß) und festgestellt, dass sie nur durchschnittliche Punktzahlen erzielten. Wie konnte das sein? Warum drückte sich die intellektuelle Überlegenheit hier nicht in einem Mehr an Gehirnmasse aus? Broca nahm sich der Sache an. Mit den notwendigen und bewährten Anpassungen schaffte er es jedoch nicht, die Professorenhirne nennenswert schwerer als den (deutschen) Durchschnitt zu machen. Ein schwächerer Charakter als Broca wäre spätestens hier wohl unsicher geworden, hätte vielleicht sogar die eigene Theorie in Frage gestellt. Nicht so Broca. Er war ein Kämpfer, und so schnell gab er nicht auf. Statt die Theorie zu hinterfragen, zweifelte er einfach die Intelligenz der toten deutschen Professoren an. Frei nach Karl Marx folgerte er, dass es seine Theorie sei, die den Intellekt bestimme. Wenn die Gehirne nur durchschnittlich schwer seien, dann seien die Professoren wahrscheinlich keine intellektuellen Leuchten gewesen. Denn: »Es ist nicht sehr wahrscheinlich, dass fünf Genies im Zeitraum von fünf Jahren an der Universität Göttingen gestorben sind … Ein Professorentalar ist nicht unbedingt ein Beweis für Genie; und sogar in Göttingen sind vielleicht manche Lehrstühle nicht mit gerade bemerkenswerten Männern besetzt.«[99]

War das Wissenschaft? So unglaublich es klingt, die Antwort darauf ist – ja.

Obwohl auch Brocas Gehirngewicht nur knapp über dem Durchschnitt lag (1424 Gramm), war er doch ein herausragender und beispielhafter Wissenschaftler, zu dessen Verdiensten die Entdeckung des nach ihm benannten menschlichen Sprachzentrums gehört. Stephen Jay Gould, der diese Geschichte des Gehirnwettkampfs in seinem Buch *Der falsch vermessene Mensch* dokumentiert hat, schreibt über ihn Folgendes: »Niemand hat ihn je in peinlicher Sorgfalt und Genauigkeit der Messung übertroffen.«[100] Und auch Brocas Korrekturen an dem Datenmaterial waren alles andere als plumpe Fälschungen oder Manipulationen. Sie waren vom damaligen Standpunkt aus durchaus zu rechtfertigen, denn die Gehirngröße hängt ja tatsächlich von sehr vielen Faktoren (Körpergröße, Alter, Krankheiten etc.) ab, die berücksichtigt werden müssen. Gould kommt deshalb auch zu dem Schluss: »Ich zweifle Brocas Korrekturen nicht an, doch darf ich feststellen, dass er sie recht geschickt handhabe, wenn seine eigene Position in Gefahr war. Man merke sich aber … wie raffiniert er Korrekturen mied, die seine liebgewordenen Schlussfolgerungen hätten gefährden können …«[101]

Wenn das aber Wissenschaft war, wie fügt sich dies dann in das Bild, das der Wiener Kreis und die Neopositivisten von der Wissenschaft hatten und das die Grundlage ihrer positivistischen Philosophie war? Entweder betrieb Broca keine Wissenschaft, oder die Wiener saßen einem Trugbild auf. In ihren Augen war Wissenschaft logisch, objektiv und beruhte auf empirischer Erfahrung statt auf metaphysischen Trugbildern. Statt unüberprüfbarer Glaubensüberzeugungen sollte sie beweisbare und empirisch gehaltvolle Aussagen liefern, Fakten und Tatsachen eben.

Das Rezept, wie die Naturwissenschaft dieses Kunststück vollbringen sollte, war denkbar einfach, es bestand im Grunde nur aus zwei Zutaten: Induktion und Verifikation. Schließlich ist Naturwissenschaft etwas anderes als Magie oder Religion und kann sich ihre »Wahrheiten« nicht durch Zaubersprüche oder heilige Schriften erschließen. Naturwissenschaft muss im Buch der Natur lesen. Im Buch der Natur finden sich aber keine fertigen Theorien oder Naturgesetze, sondern Erfahrungen. Wie kommen wir nun von subjektiven Einzelerfahrungen zu allgemeingültigen und objektiven Theorien? Durch Induktion, meinten die Neopositivisten. Wenn wir feststellen, dass die von uns bisher überprüften Kupferstücke alle Strom leiten, dann könnten wir daraus schließen, dass alles Kupfer im Universum Strom leite. Diese allgemeine Theorie (»Alles Kupfer leitet Strom«) könnten wir dann dadurch verifizieren, dass wir (oder andere) neue Kupferstücke experimentell dahingehend untersuchen, ob diese ebenfalls Strom leiten. Wenn ja, dann sei unser allgemeines Gesetz verifiziert und damit wahr. Wir hätten dann eine wissenschaftliche Tatsache entdeckt.

Am Anfang aller Wissenschaft sollen also objektive Beobachtungen (Erfahrungen) stehen. Diese Beobachtungen verdichtet der Naturforscher zu einer allgemeinen Hypothese über die Welt, die er dann durch Experimente testet. Dieses Vorgehen stellt sicher, dass in wissenschaftliche Theorien nur beobachtbare Dinge und Tatsachen eingehen. Nur was prinzipiell beobachtbar (erfahrbar) ist, darf in eine wissenschaftliche Theorie einfließen.

Sind Broca und seine Kollegen so vorgegangen? Haben sie tatsächlich zunächst einmal unvoreingenommen Beobachtungen gemacht und diese dann zu einer Hypothese verdichtet, die sie anschließend an der Natur testeten? Anders gefragt: Haben sie wirklich zu Beginn ihrer Forschungen Schädel aufgemeißelt und aufgesägt, Gehirne entnommen und auf Waagen gelegt, ohne damit irgendeine Absicht zu verfolgen und ohne irgendeine Theorie im Hinterkopf zu haben? Haben sie sodann die gewonnenen Daten unvoreingenommen analysiert und die Hypothese daraus destilliert, dass zwischen Gehirngewicht und Intelligenz ein kausaler Zusammenhang bestehe? Und haben sie danach durch weitere Experimente und Messungen ihre Theorie verifiziert? Wir halten dies für ziemlich unwahrscheinlich. Niemand kommt einfach so auf die Idee, Hunderte Schädel aufzusägen und Gehirne zu wiegen.

Das ist doch auch gar nicht nötig. Nehmen wir an, ein Forscher arbeitet in einer Klinik. Er muss einige Autopsien an Patienten vornehmen, die an Hirnkrankheiten gestorben sind. Unter den Toten ist auch der Insasse eines »Irrenhauses«. Dem Forscher fällt nun auf, dass das Gehirn dieses »Irren« kleiner und leichter ist als das der anderen. Schon ist die Hypothese geboren.

Das ist unmöglich. Aus einer einzigen Beobachtung kann man keine derart allgemeine Hypothese logisch ableiten. Warum bringt dieser Forscher zum Beispiel das unterschiedliche Gehirngewicht ausgerechnet mit der Intelligenz in Zusammenhang? Warum stellt er keinen Zusammenhang zwischen der Mangelernährung in »Irrenhäusern« und der Gehirngröße her? Wer sagt, dass das Gehirn nicht erst schrumpfte, nachdem der »Irre«

ins »Irrenhaus« eingeliefert worden war? Vielleicht war das Gehirn ja auch deshalb so klein, weil der »arme Irre« in seiner dunklen Zelle zu wenig Sonnenlicht und frische Luft erhalten hatte.

Ihr wollt mir doch nicht weismachen, dass Hypothesen und Theorien vollkommen unabhängig von der Erfahrung entstehen, dass sie einfach aus dem Himmel der Kreativität auf uns herabfallen.

Nein, so weit würden wir nicht gehen. Wir weisen lediglich darauf hin, dass es unmöglich ist, von objektiven Beobachtungen auf logischem Wege zu objektiven Theorien zu gelangen. Keiner von uns kann der Welt unvoreingenommen entgegentreten. Wer beobachtet oder experimentiert, der hat ein bestimmtes Bild der Welt im Kopf, innerhalb dessen er seine Wahrnehmungen deutet und interpretiert. Dieses Bild speist sich einerseits aus subjektiven Erfahrungen und andererseits aus Theorien über die Welt, die wir entweder von unseren Eltern oder Lehrern übernommen oder uns selbst zurechtgelegt haben. Absolut objektive Beobachtungen sind deshalb unmöglich.

Dann bauten die Neopositivisten also auf Sand, als sie ihre Theorie auf objektive sinnliche Erfahrungen stützten?

Allerdings. Die Neopositivisten wollten nur gelten lassen, was uns unmittelbar gegeben ist, also sinnliche Erfahrung. Unmittelbar gegeben sind uns aber gar nicht die sinnlichen Erfahrungen. Wenn wir einen Baum sehen, dann nehmen wir einen Baum wahr und nicht den Seheindruck eines Baumes. Dass uns die Wahrnehmung des Baumes durch sinnliche Erfahrungen vermittelt wird, ist bereits eine Theorie, welche die Positivisten der Welt überstülpen. Dass es Akte der Wahrnehmung geben muss, erschließt sich uns ja erst in der (theoretischen)

Reflexion, den eigentlichen Akt der Wahrnehmung können wir gar nicht unmittelbar wahrnehmen.

Wenn ich euch richtig verstehe, dann ist es also unmöglich, durch Wahrnehmung herauszufinden, was Wahrnehmung eigentlich ist.

Ja, denn dazu müssten wir uns am eigenen Schopf aus dem Sumpf ziehen. Carl Friedrich von Weizsäcker drückte es in Anlehnung an William James so aus: »Bewusstsein ist ein unbewusster Akt.«[102]

Dann ist es also auch unmöglich, durch Erfahrungen, die ich in der Welt mache, herauszufinden, warum und wie Erfahrungen überhaupt möglich sind. Unsere Erfahrung kann uns nicht erklären, was Erfahrung ist?

Ja, zumindest sagt uns das unsere Erfahrung.

Wissenschaftler müssen Vermutungen anstellen. Diese Vermutungen können durch Beobachtungen inspiriert sein, doch sind sie keinesfalls aus diesen Beobachtungen logisch abzuleiten. Nach der neopositivistischen Wissenschaftstheorie kann man aus einer einzigen Beobachtung nichts destillieren. Damit Induktion funktioniert, sind mehrere objektive Beobachtungen nötig. Nur so kann man einmalige subjektive Wahnvorstellungen ausschließen und berechtigte Hypothesen ableiten. Doch kein Mensch macht sich die Mühe, Dutzende, gar Hunderte von Beobachtungen anzustellen, ohne irgendeine Vermutung im Hinterkopf zu haben. So etwas ist schon deshalb unmöglich, weil aus der Unmenge aller möglichen Beobachtungen ausgewählt werden muss. Die relevanten Beobachtungen müssen irgendein gemeinsames Merkmal aufweisen. Und dieses gemeinsame Merkmal wird im Allgemeinen erst durch die dahinter stehende Vermutung festgelegt. Gute Wissenschaftler haben gute subjektive Vermutungen. (Schlechte Wissenschaftler haben schlechte subjektive Vermutungen – oder gar keine.) In jedem Fall sind Vermutungen aber etwas Metaphysisches, weil sie erst einmal nicht durch Beobachtungen logisch gerechtfertigt werden können. Sie gehen über die Beobachtungen hinaus (oder ihnen voraus). Der Wissenschaftstheoretiker Wolfgang Stegmüller drückt es folgendermaßen aus: »Man kann nicht vollkommen ›voraussetzungslos‹ ein positives Resultat gewinnen. Man muss bereits an etwas glauben, um etwas anderes rechtfertigen zu können.«[103]

Wer den Weg ins noch Unbekannte beschreitet, der kann sich weder auf sichere Erfahrungen noch auf sichere logische Schlussfolgerungen stützen. Wer immer nur auf die bereits bekannten und gesicherten Trittsteine tritt, der wird seinen Weg zwar immer besser kennenlernen, wirklich Neues aber wird er nicht entdecken. Er bleibt ein Gefangener der alten Dogmen.

Jeder Schritt ins Neue führt ins noch Namenlose. Neue Trittsteine (Begriffe) müssen gefunden (erfunden) und ausgetestet werden. Wie sicher und belastbar ein neuer Stein ist, wird sich immer erst im Laufe der Zeit erweisen. Ist aber ein neuer belastbarer Stein gefunden, erkennt man, wie unsicher und wackelig die Steine waren, auf denen man sich bisher so sicher bewegt hat.

»Niemand, so behaupte ich, kann ohne metaphysische Prämissen denken. Man kann sich ihrer nicht bewusst sein; das gewiss. Aber man kann keinen Schritt ins Unbekannte tun, ohne Erwartungen einzuschließen, die metaphysisch sind, die jenseits der uns bereits bekannten Dinge liegen. Der Glaube und seine Kinder, Religion, Philosophie und Weltanschauung, sind jeder Kultur unentbehrlich. – Der Glaube ist der unersetzliche Rahmen für das Unerklärliche«,[104] schreibt der Zoologe und Erkenntnistheoretiker Rupert Riedl in seinem Buch *Die Strategie der Genesis*.

DAS INDUKTIONSPROBLEM

Unter Induktion versteht man den Schluss vom Besonderen auf das Allgemeine. Das Induktionsproblem wurde von dem schottischer Philosophen David Hume (1711–1776) entdeckt und formuliert. Es ist eines der wichtigsten Probleme der Erkenntnistheorie. Die Frage ist: Gibt es einen logischen Weg von den Einzelerfahrungen zu allgemeingültigen Theorien oder Gesetzen? Die Antwort lautet: nein. Der Übergang von beobachteten Einzelfällen zu einer allgemeinen Theorie lässt sich nur durch »Gewohnheit«, nicht aber durch Logik rechtfertigen, meinte Hume.

Im Gegensatz zur vollständigen Induktion in der Mathematik ist ein auf Einzelerfahrungen basierender Induktionsschluss kein logischer Schluss. Nur weil in der Vergangenheit etwas immer so war, bedeutet das nicht, dass es auch in Zukunft (aus logisch zwingenden Gründen) immer so sein muss. Um einen solchen Schluss zu rechtfertigen, bräuchten wir ein Beweisverfahren, das es uns erlauben würde, von einer begrenzten Anzahl beobachteter Daten auf eine potenziell unbegrenzte Anzahl noch nicht beobachteter Daten zu schließen. Es gibt kein solches Verfahren. (Wir können nicht alles Kupfer im Universum darauf testen, ob es Strom leitet.) Es gibt kein logisches Schlussverfahren, das von wahren Prämissen immer zu wahren Folgerungen führt und gleichzeitig eine Erweiterung unseres Wissens darstellt. Das Lernen aus Erfahrung bringt also in keinem Fall sichere Erkenntnis. Naturgesetze, die aus Erfahrung gewonnen werden, können niemals sicheres Wissen über die Natur darstellen.

Am Anfang aller Wissenschaft steht also der Glaube?
Nicht nur am Anfang aller Wissenschaft, am Anfang aller Erkenntnis steht der Glaube.

Am Anfang aller Erkenntnis steht also etwas, das letztlich weder durch Vernunft noch durch Erfahrung gerechtfertigt werden kann?
Richtig.
Das verstehe ich nicht.
Willkommen im Club.

Mitten ins Herz
oder metaphysische Trägheit

Karl Popper (1902–1994) war einer der ersten, der den Neopositivismus frontal kritisierte. »Der positivistische Radikalismus vernichtet mit der Metaphysik auch die Naturwissenschaft«, schrieb er in seinem 1934 erschienenen Buch *Logik der Forschung.* Popper zerpflückte den neopositivistischen Glauben auf der Basis des Induktionsproblems und verwarf die Methode der Induktion und Verifikation als unbrauchbar. An ihre Stelle setzte er Deduktion und Falsifikation.
Zudem machten es sich die Neopositivisten auch etwas zu einfach, so Popper, wenn sie metaphysische Probleme einfach als unsinnige Scheinprobleme abtaten.
Er hielt die Einteilung philosophischer Probleme in echte und in Scheinprobleme für ein Dogma, denn »nichts ist leichter, als eine Frage als ›sinnloses Scheinproblem‹ zu enthüllen: Man braucht ja nur den Begriff des ›Sinns‹ eng genug zu fassen, um von allen unbequemen Fragen erklären zu können, dass man keinen ›Sinn‹ in ihnen zu finden vermag …«[105]
Die Ironie an der von den Neopositivisten so hochgehaltenen Unsinnsfrage ist, dass sie Fragen nach dem Sinn zwar als unsinnige Scheinprobleme klassifizierten (weil sich Sinnfragen nicht empirisch-mathematisch entscheiden ließen), dass sie die Welt aber gleichzeitig ständig in sinnvolle und unsinnige Probleme einteilten. »Sinn« ist in der Tat ein metaphysischer

194

und sehr subjektiver Begriff, weil es Sinn nur hinsichtlich der Erwartungen und Hoffnungen geben kann, die ein Subjekt in Bezug auf sein Leben hegt. Warum die Neopositivisten dann allerdings ihre objektive, logische und antimetaphysische Philosophie ausgerechnet auf diesem subjektiven, alogischen und metaphysischen Begriff aufbauten, bleibt ein metaphysisches Rätsel.

Zurück zu Popper. Seine neue, auf Deduktion und Falsifikation basierende Wissenschaftstheorie wird als kritischer Rationalismus bezeichnet.

Sie ist rationalistisch, weil Popper im Gegensatz zu den empiristischen Neopositivisten nicht die Erfahrung, sondern die Theorie an den Anfang stellt. Hier folgt die Theorie nicht induktiv aus der Erfahrung, sondern geht ihr voraus. Am Anfang steht die Theorie, und aus dieser Theorie werden mittels Deduktion Schlüsse gezogen, die dann im Nachhinein durch Experimente oder Beobachtungen kritisch (kritischer Rationalismus) überprüft werden. Der Forscher sagt sich also: Falls meine Theorie nicht falsch ist, dann müsste ich im Experiment dieses und jenes beobachten. Aber auch wenn seine Erwartungen sich erfüllen, ist seine Theorie deshalb noch lange nicht wahr. Denn Theorien können laut Popper nicht verifiziert, sondern nur falsifiziert werden. Wenn unsere Erwartungen nicht erfüllt werden, dann wissen wir zwar mit Sicherheit, dass unsere Theorie falsch ist, aber ob sie umgekehrt »wahr« ist, wenn sie unsere Erwartungen erfüllt, können wir nie mit letzter Sicherheit wissen, weil es keine induktive Gewissheit gibt. (Auch »falsche« Theorien können »richtige« Vorhersagen liefern, wie wir im Falle des ptolemäischen oder des Newtonschen Systems bereits gesehen haben.)

Und woher kommen die Theorien? Ganz einfach: Sie werden von uns erfunden, es sind freie hypothetische Entwürfe unseres Intellekts (Geist, Gehirn). Am Anfang stehen also erfundene, erträumte, erschaute, erwünschte, erkaufte Mutmaßungen, Modelle und Hypothesen, die dann auf ihre Tauglichkeit hin getestet werden. Durch Versuch und Irrtum kommen wir so Schritt für Schritt einer Wahrheit näher, von der wir aber nie wissen können, ob sie die letzte, die absolute Wahrheit ist.

Nach so viel Theorie ist es nun Zeit für ein konkretes Beispiel. Wagen wir uns also an eine der wichtigsten Theorien der Wissenschaft überhaupt: das Trägheitsgesetz, auch als »erstes Newtonsches Gesetz« bezeichnet. In moderner Formulierung lautet es: »Jeder Körper verharrt im Zustand der Ruhe oder der gleichförmig geradlinigen Bewegung, solange er nicht durch äußere Kräfte gezwungen wird, seinen Zustand zu ändern.«

Körper ändern ihren Bewegungszustand also nicht aus einem inneren Zwang heraus, wie das noch Aristoteles geglaubt hat, sondern weil äußere Kräfte auf sie wirken. Wenn ein sich bewegender Körper wieder zur Ruhe kommt, dann nicht, weil ihn ein innerer Drang in den natürlichen Zustand der Ruhe treibt, sondern weil äußere Kräfte, im Allgemeinen Reibungskräfte, seine Bewegung hemmen und ihn abbremsen. Man sieht es diesem für die Physik so selbstverständlichen Gesetz nicht an, dass es das wichtigste wissenschaftliche Prinzip überhaupt in sich trägt. Auf den simplen und doch genialen Annahmen des Gesetzes ruht nämlich unser Konzept der Kausalität. Wir können das erste Gesetz Newtons nämlich auch so formulieren: Äußere Ursachen (Kräfte) haben Wirkungen, die sich im Verhalten des Körpers zeigen. Nichts geschieht ohne Ursache (Kraft); wenn keine Kräfte (Ursachen) wirken, bleibt der Zustand für alle Zeit konstant.

Das Verblüffende an diesem so wichtigen Gesetz ist, dass es weder beweisbar oder widerlegbar ist noch aus der Erfahrung gewonnen werden kann. Und zu allem Überfluss steht es auch noch im Zentrum eines kausalen Paradoxons. Dieses erste Gebot der Physik ist von Metaphysik regelrecht durchdrungen.

Aber der Reihe nach: Warum kann dieses so wichtige Naturgesetz nicht aus der Erfahrung gewonnen werden? Wollten wir dieses Gesetz aus der Erfahrung durch Induktion gewinnen, müssten wir Trägheitsbewegungen irgendwo in der Natur beobachten können. Das aber ist unmöglich, weil eine Trägheitsbewegung eine kräftefreie Bewegung darstellt. Es gibt jedoch in dem uns zugänglichen Teil des Universums keinen einzigen Ort, der kräftefrei ist. Auf alle beobachtbaren Körper wirken Kräfte ein (Gravitation, Elektromagnetismus …). Die Gravitationskraft zum Beispiel hat eine unendliche Reichweite und ist nicht abschirmbar. (Jedenfalls kennen wir keine Methode, um sie abzuschirmen.)

Wenn wir aber keine Trägheitsbewegungen beobachten können, dann ist es unmöglich, das Trägheitsgesetz aus der Erfahrung durch Induktion zu gewinnen.

Damit ist dieses Gesetz auch nicht verifizierbar. Wir können durch kein Experiment einen Körper an einen kräftefreien Ort bringen und ihn dann (für alle Zeit) beobachten, um festzustellen, ob er seinen Bewegungszustand ändert. Abgesehen davon, dass allein schon unsere Anwesenheit dieses Experiment unmöglich machen würde, weil unser Körper und die Messinstrumente Gravitationskräfte auf den Messkörper ausüben würden. Aber selbst wenn wir es fertigbrächten, einen oder mehrere Körper kräftefrei zu machen, und wenn es uns gelänge, durch Messungen zu bestätigen, dass sie ihren Bewegungszustand innerhalb der Messzeit nicht geändert haben, hätten wir damit das Trägheitsgesetz nicht verifiziert. Nur weil wir es an Hunderten, Tausenden oder Millionen von Körpern erfolgreich getestet haben, bedeutet das nicht, dass dieses Gesetz für alle Körper im Universum und für alle Zeiten gelten muss. (Ein Induktionsschluss ist kein zwingend logischer Schluss.)

Poppers Kritik am Neopositivismus war also gerechtfertigt. Naturgesetze lassen sich weder aus Beobachtungen logisch herleiten, noch lassen sie sich verifizieren. Wie kam Newton dann zu seinem ersten Gesetz? Der Astronom John Barrow sieht die Sache so: »Sein erstes Gesetz ist ... ein Geschöpf seines Geistes. Es ist eine Abstraktion, die die wesentlichen Elemente des Realen einfängt. Sie erwächst aus einer Eingebung darüber, was die wirkenden Kräfte sind ...«[106]

Mit Logik und Erfahrung scheint Newtons Vorgehen nur sehr wenig zu tun gehabt haben. Fast scheint es so, als sei das Gesetz in Form einer abstrakten Eingebung direkt vom Himmel herab in Newtons Geist gefallen. Das hört sich irgendwie metaphysisch, unwissenschaftlich oder nach einem kreativen Akt an. Wie auch immer, eines scheint nun klar zu sein: Der metaphysische Glaube steht nicht nur am Anfang aller Wissenschaft, er sitzt noch heute mitten im Herzen der Wissenschaft.

Die Frage lautet nun: Ist das Trägheitsgesetz falsifizierbar und damit im Popperschen Sinne eine wissenschaftliche Aussage? Die Antwort lautet nein. Denn jedes Mal, wenn wir das Trägheitsgesetz testen, werden wir feststellen, dass wir keine echte Trägheitsbewegung vor uns haben, »denn es gibt keinen Körper, auf den gar keine Kräfte wirken. Wie ein solcher sich bewegen würde, kann man also streng genommen empirisch nicht sehen.«[107]

Alle untersuchten Körper würden uns durch ihr Verhalten zeigen, dass es keine Trägheitsbewegungen gibt. Hätten wir damit das Trägheitsgesetz widerlegt? Nein, denn das Trägheitsgesetz hat ein eingebautes Schutzsystem, das es gegen Falsifizierungen immunisiert. Diese Immunisierungsstrategie funktioniert folgendermaßen: Da es keinen kräftefreien Ort im Universum gibt, werden wir auch jedes Mal feststellen, dass ein Körper seinen Bewegungszustand ändert. Er ändert ihn aber nur, weil Kräfte auf ihn wirken. Würden keine Kräfte wirken, würde er ihn auch nicht ändern. Das heißt: Jedes Mal, wenn wir feststellen, dass das Gesetz versagt, bestätigen wir das Gesetz. Die Pioneer-Anomalie aus dem 1. Kapitel ist ein wunderbares Beispiel dafür. Die Pioneer-Sonden bewegen sich natürlich nicht im kräftefreien Raum; auch auf sie wirken Kräfte. Aber alle uns bekannten Kräfte wurden aus ihrer Bewegung herausgerechnet, sodass das, was nach der Rechnung übrig bleiben sollte, eigentlich eine Trägheitsbewegung sein müsste. Wir haben aber gesehen, dass die Theorie nicht mit den Messungen übereinstimmt. Schließen wir aus der Pioneer-Anomalie nun, dass das Trägheitsgesetz falsch ist? Natürlich nicht. Wir folgern, dass es noch weitere – uns unbekannte – Kräfte geben muss, welche die Bewegung der Sonden beeinflussen. Es lässt sich innerhalb der Theorie tatsächlich keine experimentelle Situation denken, in der sich das Trägheitsgesetz als falsch erweisen könnte. Was immer wir auch messen, das Trägheitsgesetz zwingt (hilft) uns, immer neue Zusatzannahmen (neue dunkle Kräfte) zu erfinden (entdecken).

Ihr wollt mir doch nicht erzählen, dass das Trägheitsgesetz unantastbar ist, dass es unerschütterlich ist und von nichts und niemanden gestürzt werden kann. Dann wäre es doch eine absolute Wahrheit, und ihr bestreitet doch, dass es so etwas gibt.

Solange man sich in dem theoretischen Rahmen und dem Begriffssystem bewegt, die von der Trägheitstheorie bereitgestellt werden, kann man dieses Gesetz tatsächlich nicht widerlegen. Aber nicht weil es »wahr« wäre, sondern weil es in dem theoretischen Begriffsrahmen keine Möglichkeit gibt, es durch Beobachtungen zu widerlegen.

Weil alle Beobachtungen theoriebehaftet sind. Richtig? Richtig!

Das Trägheitsgesetz schreibt mir also vor, was ich beobachten kann?

Ja.

Und wie, bitte schön, macht das Trägheitsgesetz das?

Die Trägheitstheorie stellt Ihnen zunächst einmal ein Begriffssystem zur Verfügung, beispielsweise Begriffe wie Zustand, Kraft und Bewegung, und sagt Ihnen, wie Sie diese Begriffe im Rahmen der Theorie benutzen müssen. Wenn Sie akzeptieren, dass der Zustand eines Körpers durch seinen Bewegungszustand (in Ruhe oder in gleichmäßiger geradliniger Bewegung) charakterisiert ist, dann sagt Ihnen das Gesetz, dass Sie jedes Mal, wenn sich ein solcher Zustand ändert, die Wirkung einer äußeren Kraft beobachten. Dabei ist es belanglos, ob Sie wissen, von wem oder was oder wie diese Kraft ausgeübt wird. Wenn Sie eine Zustandsänderung beobachten, dann können Sie gar nicht anders als das Wirken einer äußeren Kraft dahinter zu sehen. Die Theorie zwingt Sie dazu, die Welt so zu sehen, ob Sie wollen oder nicht. Dies ist der Grund, warum (fast) alle Physiker in der Merkur-Anomalie die Kraftwirkung eines unbekannten Körpers sehen mussten. Nur einer konnte »sehen«, dass die Ursache in der Struktur des Raumzeitgefüges lag.

Aber das ist doch Wahnsinn.

Nein, das ist Wissenschaft.

Ist das denn bei jeder wissenschaftlichen Theorie so?

Ja.

Das ist also der Grund, weshalb die Urknallfans nicht merken, dass sie ihre Theorie nur mit immer neuen Hilfsgeistern am Leben erhalten. Solange ich mich innerhalb der Theorie bewege, kann ich gar nicht wahrnehmen, dass meine Epizykel und dunklen Energien nur Zusatzannahmen sind, die meine Theorie verkomplizieren. Sie ergeben sich ja ganz selbstverständlich aus der alten ak-

200

zeptieren Theorie, weil ich alle meine Beobachtungen auf der Basis dieser Theorie mache.

Wie gesagt: Es gibt keine objektiven Kriterien dafür, wann eine Theorie einfacher oder besser ist als eine andere. Diese Kriterien hängen fundamental von der Theorie ab, in der man sich gedanklich bewegt. Wenn Sie akzeptiert haben, dass sich alle himmlischen Körper auf Kreisbahnen bewegen, dann finden Sie nichts Ungewöhnliches daran, einen neuen Epizykel anzufügen. Und wenn Sie das Trägheitsgesetz akzeptiert haben, dann ist es ganz selbstverständlich, jede Zustandsänderung mit einer äußeren Kraft zu assoziieren. Sie werden Kräfte wirken sehen, wo vielleicht gar keine Kräfte sind. Oder Sie sehen verschwommene Trugbilder statt die Monde des Jupiter.

Oder ich sehe Fluchtgeschwindigkeiten und Projektionseffekte, wo Arp unterschiedliches Alter und Gasbrücken sieht.

Oder Sie sehen Betrug und Verschwörung, wenn andere Wunder oder paranormale Effekte sehen.

Die Theorien schreiben mir also vor, wie ich meine Wahrnehmungen zu interpretieren habe, richtig?

Ja und nein. Das Problem geht viel tiefer. Theorien schreiben uns nicht nur vor, wie wir unsere Wahrnehmungen interpretieren müssen. Sie schreiben uns auch vor, welche Wahrnehmungen wir überhaupt machen können. Genauer gesagt: Es gibt keine Wahrnehmung ohne Ideen. Wahrnehmungen treten immer im Zusammenhang mit Ideen auf und sind deshalb alle theoriebehaftet.

Wenn ich also bestimmte Ideen im Kopf habe, dann kann ich nur bestimmte Wahrnehmungen machen, andere aber nicht?

Ja.

Aber sowohl Arp als auch die Urknaller gehen doch von denselben Wahrnehmungen aus. Sie sehen alle, dass es in den Spektren von Galaxien Rotverschiebungen der Linien gibt. Sie interpretieren diese Rotverschiebung nur unterschiedlich.

Das ist schon richtig. Aber diese Linien und ihre Verschiebungen nehmen sie nur wahr, weil sie alle dieselbe Theorie im Hinterkopf haben, die ihnen sagt, dass da Spektrallinien sind, was sie bedeuten und wie sie entstehen.

Soll das heißen, dass ich ohne Theorie die Linien gar nicht sehen könnte? Das ist doch absurd!

Ist Ihnen der Name William Hyde Wollaston bekannt?

Nicht, dass ich wüsste.

Wollaston untersuchte, wie Joseph von Fraunhofer, das Spektrum der Sonne. Im Gegensatz zu Fraunhofer sah er jedoch keine Spektrallinien. Stattdessen beschrieb er Farbflächen, die durch schmale Abstände voneinander getrennt waren. Dass sich Linien im Spektrum befinden, hat er nicht gesehen, weil er keine Theorie dazu hatte.

Aber die Abstände zwischen den Farbflächen, die hat er doch gesehen.

Das kommt darauf an, was Sie unter »sehen« verstehen. Wenn Sie ein Fotoalbum durchblättern, was sehen sie dann?

Dumme Frage. Fotos, was soll ich sonst sehen?

Und was ist mit den freien Flächen zwischen den Fotos, nehmen Sie die auch wahr?

Mehr oder weniger.

Wenn sich die eigentliche Information nun aber nicht in den Fotos, sondern in der Anordnung der freien Flächen zwischen den Fotos versteckt, was dann?

Schön, ich gebe zu, dass es schwierig wäre, die Zwischenräume richtig zu interpretieren, was aber nichts daran ändert, dass ich die Zwischenräume auch ohne Theorie wahrnehmen kann.

Hm. Sie sind ziemlich hartnäckig. Aber gut, wir nehmen die Herausforderung an. Stellen Sie sich bitte vor, Sie wären von Geburt an blind und würden die Blindenschrift beherrschen.

Ja, weiter.

Wir geben Ihnen nun ein Blatt Papier. Sie tasten es ab und finden keine Information darauf.

Ihr meint, dass sich auf dem Blatt keine Brailleschrift befindet?

Genau. Was tun Sie?

Nun, heutzutage gibt es technische Geräte, die normale Schrift in Blindenschrift übersetzen können. Ich würde mir so ein Gerät besorgen.

Und woher wissen Sie, dass es so etwas wie normale Schrift gibt? Als Blinder kennen Sie den Unterschied zwischen einem schwarzen Buchstaben und einem weißen Blatt Papier doch gar nicht.

Gut, ich gebe zu, dass ich dafür eine Theorie benötige, die mir sagt, dass es Hell-Dunkel-Kontraste gibt und dass man damit Informationen kodieren kann, aber Wollaston war nicht blind, oder?

Nein, soweit wir wissen, war er nicht blind. Aber auch er konnte nur das wahrnehmen, was er innerlich durch Ideen abbilden konnte. Dazu noch ein Beispiel: Wir haben ja schon einmal darauf hingewiesen, dass es im Abendland eine Zeit gab, in der das Dogma des unveränderlichen Himmels galt. Die himmlischen Körper und ihre Bahnen waren makellos und ewig. Erst als dieses Dogma gefallen war, konnten im Abendland Kometenbahnen, Supernovae oder Sonnenflecken »gesehen« werden. Die alten Chinesen betrachteten den Himmel ohne dieses Dogma und beobachteten Supernovae und Sonnenflecken Jahrhunderte vor den Europäern.

Die Blinden sehen nichts, weil ihre Beobachtungen noch nicht theoriebehaftet sind, und die anderen sehen nichts, weil ihre Theorien sie blind machen.

Vielen Dank, das haben Sie sehr schön gesagt.

Ihr habt auch behauptet, dass das Trägheitsgesetz im Zentrum eines kausalen Paradoxons steht. Was bedeutet das?

Das hängt damit zusammen, dass eine Trägheitsbewegung (wenn es denn eine gibt) eine Bewegung ohne Ursache ist. Innerhalb dieses Weltbildes ist es unmöglich, Ursachen dafür anzugeben, warum sich ein Körper gleichförmig bewegt, der andere aber ruht – beide Zustände sind gleichberechtigt und benötigen keine ursächliche Erklärung.

Das Trägheitsgesetz ist also ein Dogma, das man, wenn man es erst einmal akzeptiert hat, weder durch logisches Denken noch durch Beobachtungen loswerden kann, weil es sowohl unser Denken als auch unsere Beobachtungen in Bahnen lenkt, wo es vor Widerlegung geschützt ist.

Ja.

Kann man es denn gar nicht loswerden? Determiniert es unser Denken so stark, dass wir gar nicht anders können?

Unser Denken wird durch nichts determiniert, schon gar nicht durch das Trägheitsgesetz. Wie jedes Dogma kann auch das Trägheitsgesetz angezweifelt und ersetzt werden. Das zeigt sich allein schon daran, dass unsere Vernunft mit der Quantenmechanik ein neues Theorie- und Begriffssystem an seine Stelle gesetzt hat.

Und wie hat die Vernunft das geschafft?

Durch eine Revolution.

Hm, trotzdem glaube ich, dass das Denken – zumindest bei manchen Menschen – durch das Trägheitsgesetz bestimmt wird.

Tja, wie sagt man so schön: Keine Regel ohne Ausnahme.

Rätselhafte Blindheit

Das Ziel ist die Wahrheit. Wenn wir mit Hilfe von Poppers Falsifikationskriterium nach und nach die falschen Theorien aussondern, dann müssten wir doch peu à peu der Wahrheit immer näher kommen, wenngleich wir nicht wissen können, ob wir sie irgendwann erreicht haben. Die Wissenschaft auf dem langen Marsch zur Wahrheit, ein schönes Bild. Ein falsches Bild, meint der Wissenschaftshistoriker Thomas S. Kuhn.

Nach Kuhns Auffassung funktioniert Wissenschaft etwa folgendermaßen: Wissenschaftler arbeiten normalerweise innerhalb eines gedanklichen, begrifflichen und praktischen Rahmens, den Kuhn Paradigma nennt. Zu diesem Paradigma gehören nicht nur die akzeptierten Naturgesetze, sondern auch die unausgesprochenen Glaubensüberzeugungen, auf denen diese Gesetze ruhen, sowie das Wissen über Messgeräte, über deren Möglichkeiten, Grenzen und Anwendungen. Die Newtonsche Mechanik war zum Beispiel ein solches Paradigma. Wer sich innerhalb dieses Paradigmas bewegt und forscht, der ist – sofern er Wissenschaftler sein will – dazu aufgerufen, Rätsel zu lösen, die sich innerhalb des Paradigmas stellen. Was als ein Rätsel gilt, wird dabei durch das Paradigma selbst festgelegt. Die Abweichung eines Planeten von seiner theoretisch berechneten Bahn kann ein solches Rätsel sein. Welche Störungen bewirken die Abweichung?

Das Paradigma legt aber auch fest, was nicht als Rätsel gelten kann. Warum Neptun einen Dreizack und keinen einfachen Speer hält, ist ein Rätsel, das innerhalb der Mechanik Newtons nicht lösbar ist.

Ein Paradigma legt außerdem durch seinen Rahmen fest, was beobachtet werden kann. Zustandsänderungen ohne wirkende Kräfte oder absolute Geschwindigkeiten sind in Einsteins Welt zum Beispiel prinzipiell nicht beobachtbar.

Wie stark Wissenschaftler sich von ihrem Paradigma dazu verleiten lassen, nur das zu sehen, was dieses Paradigma erlaubt, zeigt ein sehr drastisches Beispiel aus der Medizingeschichte.

Ignaz Philipp Semmelweis (1818–1865) war ein ungarischer Arzt, der etwas entdeckte, das er »Leichenmaterie« nannte. Das Dumme war nur, dass weder Semmelweis noch sonst irgendjemand diese »Leichenmaterie« sehen oder messen konnte. Identifizieren konnte man diese neue Art von Materie dadurch, dass man an den Händen von Chirurgen und Studenten roch, wenn diese aus dem Autopsiesaal kamen. Ein übler Geruch sollte die »Leichenmaterie« verraten.[108]

Diese »Leichenmaterie« sei äußerst gefährlich und für das Leid und den Tod ungezählter Menschen verantwortlich, behauptete Semmelweis.

Er machte seine Entdeckung im April 1847 in einem Wiener Krankenhaus. Zu dieser Zeit starben in Europa 10 bis 30 Prozent der Wöchnerinnen an Kindbettfieber. Semmelweis entdeckte, dass diese immense Gefahr durch eine einfache und sehr billige Methode gebannt werden konnte. Die Ärzte mussten sich nur die Hände in einer Chlorkalklösung gründlich waschen, ehe sie die Patienten berührten. Das Waschen würde den üblen Geruch und damit auch die »Leichenmaterie« beseitigen. Semmelweis probierte diese Methode auf seiner eigenen Station mit überwältigendem Erfolg aus. Innerhalb eines Jahres sank die Sterblichkeit von 18 auf nur ein Prozent. Obwohl Semmelweis im Jahr 1848 keine einzige Patientin mehr durch Kindbettfieber verlor, überzeugte Semmelweis' experimentelles Beweismaterial seine Vorgesetzten nicht, sich selbst ebenfalls die Hände zu waschen. In den Wirren der Revolution von 1848 wurde Semmelweis dann entlassen und kehrte nach Ungarn zurück. An seiner Idee aber arbeitete er weiterhin und veröffentlichte seine Ergebnisse 1861 in einem Buch, das er an medizinische Gesellschaften und die bekanntesten Gynäkologen in Europa verschickte. Es wurde (nahezu) ignoriert.

Es wurde ignoriert, obwohl 1861 in Prag 22,5 Prozent der Neugeborenen und 1860 in Stockholm 16 Prozent der weiblichen Patienten an dem Fieber starben. In dem Wiener Krankenhaus, in dem Semmelweis zwölf Jahre zuvor die Krankheit bereits ausgerottet hatte, erlagen im Herbst 1860 von 101 Wöchnerinnen 35 dem Fieber.[109] Die Ignoranz seiner Vorgesetzten hatte ganze Arbeit geleistet und den Tod ins Wöchnerinnenhaus zurückgebracht.

Die Haltung der damaligen Ärzte und Medizinforscher scheint schier unglaublich zu sein, und doch ist sie nicht ganz unverständlich. Das Paradigma, innerhalb dessen sich ihr Denken bewegte, bot keinen Platz für Semmelweis' »esoterische« Behauptungen. Wie, bitte schön, sollte denn einfaches Händewaschen Auswirkungen auf die Sterblichkeitsrate einer Station haben? Genauso gut könnte man ja behaupten, dass das Vergraben einer toten Katze in einer Vollmondnacht die Sterberate senken könne. In dem gültigen Paradigma (in dem Louis Pasteurs »Krankheitserreger« noch nicht vorkamen) war ein Kausalzusammenhang zwischen Händewaschen und Sterblichkeit ausgeschlossen. Ein solcher Zusammenhang wurde damals für ebenso unsinnig erachtet wie heute der zwischen Regentänzen und Regen.

Das ist interessant.

Allerdings.

Es ist interessant, dass ihr der Dunklen Materie so skeptisch gegenübersteht, gleichzeitig aber diejenigen für Ignoranten haltet, die der Leichenmaterie mit Skepsis begegneten. Seht ihr da keinen Widerspruch?

Äh … nein, ehrlich gesagt nicht.

Warum nicht? Damals hatte Semmelweis keine Ahnung, woraus Leichenmaterie bestehen könnte, und heute haben wir keine Ahnung, woraus die Dunkle Materie besteht. Vielleicht wiederholt sich die Geschichte, und auch die Dunkle Materie wird in ein paar Jahren gefunden.

Es könnte tatsächlich sein, dass die Dunkle Materie irgendwann »entdeckt« wird, das ist nicht auszuschließen. Aber wenn sich die Geschichte tatsächlich wiederholt, dann müssten die heutigen Skeptiker in ein paar Jahren als diejenigen dastehen, die den richtigen Riecher hatten. Heute ist es ja gerade umgekehrt, heute glaubt fast jeder Physiker an die Existenz der Dunklen Materie, weil ihr Paradigma es fordert, damals glaubte aber fast niemand an die Leichenmaterie.

Dann hat also die Mehrheit automatisch unrecht?

Nein. Wer »recht« hat, lässt sich immer erst im Nachhinein entscheiden. Setzt sich aber eine neue kuriose Idee tatsächlich durch und wird als Fortschritt anerkannt, dann ist es wirklich häufig so, dass die Mehrheit zu Beginn falsch lag. Nehmen wir einen ganz aktuellen Fall. In den siebziger Jahren des vorigen Jahrhunderts behauptete der Krebsforscher Harald zur Hausen, dass Viren Krebs auslösen könnten. Damals widersprach das dem herrschenden Paradigma, und Hausen wurde von seinen Fachkollegen belächelt und verlacht. Er hatte damals keine »Fakten«, auf die er seine Behauptung stützen konnte; was er hatte, war eine Vermutung. Ein Fachkollege führte Hausens Leistung deshalb auch auf dessen »seherische Fähigkeiten« zurück. Hausen selbst glaubte an seine Sache und erhielt 2008 den Nobelpreis für Medizin, weil er sich gegen die »vorherrschende Lehrmeinung« gestellt hatte. Daraus lässt sich aber nicht ableiten, dass jeder Außenseiter ein Genie und jede kuriose Idee ein Geniestreich ist.

Warum haben die damaligen Mediziner das Händewaschen eigentlich nicht einfach ausprobiert? Auch wenn sie die Theorie der »Leichenmaterie« als unsinnig empfanden, so hätte die gesunkene Sterberate sie doch stutzig machen müssen.

Sie haben es nicht ausprobiert, weil sie gar kein Rätsel sahen, das sie hätten lösen müssen. Ebenso wenig sehen die meisten heutigen Astrophysiker in Arps kuriosen kosmischen Bildern ein Rätsel. Sie sehen stattdessen zufällige Projektionseffekte. Solche Rätsel sind vom Paradigma nicht als Rätsel zugelassen. Kein ernstzunehmender Meteorologe käme heute auf die Idee, die Wirksamkeit von Regentänzen zu testen, nur weil irgendjemand behauptet, er habe einen Zusammenhang zwischen den Tänzen und Regen beobachtet. Wie gesagt: Solche Berichte buchen wir unter der Rubrik »Kurioses« ab. Selbst wenn es einen solchen statistischen Effekt gäbe, wäre er kein Rätsel, das man lösen müsste. Entweder es wäre ein Zufall, oder der Experimentator hätte einen Fehler bei der Aufnahme oder Auswertung der Daten gemacht – oder er würde lügen. Solches Geschwätz zu überprüfen wäre nur Zeitverschwendung.

Aber im Gegensatz zu den Regentänzern hatte Semmelweis doch harte experimentelle Fakten vorzuweisen. Seine Statistiken sprachen doch für sich.

Das ist ein Irrtum, Semmelweis hatte – zumindest damals – keine Fakten vorzuweisen. Fakten sind nichts, was man in der Welt draußen vorfindet und dann einfach dokumentiert und berichtet. Ein Faktum ist eine von der Forschergemeinschaft akzeptierte Behauptung, kein Zustand in der Außenwelt. Fakten werden von der Wissenschaft konstruiert.

Weil alle Beobachtungen theoriebehaftet sind etc. pp.

Subjektive Behauptungen werden erst dann zu wissenschaftlichen Fakten, wenn sie sich in ein Paradigma einbetten lassen, wenn es also eine theoretische Verbindung gibt, die diese Behauptungen mit bereits akzeptierten Fakten in Beziehung setzt. Ist eine solche Verbindung nicht gegeben, dann bleibt die Behauptung eine subjektive Behauptung, eine Illusion oder ein falsch interpretierter Projektionseffekt. Ebenso subjektiv wie Berichte von UFOs, Marienerscheinungen, Poltergeistern oder erfolgreichen Regentänzen. Zu Fakten wurden Semmelweis' Behauptungen erst lange nach seinem Tod, als mit Pasteurs »Entdeckungen« ein neues Paradigma einzog.

Aber wenn selbst Beobachtungen nichts zählen, wie können sich dann neue Erkenntnisse überhaupt durchsetzen?

Moment, dass Beobachtungen nichts zählen, haben wir nicht behauptet. Aber neue Erkenntnisse setzen sich nicht allein deshalb durch, weil ein kluger Kopf eine neue Beobachtung in der Natur gemacht hat. Da alle Beobachtungen theoriebehaftet sind und neue Beobachtungen erst einmal nach den alten paradigmatischen Regeln beurteilt werden, reicht es eben nicht aus, einfach nur die neuen Beobachtungen zu präsentieren und zu hoffen, dass sie für sich sprechen. So funktioniert Wissenschaft nicht.

Und wie funktioniert sie dann?

Durch Tricks, Werbung, Propaganda, Zähigkeit und Ausdauer. Wirklich neue Erkenntnisse setzen sich nicht allein aufgrund rationaler Argumentation durch, da bedarf es schon etwas mehr. Sie müssen für das Neue werben, zeigen, dass Ihre Theorie fruchtbarer ist, mehr Möglichkeiten bietet – und Ihre Gegner ausstechen. Galilei verfasste satirische Schriften über seine Gegner, um ihre Ansichten lächerlich zu machen. Newton »schönte« Beobachtungsdaten, um seine Theorie zu stärken. Der Astrophysiker Martin Ryle veranstaltete eine Pressekonferenz, um seinen Widersacher vorzuführen, Urknallskeptiker wie Arp werden von den Urknallern daran gehindert, durch die großen Teleskope zu blicken. Semmelweis schrieb verzweifelte Briefe, in denen er Tod und Verderben an die Wand malte, weil seine »Fakten« niemanden überzeugten.

Revolutionen und Rebellen

Ein Paradigma ist eine Art unausgesprochenes Glaubensbekenntnis, es legt den Rahmen fest, innerhalb dessen rationale Wissenschaft während einer historischen Zeitspanne betrieben werden kann. Rätsel, die sich innerhalb dieses Rahmens stellen, können mit Hilfe wissenschaftlicher Methoden in Angriff genommen werden, andere Rätsel gibt es nicht, zumindest keine, die für die Wissenschaft relevant wären. Innerhalb des Rahmens werden Beobachtungen gemacht, Fakten produziert und Theorien entwickelt. Es werden die guten Widersprüche gelöst. Hilft dieses Medikament gegen Krebs? Wie lang ist der Penis eines Blauwals? Woraus bestehen Kometen? Wie funktioniert die Muskulatur um die Analöffnung von Fruchtfliegenlarven? Welche Keramiken sind supraleitend? War Hitler Antisemit? Was ist mit den Pioneer-Sonden los?
Im dritten Kapitel haben wir gesehen, dass solche guten Wi-

dersprüche es auch in sich haben können. Die Frage nach der Natur des Lichtes war ein gutes Rätsel, von dem man annahm, dass es innerhalb des akzeptierten Paradigmas gelöst werden könne. Erst mit der Zeit entpuppte es sich als trojanisches Pferd und brachte das Newtonsche Paradigma von innen her zum Einsturz. Trotz aller Anstrengungen ließ es sich nicht in den alten Rahmen integrieren. Ob die Pioneer-Anomalie oder die Pendel-Experimente von Saxl und Allen ähnliche Folgen haben werden, lässt sich nicht vorhersagen. Es kann durchaus sein, dass diese Rätsel sich irgendwann innerhalb des alten Rahmens lösen lassen, sicher ist das aber nicht.

Rätsel, die außerhalb des Paradigmas liegen und von der Mehrheit der Wissenschaftler deshalb gar nicht als echte Rätsel akzeptiert werden, sind gänzlich unberechenbar. Vielleicht sind es wirklich keine »relevanten Rätsel«, sondern nur die Hirngespinste ganz weniger Irrer. Dann werden sie mit den Irren aussterben und vergessen werden. Vielleicht sind es aber auch Rätsel, für die sich zwar (noch) keine verbindenden theoretischen Grundlagen finden lassen, die aber für das Leben vieler Menschen Bedeutung besitzen. Dann werden sie entweder irgendwann integriert, oder sie führen bis auf Weiteres ein Nischendasein neben oder am Rande des herrschenden Paradigmas. Religiöse Wunder, esoterische Erfahrungen, paranormale Phänomene oder Astrologie sind Beispiele dafür.

Sehen wir uns nun an, was geschieht, wenn der paradigmatische Rahmen zu eng wird, wenn sich bestimmte Beobachtungen nur noch unter Schwierigkeiten darin einordnen lassen. Was geschieht also, wenn wir plötzlich immer mehr Epizykel benötigen, wenn wir plötzlich erklären müssen, wie es sein kann, dass sich ein »Objekt« einmal wie ein Teilchen und ein andermal wie eine Welle verhält? Dann, sagt Kuhn, kann es zu Revolutionen kommen. Das alte Paradigma gerät in eine

Krise, wird gestürzt, und ein neues tritt an seine Stelle. Kuhn nennt dies einen Paradigmenwechsel.

Eine solche Revolution ist alles andere als ein stetiges Fortschreiten im Popperschen Sinne. Dabei wird nicht einfach eine alte Theorie erweitert und verbessert. Im Gegensatz zur landläufigen Meinung wird die alte Theorie komplett beseitigt und durch die neue ersetzt, eine Revolution erschafft quasi eine neue Welt.

Kuhn legt großen Wert darauf, dass ein Paradigmenwechsel für einen Wissenschaftler etwas komplett anderes ist als nur ein Wechsel zwischen zwei Interpretationsmöglichkeiten objektiver Daten. »Wie könnte er auch, da es für den Wissenschaftler gar keine feststehenden Daten zu interpretieren gab!«[110]

Die Entscheidung zwischen zwei möglichen Paradigmen kann nicht rational getroffen werden, weil erst das jeweilige Paradigma festlegt, was als rational zu gelten hat.

Ob Galileis Fernrohr Trugbilder lieferte oder die Wirklichkeit »abbildete«, konnte man nicht rational entscheiden, weil man nicht wusste, wie die Wirklichkeit in der Nähe des Jupiter aussah. Ob die Lichtgeschwindigkeit im Vakuum in allen Inertialsystemen tatsächlich konstant ist, wie das Einstein für seine Relativitätstheorie einfach voraussetzte, konnte man nicht rational entscheiden, weil man nicht wusste, wie groß die Lichtgeschwindigkeit »tatsächlich« ist. Messungen ergaben jedenfalls keine eindeutigen Hinweise auf ihre Konstanz. 1929 lag ihr Wert bei $299\,796 \pm 4$, 1932 bei $299\,774 \pm 11$ und 1941 bei $299\,776 \pm 6$ km/s.[111]

Und auch von der Mechanik Newtons zur Quantenmechanik führt kein rein rationaler Weg. Wenn wir uns gedanklich in Newtons Welt bewegen, dann sind wir auf Gedeih und Verderb an das Trägheitsgesetz gebunden. Dieses Gesetz wird aber in der Quantenmechanik durch etwas ersetzt, das sich unmöglich mit dem alten Gesetz logisch vereinbaren oder daraus ableiten lässt. In Newtons Welt treten Zustandsänderungen von Körpern ein, wenn äußere Kräfte wirken. Wirkt eine Kraft, dann ändert sich die Bahn des Körpers. In der Quantenmechanik ist aber der Zustand eines Körpers nicht mehr durch seinen Bewegungszustand (ruhend oder geradlinige, gleichmäßige Bewegung), sondern durch Quantenzahlen (für Energie, Drehimpuls, Spin etc.) definiert. Eine Zustandsänderung kann sich auch nicht mehr durch eine Bahnänderung bemerkbar machen, weil es gar keine Bahn im Newtonschen Sinne mehr gibt. Weder die Quantentheorie noch Einsteins Relativitätstheorie ist damit eine stetige und logische Erweiterung von Newtons Physik; im Gegenteil, Newtons Physik wurde durch diese Theorien ersetzt. Ersetzt wurde sie aber nicht, weil sie durch ein Experiment widerlegt (falsifiziert) worden wäre, sondern weil sich die Wissenschaftler aus den verschiedensten Gründen von ihr abwandten. Der Wechsel zu neuen Theorien gleicht laut Kuhn eher einer politischen Entscheidung oder religiösen Bekehrung als einem rationalen Entschluss.

Kuhn widerlegt damit auch die Ansicht Poppers, die Wissenschaft schreite durch Falsifikation stetig voran. Endgültige Falsifikationen kann es nicht geben, weil Falsifikationen durch Experimente erfolgen, Experimente aber auf Erfahrungen beruhen. Aus Erfahrungen lassen sich jedoch (durch Induktion) keine endgültigen Wahrheiten ableiten. Zudem sind alle Falsifikationsexperimente an ein Paradigma gebunden und damit theoriebehaftet. Die Widerlegung einer Theorie kann deshalb nie endgültig und sicher sein, und ein stetiger Fortschritt durch Falsifikationen ist unmöglich. »Wissenschaft wird nicht ein für alle Mal aufgebaut; sie wird aufgebaut, teilweise wieder eingerissen, wieder aufgebaut auf den alten Fundamenten, wieder niedergerissen, ein drittes Mal aufgebaut auf leicht veränderten Fundamenten und so weiter«, schrieb Carl Friedrich von Weizsäcker.[112]

Von den hehren Vorstellungen, welche die Neopositivisten

von der Wissenschaft hatten, ist nun nicht mehr viel übrig geblieben. Wissenschaft ist weder rein logisch oder rational, noch basiert sie auf objektiven Beobachtungen oder Experimenten, noch kann sie irgendeine Behauptung endgültig als wahr erweisen. Sie kann nicht einmal Behauptungen als endgültig falsch erweisen und befindet sich damit auch nicht auf einem stetigen Weg in Richtung Wahrheit. Der Mund der Wahrheit scheint zahnlos zu sein.

Wenn die Wissenschaft zahnlos ist und uns weder die Wahrheit noch die Falschheit einer Behauptung endgültig erweisen kann, gibt es denn dann überhaupt so etwas wie eine strenge wissenschaftliche Methode zur Erkenntnisgewinnung? Diese Frage stellte sich auch der philosophische Rebell Paul Feyerabend (1924–1994). Er hat sie mit Nein beantwortet. Da Wissenschaft nichts als endgültig falsch erweisen könne, könnten wir auch keine Methode zur Erkenntnisgewinnung (Astrologie, Schamanismus, Religion, Esoterik etc.) endgültig ausschließen. »Es ist also klar, dass der Gedanke einer festgelegten Methode oder einer feststehenden Theorie der Vernünftigkeit auf einer allzu naiven Anschauung vom Menschen und seinen sozialen Verhältnissen beruht. Wer sich dem reichen, von der Geschichte gelieferten Material zuwendet und es nicht darauf abgesehen hat, es zu verdünnen, um seine niedrigen Instinkte zu befriedigen, nämlich die Sucht nach geistiger Sicherheit in Form von Klarheit, Präzision, ›Objektivität‹, ›Wahrheit‹, der wird einsehen, dass es nur einen Grundsatz gibt, der sich unter allen Umständen und in allen Stadien der menschlichen Entwicklung vertreten lässt. Es ist der Grundsatz: Anything goes.«[113]

Anything goes! *Das ist doch verrückt!*
Nein, das ist das Leben, das ist Freiheit!
Blödsinn! Wenn es so wäre, dann könnte ich glauben,
dass in meinem Kühlschrank eine Armee von Zwergen

lebt, die ständig alles durcheinanderbringen und Schimmel auf meinem Käse anbauen. Anything goes. Quatsch!
Sie dürfen diesen Satz nicht so verstehen, dass man zu jeder Zeit glauben könne, was man wolle. Das können Sie natürlich tun, nur werden Sie dann sehr schnell merken, dass Ihre Umwelt Sie in zunehmendem Maße mit Stirnrunzeln betrachtet.
Wie soll ich es dann verstehen?
Sie wissen so gut wie wir, dass nicht zu jedem Zeitpunkt alles möglich ist. Jemand, der vor tausend Jahren behauptet hätte, dass man intelligente Maschinen aus Sand bauen und sich mit ihnen unterhalten könne, wäre von seinen Zeitgenossen wahrscheinlich nicht nur belächelt worden. Wir verstehen *Anything goes* in dem Sinne, dass für die freie menschliche Kreativität keine objektiven Grenzen definierbar sind. Das bedeutet aber nicht, dass im Hier und Jetzt alles möglich ist oder möglich sein sollte. Für alles offen zu sein bedeutet nicht, dass man sich für jeden Blödsinn öffnet. »Wer für alles offen ist, ist nicht ganz dicht«, sagt Edmund Stoiber und hat recht damit. Freiheit ist etwas anderes als Beliebigkeit. Freiheit gibt es nur zusammen mit Verantwortung.

Experimenteller Regress

Das Jahr 1919 war ein sehr entscheidendes Jahr für die Relativitätstheorie. In diesem Jahr fand nämlich eine Sonnenfinsternis statt, die Arthur Eddington dazu nutzen wollte, Einsteins Theorie mit der von Newton zu vergleichen. Das Mittel dazu war ein Experiment. Zu diesem Zweck brachen zwei Expeditionsgruppen in entfernte Gegenden des Globus auf. (Die Sonnenfinsternis war in Europa nicht zu sehen.) Die eine Gruppe bestand aus den Astronomen A. Crommelin und C. Davidson und reiste nach Sobral in Brasilien. Eddington und sein Assistent E. Cottingham bildeten die andere Gruppe. Ihr Ziel lag vor der Westküste Afrikas auf der Insel Principe. Die Aufgabe bestand darin, die Sterne in der Umgebung der verdunkelten Sonne zu fotografieren.

Einsteins Theorie sagte voraus, dass starke Gravitationsfelder auf Lichtstrahlen einwirken. Das Licht eines entfernten Sterns, das auf seinem Weg zu uns ein massereiches Objekt wie zum Beispiel die Sonne passiert, würde eine Ablenkung in Richtung auf die Sonne erfahren. Von der Erde aus würde es dann so aussehen, als seien die Sterne in Sonnennähe ein wenig aus ihrer üblichen Position verschoben. Ziel des Experiments war es, die Größe dieser Verschiebung zu messen. Die Größe der Verschiebung war wichtig, weil auch Newtons Theorie eine Verschiebung voraussagte. Um entscheiden zu können, welche Theorie die Natur besser beschrieb, musste man also feststellen, welche Voraussage näher am gemessenen Wert lag. Einstein hatte für beide Theorien den zu erwartenden Wert berechnet und festgestellt, dass seine Theorie im Vergleich zu der Newtons eine doppelt so große Verschiebung (ca. 1,7 zu 0,8 Bogensekunden) voraussagte.

Hier begegnet uns schon die erste Schwierigkeit. Die Berechnungen Einsteins waren nämlich bei seinen Fachkollegen nicht unumstritten. Die Gleichungen waren komplex und keinesfalls trivial zu lösen. Dass die Lösungen korrekt waren, war deshalb keinesfalls sicher. Und auch die Durchführung des Experiments war alles andere als einfach. Da die Sonnenfinsternis nur in sehr abgelegenen Gegenden sichtbar war, konnte man nicht auf große, fest installierte Teleskope zurückgreifen. Die Astronomen waren auf relativ kleine und damit auch lichtschwache Instrumente angewiesen, was bedeutete, dass lange Belichtungszeiten (5–30 Sekunden) nötig waren, um eine ausreichende Menge von dem schwachen Sternenlicht einzufangen. Bei so langen Belichtungszeiten ist es aber unabdingbar, die Erdrotation zu kompensieren. Das Teleskop musste exakt nachgeführt werden, um scharfe Bilder zu erhalten. Dazu verwendete man sogenannte Coleostaten. Das sind beweglich aufgehängte Spiegel, die das Licht in das Teleskop reflektieren und die Erdrotation durch ihre Drehung ausgleichen. Die ganze Apparatur war kompliziert und damit auch störanfällig. Temperaturschwankungen, Erschütterungen und Fehler in der Mechanik konnten zu Verfälschungen des Messergebnisses führen. Erschwerend kam hinzu, dass die ganze Prozedur nicht nur einmal, sondern zweimal durchgeführt werden musste. Um die Verschiebung der Sterne in Sonnenähe messen zu können, braucht man nämlich ihre »unverfälschte« Position. Man muss also vom fraglichen Himmelsgebiet eine Aufnahme zu einem Zeitpunkt machen, wenn die Sonne den Strahlenverlauf nicht beeinflusst. Da Sterne am Tag aber nicht sichtbar sind, muss einige Monate vorher oder nachher das Himmelsgebiet noch einmal nachts fotografiert werden. Dieses Vorgehen beinhaltet eine ganze Menge Fehlerquellen. Da die eine Aufnahme in der kühleren Nacht, die andere am wärmeren Tage gemacht wird, können Temperaturunterschiede gravierende Auswirkungen auf die gemessenen Sternpositionen haben. Hinzu kommen viele weitere mögliche Fehlerquellen, auf die Harry Collins und Trevor Pinch in ihrem Buch *Der Golem der Forschung* näher eingehen. Kurz, dieses Experiment war alles andere als einfach. Es war nicht damit getan, dass man durch ein Teleskop einige Sterne fotografierte und sich dann das Ergebnis ansah. Es gehen sehr viele unterschiedliche physikalische Theorien in das Experiment ein. Zum Beispiel müssen die Auswirkungen der Temperaturschwankungen auf die Teleskopbrennweite bestimmt und später aus dem Messergebnis wieder herausgerechnet werden. Was man am Ende als Messergebnis vorliegen hat, ist auf jeden Fall eine Mischung aus Theorie und Messung und keine reine Beobachtungstatsache.

Sehen wir uns nun die erzielten Ergebnisse an. Die Gruppe in Sobral hatte zwei Messeinheiten dabei. Sie erhielt acht gute und 18 schlechte Fotoplatten, während die Gruppe in Principe zwei schlechte Platten produzierte. (Gut und schlecht beziehen sich auf die Schärfe der Platten und die Anzahl der darauf erkennbaren Sterne. Je schärfer und je mehr Sterne, desto besser.)

Für die drei durchgeführten Versuchsreihen ergaben sich folgende Mittelwerte für die Verschiebungen: 1,98; 0,86 und 1,62 Bogensekunden.

Bei etwas gutem Willen ein Treffer für Newton (0,86 statt 0,8), einer für Einstein (1,62 statt 1,7), und ein Wert war viel zu hoch (1,98).

Bei all den Schwierigkeiten und möglichen Fehlerquellen wäre es zwar ein Wunder gewesen, wenn die Ergebnisse eindeutig gewesen wären, trotzdem war die Streuung beträchtlich. Eddington kam dennoch zu dem Schluss, dass die Ergebnisse Einsteins Theorie stützten. Wie er dieses Kunststück vollbrachte, erklären uns Collins und Pinch: »Um es so aussehen zu lassen, als würden ihre Beobachtungen Einstein unterstützen, nahmen Eddington und seine Kollegen die Resultate des 4-Zoll-Teleskops in Sobral [1,98] als Hauptbefund und die zwei Platten aus Principe [1,62] als stützenden Beweis, während sie die 18 Astrograph-Platten aus Sobral [0,86] ignorierten.«[114]

Eddingtons Vorgehensweise war nicht unumstritten. Warum er einerseits die zwei schlechten Platten aus Principe nutzte, die achtzehn schlechten Platten aus Sobral aber ignorierte, ist logisch nicht nachvollziehbar – das gab sogar der Präsident der Royal Society zu.[115] Was nichts anderes heißt, als dass Eddingtons Entscheidung mehr oder weniger auf der Basis nichtwissenschaftlicher Betrachtungen (Gefühle, Eingebungen oder Vorurteile) gefallen sein muss. Frei nach Gould dürfen wir deshalb feststellen: Wir zweifeln Eddingtons Korrekturen nicht an, möchten jedoch anmerken, dass er sie recht geschickt handhabe, als seine eigene Position in Gefahr geriet.

Wir sehen an diesem Beispiel, dass echte wissenschaftliche Experimente etwas anderes sind als das, was uns in der Schule oder im Fernsehen als Experiment verkauft wird. Bei einem Schulexperiment glaubt man zu wissen, was dabei herauskommen soll. Ergibt sich ein anderes Ergebnis als erwartet, dann weiß man, dass irgendwo im Versuchsaufbau ein Fehler stecken muss. Man sucht, probiert, rüttelt und schraubt so lange, bis sich das erwartete Ergebnis einstellt. So etwas ist kein Experiment, es ist ein Demonstrationsversuch, um den Schülern etwas Bekanntes und Akzeptiertes beizubringen. Falls es tatsächlich einmal unmöglich ist, mit dem Demonstrationsexperiment das erwartete Ergebnis zu erzielen, wird das Resultat als »Ausreißer« oder »Schmutzeffekt« klassifiziert und vergessen. (So ist das Leben. Manchmal brennt eine Steckdose »ohne Grund«, und manchmal spielt eben ein »Experiment« verrückt.)

Ein echtes wissenschaftliches Experiment ist hingegen etwas vollkommen anderes. Hier ist das Ergebnis unbekannt. Wir wissen nicht, was herauskommen soll, und deshalb wissen wir auch nicht, ob unsere Messapparatur zuverlässig arbeitet. Diese Tatsache führt zu etwas, das man »experimentellen Regress« nennt.

Um herauszufinden, ob es eine Verschiebung der Sterne gibt und, wenn ja, wie groß diese Verschiebung ist, müssen wir eine gute und zuverlässige Messapparatur bauen. Ob wir eine gute Messapparatur gebaut haben, die alle möglichen Fehlerquellen berücksichtigt und kompensiert, wissen wir aber erst, wenn wir ausprobiert haben, ob unsere Messapparatur das richtige Ergebnis liefert. Welches das richtige Ergebnis ist, wissen wir aber erst, wenn wir eine gute Messapparatur gebaut haben. Das wiederum wissen wir erst, wenn …

Wie kann man diesem endlosen Zirkel entkommen? Wie konnte Eddington wissen, dass die Messapparatur aus Sobral, von der die achtzehn Platten stammten, fehlerhaft war, die anderen beiden Apparaturen aber (relativ) zuverlässige Daten produziert hatten, wenn er nicht wusste, was das richtige Ergebnis war? Die »Wahrheit« ist, dass er das gar nicht »objektiv« wissen konnte. Er sprengte den Zirkel, indem er in freier Wahl eine subjektive Entscheidung traf.

Für Menschen, die an die Exaktheit der Wissenschaft und des wissenschaftlichen Experiments glauben, ist es nur schwer zu akzeptieren, dass die Wissenschaft auf so schwachen (subjektiven) Beinen steht. Nicht nur unsere wissenschaftlichen Theorien sind also freie Schöpfungen des subjektiven Geistes, sondern auch unsere Experimente unterliegen der subjektiven Beurteilung. Experimente liefern keine objektiven Antworten, sie müssen interpretiert werden und sind nicht von den subjektiven Vorurteilen und Glaubenswahrheiten der Forscher unabhängig.

»Ich habe einen Versuch darüber angestellt, aber zuvor hatte die natürliche Vernunft mich ganz fest davon überzeugt, dass die Erscheinung so verlaufen musste, wie sie auch tatsächlich verlaufen ist.«[116] Diesen Satz schrieb Galilei in einem Brief an Franceso Ingoli. Er beschreibt ziemlich genau auch das Vorgehen Eddingtons.

Eddington hat also eine Entscheidung getroffen, obwohl er keine objektiven Beweise hatte?
Offensichtlich ja.
Aber er hatte doch recht oder nicht?
Die Geschichte hat ihm recht gegeben, ja.
Er hat also mit seiner Entscheidung Fakten geschaffen?
Ja, damals hat er Fakten geschaffen. Heute kann sein Experiment aber nicht mehr den Anspruch erheben, »Fakten« geliefert zu haben. Die Ergebnisse lassen sich so

oder so deuten, sie sind nicht aussagekräftig und können nicht benutzt werden, um Einsteins Theorie zu bestätigen.

Dann ist also das Experiment, das mithalf, Einsteins Theorie zu etablieren, im Grunde wertlos?

Heute ist es für uns tatsächlich nur noch von historischem Wert. Dieses Experiment kann heute nicht mehr herangezogen werden, um Einsteins Theorie zu beglaubigen. Im Prozess der wissenschaftlichen Forschung war es aber alles andere als wertlos. Es hat die Wissenschaftler auf eine neue Fährte gesetzt.

Wir halten also an einer Theorie fest, obwohl wir wissen, dass die Beobachtungen und Experimente, die zu ihrer Anerkennung beigetragen haben und mithalfen, sie zu etablieren, wertlos sind?

Wir halten sogar an Theorien fest, von denen wir heute wissen, dass die Beobachtungen und Experimente, aus denen sie angeblich abgeleitet wurden, gar nicht gemacht wurden beziehungsweise dass sie gefälscht oder manipuliert waren.

Tatsächlich?

Sicher. Nehmen wir zuerst Galilei: Heute glauben wir, dass er einige seiner beschriebenen Experimente gar nicht durchführte, weil sie so nicht reproduzierbar und seine Ergebnisse zu gut sind, um wahr zu sein.[117] Auch Gregor Mendel, der Begründer der wissenschaftlichen Genetik, veröffentlichte Statistiken über seine Versuche, die heute niemand mehr nachvollziehen kann.[118] Der Physiker Robert Andrews Millikan erhielt den Nobelpreis für die Bestimmung der elektrischen Elementarladung. Heute vermuten wir, dass er seine Daten manipulierte, um seine Ergebnisse »überzeugender« zu machen.[119] Newton verfuhr ganz ähnlich, auch er mogelte, um die Vorhersagen seiner Theorie »augenfälliger« zu machen.[120]

Das scheint ja fast so, als spielten Beobachtungen und Experimente für die Wissenschaft keine – oder zumindest kein große Rolle.

Das scheint nur so. Sie spielen sogar eine sehr große Rolle. Nur spielen sie eben nicht die Rolle des unbestechlichen Richters, der über die Richtigkeit unserer Theorien entscheidet. Vielmehr sind sie Mittel zum Zweck. Sie dienen als Mittel, andere von den eigenen Ansichten zu überzeugen.

Janusköpfe

Was ist Wissenschaft?
Wenn ich die Hypothese aufstelle *Im Kühlschrank ist Bier* und nachschaue, ob diese Hypothese zutrifft, bin ich Wissenschaftler.
Wenn ich diese Hypothese aufstelle und nicht nachschaue, bin ich Theologe.
Wenn ich diese Hypothese aufstelle, nachschaue, aber kein Bier vorfinde und trotzdem behaupte, es sei Bier drinnen, bin ich Esoteriker.

Diese Weisheit stammt von dem Kabarettisten und Physiker Vince Ebert. Wir geben zu, dass es launig klingt, bestreiten aber, dass es in irgendeiner Weise zutrifft oder »wahr« ist. Wir haben schon am Beispiel der Kosmologie und auch beim Trägheitsgesetz gesehen, dass nicht nur Theologen, sondern auch Wissenschaftler Hypothesen und Theorien aufstellen, die sie prinzipiell nicht überprüfen oder falsifizieren können. Sie behaupten, es sei Trägheit, Isotropie oder Homogenität im Kühlschrank, und können das ebenso wenig experimentell überprüfen, wie ein Theologe prüfen kann, ob sich Gott darin befindet.
Sehen wir uns nun noch einen anderen Fall etwas näher an. Wir haben zwei Wissenschaftler. Der eine behauptet, es sei

Bier im Kühlschrank, der andere behauptet, es sei kein Bier darin. Beide öffnen gleichzeitig die Kühlschranktür und sehen nach. Im Anschluss an das Experiment behaupten beide, ihre Hypothese habe sich in vollem Umfang bestätigt.

Galilei hatte behauptet, dass die Erde um eine Achse rotiere und sich gleichzeitig um die Sonne bewege. Seine Gegner hielten das für Unsinn. Die Erde könne sich gar nicht bewegen, das bewiesen Experimente und Beobachtungen an fallenden Steinen eindeutig. Galileis Gegner waren Aristoteliker und argumentierten, dass eine rotierende Erde sich unter einem fallenden Stein weiterdrehe, so dass der Stein – da er während des Falles seinem inneren Drang zur Ruhe folgen würde – zurückbleiben und irgendwo westlich wieder auf die Erde treffen müsse. Da aber eine solche Westablenkung nicht beobachtet worden, sondern der Stein senkrecht nach unten gefallen sei, könne die Erde sich nicht bewegen. Galilei bestritt nicht, dass Steine senkrecht nach unten fallen, jedoch zog er aus dieser Beobachtung einen ganz anderen Schluss. Die Steine würden senkrecht nach unten fallen, weil sie träge seien und sich auch während ihres Falles zusammen mit der Erde weiter bewegten. Die Trägheit des Steines verhindere, dass er zurückbleibe. Das Experiment beweise also nicht, dass die Erde ruhe, sondern dass die aristotelische Vorstellung von Bewegung falsch sei.[121]

Wie kann ein und dasselbe Experiment, dessen Ergebnis nicht angezweifelt wird, zwei ganz unterschiedliche Dinge »beweisen«? Wissenschaft scheint doch etwas komplizierter zu sein, als einen Kühlschrank zu öffnen.

Machen wir ein weiteres Experiment. Wir warten, bis die Sonne untergegangen ist, und öffnen dann die Haustür. Wir blicken hinaus und sehen, dass es dunkel ist. Aber warum ist es dunkel? Diese Frage stellte sich der Arzt und Astronom Heinrich Olbers (1758–1840) ebenfalls. Er fragte sich, was uns die experimentelle Tatsache, dass es nach Sonnenuntergang dunkel wird, über die Struktur des Universums verrät.

Zu Olbers' Zeit ging die Wissenschaft noch ganz selbstverständlich davon aus, dass das Universum in Raum und Zeit unendlich ist. Wenn das Universum aber schon unendlich lange existiert, und wenn es sich unendlich weit erstreckt, und wenn es überall Sterne gibt, dann dürfte es nachts nicht dunkel sein, weil dann der Blick irgendwann auf einen hellen Stern treffen müsse, egal in welche Himmelsrichtung man blickt. Es ist ganz so wie inmitten eines großen, dichten Waldes. Wohin wir (horizontal) auch blicken, wir sehen Bäume. Die Frage, die sich uns nun stellt, lautet, ob wir durch ein Experiment (Blick in den Nachthimmel) entscheiden können, ob das Universum endlich oder unendlich ist. Folgen wir Olbers, dann kann das Universum nicht unendlich sein, weil der Himmel nachts dunkel wird. Auf den ersten Blick ist Olbers' Argumentation vollkommen korrekt. Trotzdem kann uns der Blick in den Nachthimmel nichts über die Struktur des Alls sagen. Wäre Wissenschaft so einfach, dann hätten wir wahrscheinlich schon sämtliche Probleme gelöst und wären Wissenschaftler heute überflüssig.

Was die Sache so kompliziert macht, ist unter der Bezeichnung Duhem-Quine-Problem bekannt.

In all unsere Überlegungen hinsichtlich der Frage, was uns ein Experiment oder eine Beobachtung über die »Welt« sagt, geht ein ganzes Bündel von (Glaubens-)Annahmen ein. Olbers' Argumentation beispielsweise enthält unter anderem die folgenden stillen Annahmen:[122]

- Der Kosmos ist homogen und isotrop.
- Die mittlere Sterndichte ist zeitlich konstant.
- Der Raum zwischen den Sternen ist leer.
- Der Raum ist euklidisch.
- Die Sterne führen keine systematischen Bewegungen aus.

Unsere physikalischen Gesetze gelten überall und zu allen Zeiten im Kosmos.

Jede dieser Annahmen könnte falsch sein. Ist eine Annahme falsch, dann kann der Nachthimmel dunkel sein, obwohl das Universum unendlich ist.

Unser Problem ist nun, dass wir nicht endgültig entscheiden können, ob eine unserer Voraussetzungen falsch ist oder ob das Universum tatsächlich endlich ist. Wollten wir eine der obigen Annahmen auf ihre Richtigkeit hin testen, so würde auch in dieses Testverfahren ein großes Bündel neuer Annahmen eingehen, von denen wir ebenfalls nicht wissen, ob sie alle wahr sind.

Deshalb ist es unmöglich, durch ein systematisches Verfahren zu entscheiden, welche Hypothese aus dem Bündel wahr und welche falsch ist. Die Duhem-Quine-These sagt, dass es grundsätzlich unmöglich ist, einzelne Hypothesen endgültig als wahr oder falsch zu erweisen.

Dies ist der Grund, warum ein und dasselbe Experiment (oder ein und dieselbe Beobachtung) ganz unterschiedlich gedeutet werden kann. Der eine glaubt, dass die Erde stillsteht, weil ein Stein senkrecht zu Boden fällt. Der andere zweifelt eine der Voraussetzungen dieser Argumentation (den inneren Drang zur Ruhe) an, ersetzt sie durch eine andere (das Trägheitsgesetz) und schließt daraus, dass sich die Erde doch bewegt.

Der eine glaubt an den Urknall und sieht statt Arpscher Materiebrücken nur Projektionseffekte. Der andere zweifelt eine der Voraussetzungen (Rotverschiebung = Fluchtgeschwindigkeit) an und landet in einem ewigen Kosmos, wo Galaxien junge Materie »gebären«.

Der eine glaubt, dass unsere Welt nicht determiniert ist, weil die Quantenmechanik nur Wahrscheinlichkeiten liefert. Der andere zweifelt eine der Voraussetzungen dieser Argumentation an (die freie Wahl des Experiments durch den Beobachter) und landet in einem superdeterminierten Universum. Die gesamte Deutungsproblematik der Quantenmechanik ist ein Paradebeispiel für die Duhem-Quine-These.

Die stillen Annahmen, die in ein Experiment (oder eine Theorie) eingehen, sind Teil des Paradigmas, innerhalb dessen wir das Experiment planen, ausführen und bewerten. Ein Experiment ist überhaupt nur innerhalb eines Paradigmas ein deutbares Experiment. (Wer an der objektiven Realität der Quantenwelt festhält, wird das Doppelspaltexperiment anders deuten als jemand, der Bohrs Kopenhagener Deutung nahesteht.)

Ein letztes hypothetisches Beispiel mag verdeutlichen, wie schwierig es angesichts des Duhem-Quine-Problems ist, ein Experiment so zu gestalten, dass es uns etwas über die »objektive« Natur verrät.

Unser Frage lautet: Haben Regentänze tatsächlich eine Wirkung auf das Wetter? Wie gehen wir vor, um diese Frage zu beantworten?

Zuerst brauchen wir Menschen, die Regentänze tatsächlich ausführen können. Nehmen wir an, wir finden einen Stamm, der den Regentanz noch immer praktiziert. Woher wissen wir, ob es gute Regentänzer sind? Vielleicht sind wir an Stümper geraten. Möglicherweise gibt es in der Welt des Regentanzes – wie in vielen anderen Bereichen auch – Könner und Pfuscher. Da wir nichts über Regentänze wissen, können wir nicht einmal diese Frage beantworten.

Setzen wir nun einfach voraus, wir seien an einen Stamm geraten, der den Regentanz hinreichend gut beherrscht. (Wie nennen diese Voraussetzung »meteorologisches Prinzip«.) Was können wir tun? Wir könnten den Stamm in einer Langzeitstudie beobachten und dokumentieren, wie oft und mit welchem Erfolg getanzt wurde. Wir würden eine Statistik erhalten, die uns sagen würde, mit welcher Wahrscheinlichkeit es 2, 4, 6 … Stunden nach einem Regentanz geregnet hat. Das

Problem dabei ist, dass wir keinen Vergleichsmaßstab besitzen. Wir wissen nicht, mit welcher Wahrscheinlichkeit es in dem Gebiet geregnet hätte, wenn die Tänze nicht durchgeführt worden wären. Wir können ja nicht ausschließen, dass die Schamanen oder Medizinmänner anhand von subtilen Hinweisen aus der Natur auf irgendeine Weise »spüren« oder erkennen, dass es bald regnen wird, und sie genau dann ihren Tanz durchführen. Was wir brauchen, sind also Wetterdaten aus dem Stammesgebiet, die nicht durch Regentänze »verfälscht« sind. Aus diesen Daten könnten wir errechnen, wie lange Dürreperioden durchschnittlich dauern und wie hoch die Wahrscheinlichkeit für Regen nach x Tagen Dürre ist. Damit hätten wir einen Vergleichsmaßstab.

Solche Daten dürften uns aber kaum zur Verfügung stehen, weil der Stamm in der Regel schon sehr lange in dem fraglichen Gebiet leben wird und deshalb alle Wetterdaten durch Regentänze »verfälscht« sein werden. Wir müssen die Sache also anders angehen. Mit Hilfe eines Zufallsgenerators legen wir eine Anzahl von Tagen fest, an denen entweder Regentänze durchgeführt werden sollen oder an denen nur passiv auf Regen gewartet werden soll. Danach bestimmen wir die Regenwahrscheinlichkeiten für Tanz- und Wartetage. Ist die Wahrscheinlichkeit für Regen an (oder kurz) nach Tanztagen signifikant höher, hätten wir einen Hinweis darauf, dass Regentänze tatsächlich Wirkungen auf das Wettergeschehen haben.

Was ist aber, wenn wir keinen Unterschied in den Wahrscheinlichkeiten feststellen? Können wir daraus schließen, dass Regentänze Mumpitz sind?

Mit unserem Versuchsaufbau haben wir das Phänomen »Regentanz« in unser experimentelles Korsett gepresst. Wir haben ganz automatisch sehr viele »stille Annahmen« über Regentänze gemacht, von denen wir gar nicht wissen können, ob sie zutreffen. Echte Regentänze werden ja nicht an zufällig ausgewählten Tagen durchgeführt, sondern dann, wenn Leib und Leben des Stammes nach einer längeren Trockenheit auf dem Spiel stehen. Regentänze werden also aus einer ganz bestimmten Motivation heraus ausgeführt und nicht, weil ein Zufallsgenerator es fordert. Könnte es nicht sein, dass die Umstände und die Motivation der Regentänzer eine ganz entscheidende Rolle für den Erfolg des Tanzes spielen? Da wir noch nicht wissen, ob Regentänze wirksam sind und, wenn ja, welche Faktoren für die Wirksamkeit entscheidend sind, können wir nicht sicher sein, ob wir die psychologische Verfassung der Tänzer vernachlässigen können. Um experimentell prüfen zu können, ob die psychologische Verfassung eine Rolle spielt, müssten wir aber wissen, ob die Tänze überhaupt Wirkungen zeigen. Solange wir das nicht wissen, können wir auch nicht prüfen, welche Auswirkungen die konkrete Situation, in der die Tänze stattfinden, auf deren Wirksamkeit hat. Wir dürfen auch nicht vergessen, dass die Stammesmitglieder nicht dumm sind. Sie werden sehr schnell dahinterkommen, dass die Wissenschaftler bei einem Misserfolg des Tanzes und bei ausbleibendem Regen nicht einfach zusehen werden, wie sie verdursten. Sie werden also sehr schnell merken, dass ihr Überleben nicht mehr vom Erfolg des Tanzes abhängt, weil die Fremden sie mit Wasser versorgen werden. Für unser Experiment müssen wir also sehr viele Faktoren berücksichtigen. Und von den meisten dieser Faktoren wissen wir gar nicht, dass sie überhaupt existieren oder eine Rolle spielen können.

Deshalb ist es auch problematisch, den Stamm einfach in ein fremdes Gebiet zu bringen, über das wir unverfälschte Wetterdaten besitzen, um ihn dort tanzen zu lassen. Die Verbundenheit mit der Heimatregion könnte nämlich ein entscheidender Faktor für den Erfolg sein. (Was für ein Sinn sollte darin liegen, Regen für ein fremdes Gebiet herbeizutanzen?) Der Erfolg würde dann ausbleiben, nicht weil Regentänze generell nicht funktionieren, sondern weil wir einen entscheidenden Faktor in unserem Versuchsaufbau nicht berücksichtigt haben. (Das wäre so, als hätte Eddington angenommen, die unterschiedlichen Temperaturen hätten keine Auswirkungen auf seine Messungen.) Eine unserer stillen Annahmen wäre dann falsch. Über die Wirksamkeit der Regentänze würde das aber nichts aussagen.

Wie auch immer wir unser Experiment gestalten, es werden immer unbewusste Glaubensvorstellungen darüber einfließen, wie Regentänze zu funktionieren haben. Ein negatives Versuchsergebnis, das »beweist«, dass Regentänze nicht funktionieren, wäre deshalb auf keinen Fall eine endgültige Wahrheit über die Wirksamkeit von Regentänzen, sondern immer nur eine Aussage über die Wirksamkeit der Tänze im Rahmen der konkreten experimentellen Bedingungen.

Umgekehrt würde der positive Nachweis aber auch nicht automatisch bedeuten, dass wir es mit einem paranormalen Phänomen oder magischen Fähigkeiten der Regentänzer zu tun haben. Wenn die Regenwahrscheinlichkeit nach einem Regentanz steigt, könnte das schließlich auch daran liegen, dass durch den stundenlangen Tanz auf trockenem, ausgedörrtem Boden feine Staubpartikel in die Atmosphäre gewirbelt werden, die dann als Kondensationskeime für Wolken wirken.

Überhaupt ist es sehr schwierig, objektiv zu bestimmen, was man unter der »Wirkung« eines Regentanzes zu verstehen hat. Eine wie auch immer geartete physikalische Wirkung ist bei diesem Phänomen vielleicht gar nicht der entscheidende Faktor. Ob Regentänze tatsächlich die Wahrscheinlichkeit für Regen erhöhen, ist etwas, wovon Wert und Sinn eines Regentanzes im Extremfall gar nicht abhängen. Regen ist ja bei so einem Tanz gar nicht das Entscheidende. Getanzt wird, damit der Stamm überlebt. Der erhoffte Regen ist nur ein Mittel zum Überleben. So ein Tanz könnte als sozialer Kitt wirken, der den Stamm in Krisenzeiten stabilisiert und ihn schwierige Zeiten überstehen lässt. Gruppen und Stämme, die auf ein derartiges Ritual vertrauen, könnten tatsächlich eine größere Überlebenschance haben, aber nicht, weil der Regen früher fällt als anderswo, sondern weil die Gruppe die Krise besser meistert als Gruppen, die den Tanz nicht tanzen.

Dieses letzte Beispiel zeigt, wie schwierig es sein kann, Phänomene experimentell zu überprüfen, über die man nur sehr wenig weiß. Viele experimentelle Tests von paranormalen Fähigkeiten sehen sich genau dieser Schwierigkeit gegenüber. Einerseits darf man es der Versuchsperson nicht gestatten, die Versuchsbedingungen frei zu wählen (man muss Betrug ausschließen und Bedingungen schaffen, die von anderen reproduziert werden können), andererseits kann man auch nicht beliebige (vermeintlich objektive) Versuchsbedingungen vorschreiben, weil man vielleicht gerade damit das Phänomen unmöglich macht.

///////////////////////////////

DAS EXPERIMENT

Das Experiment ist heute ein unverzichtbarer Teil aller Wissenschaften und wurde von Galilei in die Naturwissenschaft eingeführt. Von einem Experiment wird gefordert, dass es messbare, nachvollziehbare und reproduzierbare Ergebnisse liefert, unabhängig vom Ort, von der Zeit und den Personen, die es durchführen.

Ein Experiment ist mehr als nur die Beobachtung eines Vorgangs in der Natur. Der Experimentator muss handelnd in die Natur eingreifen, indem er reproduzierbare, kontrollierbare und quantifizierbare (Anfangs-)Bedingungen schafft. Ob und wann ihm das gelungen ist, kann er nicht allein entscheiden. Da diese Entscheidung nicht nach objektiven Kriterien getroffen werden kann, ist es eine Entscheidung der Gemeinschaft aller Fachkollegen. Jedes Experiment muss gedeutet und in eine Reihe mit anderen Versuchen gestellt werden, die bereits durch eine Theorie miteinander verbunden sind.

Die Rolle des Experimentators ist für kein Experiment zu vernachlässigen. Er legt fest, was und wie er messen will, welche Faktoren wichtig und welche unwesentlich sind. Die Wissenschaftstheorie hat zudem inzwischen erkannt, dass die Erwartungen der Experimentatoren die Ergebnisse beeinflussen können. Dieser »Experimentator-Effekt« ist einer der Gründe dafür, warum Doppel- und Dreifachblindstudien notwendig sind.

Nicht alle Fragen in der Wissenschaft (innerhalb eines Paradigmas) können durch ein Experiment entschieden werden. Im derzeit gültigen physikalischen Paradigma ist es ist zum Beispiel prinzipiell unmöglich, durch ein Experiment eine absolute Geschwindigkeit zu messen. Dass dies unmöglich ist, lässt sich nur denkend einsehen, indem man die verwendeten Begriffe und ihre Beziehungen zueinander analysiert.

Haben Regentänze nun eine Wirkung oder nicht?
Das wissen wir nicht. Ehrlich gesagt, wir halten die Frage auch für gar nicht so wichtig.
Warum nicht?
Weil die Geschichte darüber hinweggegangen ist. Welche Wirkungen auch immer Regentänze haben oder gehabt haben mögen, für die allermeisten heutigen Menschen spielt das keine Rolle mehr. Wir haben Regentänze durch Zisternen, Bewässerungssysteme, Entsalzungsanlagen und Wasserleitungen überflüssig gemacht. Das Überleben in technischen Zivilisationen hängt heute kaum mehr davon ab, ob es zu einem bestimmten Zeitpunkt regnet oder nicht.

Ihr meint, dass es praktischer und zuverlässiger ist, einen Wasserhahn aufzudrehen, als stundenlang im Staub zu tanzen.

Ja. Der Vorteil unserer Gesellschaften ist, dass die Technik sehr zuverlässig und durch jedermann nutzbar ist.

Und was ist dann mit Telekinese, Fernwahrnehmung und Levitation, haltet ihr die Fragen danach auch für unwichtig?

Nicht für unwichtig, aber für unwichtiger als die Tatsache, dass Elektromotoren oder Düsentriebwerke zuverlässig funktionieren. Ob Telekinese, Fernwahrnehmung oder Levitation, wir haben diese Dinge heute ja alle schon. Jeder kann sie zuverlässig nutzen.

Wie bitte?

Was ist ein Fernseher oder das Internet anderes als ein Instrument zur Fernwahrnehmung. Mit einem Fernseher kann heute jeder wahrnehmen, was auf der anderen Seite der Erde vor sich geht. Wir haben heute auch die verschiedensten Wege, Menschen zum Fliegen oder Schweben zu bringen, und wir können Materie durch ein Klatschen, durch einen Blick, durch unsere Stimme oder durch unsere Gehirnströme steuern und beeinflussen.

Warum habt ihr dann ein ganzes Kapitel über diese Phänomene geschrieben?

Weil viele Menschen aus dem Erfolg der Wissenschaft schließen, dass solche Phänomene prinzipiell unmöglich seien. Die Welt, in der wir leben, ist aber viel mehr als das, was Wissenschaft zu einem bestimmten Zeitpunkt in der Geschichte als zuverlässig oder reproduzierbar ausweisen kann. Wissenschaft ist ein Spiel, das wir spielen. Ein Spiel, bei dem sich die Regeln (Naturgesetze), die Spielsteine (Begriffe) und das Spielbrett (Raum, Zeit, Kausalität) jederzeit ändern können.

Wer ändert die Spielregeln, wir oder die Welt?
Gute Frage. Da wir an keine Welt glauben, die uns absolut objektiv gegenübersteht, und wir auch nicht glauben, dass wir die Welt erfinden, werden es wohl wir und die Welt sein, welche die Regeln immer wieder ändern.

Ich habe euch das schon einmal gefragt, ich frage euch jetzt wieder: Ist Wissenschaft nur ein Glaube wie jeder andere auch?
Unsere Antwort bleibt dieselbe. Nein, Wissenschaft ist kein Glaube wie jeder andere auch.

Aber ihr sagt doch, dass sowohl wissenschaftliche Theorien als auch wissenschaftliche Experimente nicht auf objektiven, sondern auf subjektiven Entscheidungen beruhen.
Ja.

Wie erklärt ihr euch dann, dass Wissenschaft über so lange Zeit und in so vielen Kulturen so erfolgreich ist? Oder wollt ihr bezweifeln, dass sie erfolgreich ist?
Nein, wir halten Wissenschaft für sehr erfolgreich.

Und warum ist sie so erfolgreich?
Weil sie das Individuum ernst nimmt.

Aber Ziel von Wissenschaft war und ist es doch, das Individuum so weit wie möglich aus ihren Theorien zu eliminieren. Wissenschaft strebt nach Objektivität, gerade das macht sie ja so erfolgreich. Ihre Ergebnisse gelten für alle und sind von allen anwendbar, eben weil sie nicht subjektiv, sondern objektiv sind.
Das ist richtig. In den Theorien kommt das Individuelle nicht vor, aber Wissenschaft lässt sich nicht auf ihre Theorien reduzieren. Theorien wechseln und werden verworfen. Das Spiel wechselt. Was zählt, ist der wissenschaftliche Prozess, und in diesem Prozess spielt das Individuum die entscheidende Rolle.

Aber ihr seid doch der Meinung, dass es keine definierbare wissenschaftliche Methode gibt, weil man keine Erkenntnismethode definitiv und objektiv ausschließen kann – Anything goes, sagtet ihr, oder täusche ich mich da?

Sie täuschen sich nicht. Es gibt keine definierbare wissenschaftliche Methode, eben weil im wissenschaftlichen Erkenntnisprozess die Kreativität der Individuen eine so entscheidende Rolle spielt. Und individuelle Kreativität lässt sich nun einmal nicht objektiv durch methodische Regeln definieren. Einstein hat Wissenschaftler als Opportunisten bezeichnet, weil sie sich an keine Regeln halten, und der britische Physiker Paul Dirac riet seinen Kollegen, sich nicht entmutigen zu lassen, nur weil ihre Theorie nicht mit den Experimenten übereinstimmt. Die Wissenschaftsgeschichte ist voll von Theorien, die angeblich schon »falsifiziert« waren und dann doch als »richtig« anerkannt wurden, weil kreative Geister trotz aller Widerstände ein neues Paradigma erfanden.

Wenn das alles so ist, wie ihr sagt, wenn Wissenschaft also auch auf Glauben beruht und wir nicht einmal sicher feststellen können, ob die Erde eine Scheibe oder eine Kugel ist, in welchem Sinne unterscheidet sich Wissenschaft dann noch von anderen Glaubenssystemen oder Verschwörungstheorien? Und warum spielt es dann für euch eine Rolle, ob die Erde eine Scheibe oder eine Kugel ist? Warum sind dann nicht alle Theorien gleich gut oder schlecht? Worin besteht dann eigentlich das Geheimnis des wissenschaftlichen Erkenntnisprozesses?

Das sind gute Fragen, und wir werden uns bemühen, sie zu beantworten – auf der Basis unseres Glaubens an die Freiheit und mit der freundlichen Hilfe unserer ewig zweifelnden Vernunft.

Bla, bla, bla!

Der levitierende Superstar

Levitation, so erklärt es das Lexikon[123], ist das »physikalisch unerklärliche freie Schweben einer Person oder eines Objekts«. Wissenschaft ist zwar weder eine Person noch ein Objekt, trotzdem scheint auch sie irgendwie zu schweben. Niemand will jedoch so recht wahrhaben, dass sie schwebt. (Es gibt übrigens zahlreiche gut dokumentierte Fälle von Levitationen aus verschiedenen Jahrhunderten und Kulturen, einschließlich Filmmaterial levitierender Schamanen.[124] Halten wir diese Berichte vielleicht nur deshalb für Humbug, weil unser Paradigma uns blind macht?)

Das naturwissenschaftliche Weltbild scheint ein Gebäude zu sein, das letztlich nicht auf objektiven Fundamenten ruht. Die Theorien beruhen auf Begriffen und Abstraktionen, die jederzeit vergehen und durch neue flüchtige Konstrukte ersetzt werden können. Weder können wir ein Einzelding wägen oder messen, ohne eine Theorie im Hinterkopf zu haben, noch können wir ein Einzelding überhaupt erkennen, ohne die Idee des »Einzeldinges« zu besitzen. All unsere Erkenntnis ist auf Ideen und damit auf Theorien angewiesen.

Das bedeutet, dass auch unsere empirischen Experimente, die doch eigentlich ein solides wissenschaftliches Erfahrungsfundament herstellen sollten, ausnahmslos theoriebehaftet sind. Experimente können je nach Paradigma so oder so gedeutet werden, und ihr Einfluss auf die Akzeptanz von Theorien ist begrenzt. Revolutionäre Theorieschöpfungen sind weder logisch abzuleiten noch aus der Erfahrung induktiv zu erschließen; sie verdanken ihre Entstehung unerklärlichen, nicht im wissenschaftlichen Methodenkatalog verankerten, subjektiven, nicht rationalen geistigen Großtaten kreativer Genies. Unsere naturwissenschaftlichen Theorien sind somit schwebende Geistesgebäude, zur Levitation gebracht durch die Kraft menschlicher Kreativität. Oftmals stehen mehrere solcher Gebäude in Konkurrenz, und wir haben bereits gesehen, dass es kein rein rationales Verfahren gibt, um zu entscheiden, welche Theorie »wahr« ist. Experimente und Beobachtungen sind insoweit ungeeignet zur Verifizierung, als kein Experiment und keine Beobachtung wirklich »objektiv« sein können. Es ist deshalb gar nicht verwunderlich, dass sich neue Theorien nicht selten aus völlig unwissenschaftlichen Gründen durchsetzen. Wenn es kein rein objektives rationales Verfahren gibt, um eine Frage zu entscheiden, dann kommen ganz automatisch menschliche Verfahren zum Zuge. Am Beispiel der Kosmologie haben wir gesehen, dass eine ganze Reihe subjektiver, menschlicher Faktoren zur allgemeinen Akzeptanz der Urknalltheorie als herrschender Lehrmeinung beigetragen haben: ein größeres Maß an Durchsetzungsfähigkeit, bessere PR-Strategien, Mobbing Andersdenkender (eine Pressekonferenz zur richtigen Zeit), Ausgrenzung der Konkurrenz, Machtausübung durch parteiische Vergabe von Beobachtungsmöglichkeiten und eine merkwürdige Gutachterpolitik. Und wie in jeder Lebenssituation spielen auch Glück und Pech eine Rolle.

Ein besserer Informationsfluss zwischen Materialwissenschaftlern und Kosmologen in den 1950er und 1960er Jahren hätte vielleicht dazu geführt, dass die Steady-State-Theorie sich behauptet hätte. Den Materialwissenschaftlern waren die Existenz von Eisennadeln und deren Wechselwirkungsprozesse mit Licht bereits bekannt, aber die Kosmologen um Fred Hoyle bekamen erst in den 1980er Jahren davon Kenntnis. Hätten sie früher davon erfahren, wäre die elegante Erklärung von Temperatur und Gleichförmigkeit des Wärmestrahlungshintergrunds im Universum mit Hilfe von Sternlicht und Eisennadeln wohl nicht ohne Eindruck auf die Forscher geblieben. So hatten jedoch die Urknallkosmologen, die diese Strahlung als »Echo des Urknalls« deuteten, die Gunst der Stunde für sich. Das Urknallmodell etablierte sich, und von da an wurden alle Beobachtungen im Rahmen dieses Paradigmas gedeutet. Das alles heißt natürlich nicht, dass rationale Argumente bei wissenschaftlichen Auseinandersetzungen nur eine untergeordnete Rolle spielten. Wissenschaftler, die für ihre Theorie werben, argumentieren sehr wohl rational, schließlich müssen sie versuchen, andere Wissenschaftler von ihrer Theorie zu überzeugen, und dazu brauchen sie auch »logische« (einleuchtende), von anderen nachvollziehbare Argumente und Prämissen. Die eigene Theorie durch kleine oder große Tricks »augenfälliger« in Übereinstimmung mit den Beobachtungen zu bringen, um damit den Gegner auf einer Pressekonferenz alt aussehen zu lassen, ist ein durchaus rationales Vorgehen.

Martin Ryle, der Fred Hoyle zur Pressekonferenz lud, hat seine Daten sicher nicht bewusst manipuliert. Wir zweifeln seine Daten nicht an, doch dürfen wir feststellen, dass er sie recht geschickt handhabe, als sie seine eigene Position bestätigten. Auf der Basis der »Fakten«, die er für »wahr« hielt, konnte er dann rational und logisch zeigen, dass seine Theorie die »Beobachtungen« besser beschrieb, als es die Theorie Hoyles vermochte.

Der Zwang, andere durch Argumente zu überzeugen, ist das, was die Wissenschaft vor vielen anderen Glaubenssystemen auszeichnet. Und dieser Zwang zum logischen Argument ist es auch, der die Freiheit zu einem integralen Bestandteil der Wissenschaft macht.

Die Logik konnte nur von freien Bürgern erfunden werden, meinte der Logiker Paul Lorenzen.[125]
Wissen Sie vielleicht noch die Begründung dafür?
In groben Zügen. Es ging dabei um zwei Athener. Sie streiten über irgendeine Frage. Der eine sagt ja, der andere nein. Sie können sich nicht einigen: »Du musst mir glauben!« – »Ich muss dir gar nichts glauben, du kannst

mir nicht befehlen, dir zu glauben.« Es geht hin und her.
Dann kommt der entscheidende Schritt. Einer sagt:
»Aber ich kann beweisen, was ich sage.«
Und dann kommt die Logik ins Spiel.
Ja. Nun muss der freie Athener einfache Prämissen ange-
ben, mit denen beide einverstanden sind. Von diesen
Prämissen ausgehend muss er seinen Rivalen dann Schritt
für Schritt und logisch zwingend zu dem Schluss führen,
von dem er selbst von Anfang an überzeugt war.
Na bitte: Die Kunst der Logik besteht also darin, die
richtigen einfachen Prämissen vorzuschlagen, um dann
auf logischem Wege dorthin zu gelangen, wo man von
Anfang an hinwollte?
So ist es. Wenn der eine dem anderen befehlen kann, was
er zu glauben hat, dann ist diese ganze Prozedur über-
flüssig. Notwendig wird sie erst, wenn sich zwei gleichbe-
rechtigte freie Diskutanten gegenüberstehen. Wenn der
andere frei entscheiden kann, dann muss ich ihn durch
Argumente überzeugen.
Und die Prämissen brauchen dabei nicht einmal gewiss
zu sein, es genügt, wenn beide Seiten sie als sinnvoll akzeptieren.
Und was ist eure Prämisse?
Die Freiheit des Individuums!

Wissenschaftler müssen andere von ihren Ansichten und
Theorien überzeugen. Alchimisten mussten das nicht. Sie
konnten allein in ihren Labors vor sich hin experimentieren
und nach dem Stein der Weisen suchen. Was sie herausfan-
den, betrachteten sie als geheimes Wissen. Newton veröffentlichte viel (nicht alles) von seinen wissenschaftlichen Erkenntnissen, doch seine esoterischen Studien hielt er komplett unter Verschluss. Dieses Wissen war Teil eines alten
göttlichen Wissens, das zwar wiederentdeckt, aber nicht er-

weiter werden konnte. Wissenschaftliches Wissen ist etwas ganz anderes. Dieses Wissen wird erst zum Wissen, wenn es von anderen akzeptiert wird. Semmelweis hatte keine »Fakten« produziert und nichts entdeckt, ehe seine »Leichenmaterie« nicht akzeptiert war. Das Wissen der Wissenschaft muss der Beurteilung durch andere zugänglich gemacht werden. Wissenschaftliche Theorien und Behauptungen müssen durch andere nachvollziehbar, müssen intersubjektivierbar sein. Wenn ein Wissenschaftler die anderen nicht im freien Diskurs überzeugen kann, wird seine Theorie keine wissenschaftliche Theorie sein, egal wie überzeugt er selbst davon auch sein mag.

Wissenschaft bedarf also der Kommunikation. Und es ist deshalb sicherlich kein Zufall, dass ihr Aufstieg begann, als es durch den Buchdruck möglich wurde, Ideen und Theorien relativ schnell und billig zu verbreiten. Die zur Diskussion gestellten Ansichten und Theorien konnten nun kritisch hinterfragt und getestet werden. Erst durch diesen Prozess der Kontrolle und der daraus resultierenden Verbesserung entstand Wissenschaft.

Dieses Verfahren unterscheidet die Wissenschaft auch fundamental von der Religion. Zu Zeiten, als die kirchlichen Dogmen die Richtschnur für den Lebensvollzug des Einzelnen bildeten, war dessen Kritik nicht gefragt. Kirchliche »Wahrheiten« wurden nicht öffentlich diskutiert oder gar kritisiert. Wer das versuchte, musste sehr schnell erkennen, was die Kirche unter einer feurigen Diskussion verstand. Noch heute wird Universitätstheologen die Lehrerlaubnis entzogen, wenn sie allzu kritische Fragen stellen.

Gegenüber der Herrschaft religiöser Dogmen bedeutete die wissenschaftliche Methode der Intersubjektivierbarkeit einen ungeheuren Zuwachs an Freiheit und neuen Möglichkeiten. Die Vorstellung, dass nicht göttliche Willkür, sondern versteh- und beherrschbare Naturgesetze die Welt bestimmen, gab dem Menschen die Macht zur Beherrschung der Natur, die eine technologische Explosion zur Folge hatte. Esoterik oder Religion sind deshalb aber nicht grundsätzlich wert- oder wirkungslos. Gebete, Meditation oder auch Astrologie können sehr wohl »echte« Wirkungen auf das Leben einzelner Menschen ausüben. Dass sich diese Verfahren nicht in dem Maße in »objektiven« Experimenten bewähren, wie das die Forderung der Wissenschaft nach Intersubjektivierbarkeit verlangt, rechtfertigt nicht den Schluss, dass diese Methoden gar keine Wirkungen besitzen. Wir haben ja gesehen, dass auch eine Falsifizierung keine allgemeinverbindliche, absolute Wahrheit darstellt. Falsifiziert wird nämlich nur die Intersubjektivierbarkeit eines Phänomens in einer ganz bestimmten experimentellen Situation, nicht aber dessen Wirksamkeit auf bestimmte Menschen oder die Existenz des Phänomens überhaupt.

Das Gefühl des Eingebundenseins in eine göttliche Ordnung, die sich des Menschen selbst in den dunkelsten Stunden und über den Tod hinaus annimmt, kann etwas Befreiendes haben. Auch in unserer Zeit gibt es Menschen, die ausschließlich aus freien Stücken die Hingabe an ein höheres Wesen wählen. Ein Klosterleben kann für sie die Erfüllung ihres Lebens sein. Die meisten Menschen können den Vorteil eines Klosterlebens für ihr eigenes Leben indes nicht erkennen. Genauso wenig können viele Menschen den Vorteil der islamischen Scharia erkennen. Ein Staat, der seinen Bürgern ein Recht aufzwingt, das von den Menschen weder kritisiert noch geändert werden kann, weil es angeblich göttlichen Ursprungs ist, tritt die Freiheit seiner Bürger mit Füßen. Dagegen ist der Vorteil, den eine Glühbirne im Vergleich zu einem Kienspan bietet, für die meisten Menschen unmittelbar erfahrbar. Dies ist der Grund, warum an freien Gerichten wissenschaftliche Gutachten eingeholt, astrologische Gutachten oder die Scharia (in der Regel) abgelehnt werden. Ein Unfallexperte kann aus den Bremsspuren, den Verformungen der Karosserien und der Stellung der Fahrzeuge zueinander rekonstruieren, wie sich der Unfall wahrscheinlich abgespielt und wer ihn verursacht hat. Wir lassen solche Experten zu, weil wir glauben, dass ihre Ergebnisse und Verfahren in hohem Maße intersubjektivierbar sind, was eben für von Astrologen erstellte Horoskope nicht gilt.

Wer Einfluss auf die Gemeinschaft nehmen und verbindliche Normen festlegen will, muss seine Vorstellungen in Form von Vorschlägen und Thesen öffentlich erklären, offen für Kritik und Diskussion sein und nachprüfbare, transparente Argumente vorlegen. Es genügt nicht, sich auf die Autorität heiliger Schriften, angebliche persönliche Erfahrungen oder geheimes Wissen zu berufen. Jedes Mitglied der Gesellschaft kann für sich selbst entscheiden, ob es einer These oder einem Vorschlag folgen will, es muss also überzeugt werden – auf rationale oder empathische Weise, in jedem Fall so, dass es dem Geforderten aus freien Stücken und mit innerer Überzeugung zustimmen kann. Dasselbe Verfahren hat aber auch zur Folge, dass rein subjektive Erfahrungen von der Wissenschaft nicht ernst genommen werden. Viele Wissenschaftler halten subjektive Erfahrungen für minderwertig oder unseriös. Aus diesem Grund wird der Wissenschaft oft vorgeworfen, sie nehme das Individuelle nicht ernst. Das ist ein Missverständnis. Gerade weil die Wissenschaft nach dem sucht, was anderen Menschen vermittelbar ist, nimmt sie das Subjekt ernst. Denn jeder Einzelne von uns erhält erst dadurch, dass er überzeugt werden muss, seinen hohen Stellenwert. (Ganz abgesehen davon, dass bestimmte Interpretationen der Quantenphysik dem Subjekt auch innerhalb der wissenschaftlichen Weltbeschreibung eine entscheidende Rolle zumessen.) Ein Glaubenssystem, das ewige Wahrheiten verkündet, zu denen ein Individuum gar nicht Stellung nehmen kann, denen es sich aber trotzdem unterwerfen soll, wird dem Einzelnen wesentlich weniger gerecht.

242

Gerade weil Wissenschaft nur das Intersubjektivierbare behandelt, kann sie die vielen Bedürfnisse, die allen Menschen gemeinsam sind, am besten erfüllen. Hunger, Armut, Krankheiten, Kindersterblichkeit gehören zu den Feinden aller Menschen, und sie sind überall dort am weitesten zurückgedrängt, wo sich freie Gesellschaften und freie Wissenschaft ausbreiten konnten.

Eine technische Apparatur, die auf wissenschaftlichen Erkenntnissen basiert, funktioniert bei jedem Menschen, ganz egal, was er glaubt oder wie er gelaunt ist. Auch ein Angehöriger eines Naturvolkes kann, wenn er den Anleitungen folgt, aus unterschiedlichen Metallplatten, Säure und Drähten eine Batterie bauen, die eine Glühlampe leuchten lässt. Und dazu muss er die wissenschaftliche Erklärung dafür gar nicht verstehen oder akzeptieren. Er könnte durchaus weiter glauben, dass Geister die Lampe leuchten lassen. Die Erklärungen der Wissenschaft sind wegen ihrer Komplexität nicht unbedingt intersubjektivierbar, aber ihre Ergebnisse sind es in hohem Maße.

Das Prinzip der Intersubjektivierbarkeit enthält damit ein starkes demokratisches Element. Elitäre Aussagen, dass bestimmte Phänomene und Zusammenhänge nur von ganz bestimmten Subjekten erfahren oder verstanden werden könnten, sind von vornherein ausgeschlossen. Freie Menschen sind durch die experimentelle Methode in der Lage, auf der Basis allgemein akzeptierter Regeln prinzipiell alle Behauptungen und Hypothesen zu testen und zu kritisieren, unabhängig vom gesellschaftlichen Rang und von der Autorität des Kritisierten.

Und was war mit Eddington?
Was soll mit ihm gewesen sein?
Eddington war doch wohl eine Autorität und entschied allein aufgrund seiner Autorität, dass die Ergebnisse aus

dem Sonnenfinsternisexperiment Einsteins Theorie be-
stätigten. Also spielt Autorität in der Wissenschaft doch
durchaus eine Rolle.

Schon, was aber nichts daran ändert, dass jede wissenschaftliche Autorität sich bewusst sein muss, dass ihre
Behauptungen und Theorien von anderen kritisiert werden können. Wenn ein einfaches Experiment ausreichen
kann, um eine Autorität zu widerlegen, müssen Autoritäten bestrebt sein, nur solche Thesen zu verkünden, die
sie vorher selbst auf ihre Intersubjektivierbarkeit überprüft haben. Kein Wissenschaftler kann eine Wahrheit
ex cathedra verkünden.

Wissenschaftler sind also gezwungen, nach dem Inter-
subjektivierbaren zu suchen – ob sie wollen oder nicht?

Ja. Aus der Fülle der möglichen Erfahrungen, die ein
Mensch machen kann, muss der Wissenschaftler diejenigen suchen, die auch möglichst viele andere Menschen
machen können. Und er muss die Bedingungen herausfinden, unter denen die Erfahrung zuverlässig wiederholt werden kann. Es nützt nichts, wenn ein Experiment
nur in einem einzigen Labor funktioniert, es muss überall dort funktionieren, wo die nötigen Bedingungen für
sein Funktionieren prinzipiell hergestellt werden können.

Die Forderung nach Intersubjektivierbarkeit zwingt
den Wissenschaftler also dazu, seine Geräte extrem zu-
verlässig zu machen und die Bedingungen herauszufin-
den, unter denen sie falsche Ergebnisse liefern oder ver-
sagen.

Ja, und das ist der Grund dafür, warum zuverlässig das
Licht angeht, wenn wir den Schalter betätigen.

Aber kein Experiment lässt sich doch exakt wiederholen,
weil es unmöglich ist, sämtliche Bedingungen, die zu ei-
nem bestimmten Zeitpunkt an einem bestimmten Ort

herrschten, an einem anderen Ort zu einer anderen Zeit wiederherzustellen.

Deshalb müssen die Wissenschaftler in offenem Diskurs einen Konsens darüber erzielen, wann sie ein Experiment als reproduzierbar ansehen. Das lässt sich nicht durch objektive Kriterien entscheiden. Es ist ein Prozess, bei dem viele verschiedene Faktoren eine Rolle spielen, nicht zuletzt das Ansehen derjenigen Wissenschaftler, welche die jeweiligen Ergebnisse erzielen. Erst mit der Zeit bildet sich eine Mehrheitsmeinung heraus, die dann als »Wahrheit« oder Standardtheorie akzeptiert werden muss, will man als Wissenschaftler ernst genommen werden. Experimente, die dieser »Wahrheit« widersprechen, gelten als »falsch«, als »mangelhaft« oder als unprofessionell und mit Messfehlern behaftet und werden verworfen.

Der Zwang zur Intersubjektivierbarkeit, die Freiheit zur Kritik und der Glaube an einen Fortschritt sind es, welche die Wissenschaft zu einem besonders attraktiven Erkenntnisinstrument für freiheitlich gesinnte Menschen machen. Wissenschaftliche Theorien müssen sich jederzeit und von jedermann in Frage stellen lassen, müssen immer offen sein für revolutionäre Umstürze. Diese Freiheit zur Kritik führt zum Fortschritt. Fortschritt und Freiheit gehören also stets zusammen. Wer dem Orden der Wissenschaftler beitritt, verpflichtet sich geradezu, nach neuen Regeln zu suchen, um das Alte erneuern zu können. In religiösen Orden gilt genau das Gegenteil. Ordensregeln haben dort über Jahrhunderte Bestand. Novizen werden dazu erzogen, das Alte kritiklos zu akzeptieren. Dieses Plus an Freiheit und dieses Weniger an Dogmatismus macht die Wissenschaft erfolgreich und ermöglicht es ihr, sich ständig zu korrigieren. Der Fortschritt der Wissenschaft ist jedoch kein Fortschritt in Richtung auf eine objektive

Wahrheit. Fortschritt ist das, was sich besser intersubjektivieren lässt und deshalb von der Mehrheit als Fortschritt empfunden wird. Weder die Esoterik noch die Religion haben in den letzten Jahrhunderten ähnlich radikale Veränderungen erlebt wie die Wissenschaft. Wer glaubt, im Besitz eines göttlichen Wissens zu sein, das sich nicht mehr erweitern oder verbessern lässt, der ist zum Fortschritt ungeeignet.

Aber noch vor kurzem habt ihr empörende Dinge über interne Zensur und dergleichen erzählt, und nun klingt es, als sei die Wissenschaft die ultimative Heilslehre.
Wir haben lediglich versucht, die prinzipiellen Unterschiede zwischen der Wissenschaft und anderen Glaubenssystemen darzulegen und wie diese Unterschiede den unglaublichen Erfolg der Wissenschaft erklären können. Das bedeutet aber nicht, dass die Ergebnisse der Wissenschaft »objektiv wahrer« sind. Kontrolle und Kritik sind ein wesentliches Antriebsmoment von Wissenschaft – und wo Kritik ist, da ist auch ungerechtfertigte und gehässige Kritik, da sind gekränkte Eitelkeit, Betrug, Täuschung und Propaganda.
Lassen sich diese negativen Seiten der Wissenschaft denn nicht beseitigen?
Solange Wissenschaft von Menschen mit all ihren Unzulänglichkeiten betrieben wird, nicht. Der Witz bei der Sache ist doch, dass die Wissenschaft auch diese negativen Seiten braucht. Ob eine Kritik überzogen oder ungerechtfertigt war, wissen wir ja erst, wenn sich am Ende eine klare, intersubjektivierbare Meinung darüber herausgebildet hat, welche Theorie die »richtige« ist. Es gibt eben keine höhere Instanz, die nach objektiven Kriterien entscheiden könnte, wer recht hat und deshalb eine Pressekonferenz veranstalten darf. Das Entscheidende ist, dass jeder für seine Sache werben und die Sache des an

deren kritisieren kann. Da es kein rein objektives Entscheidungsverfahren gibt, muss die Lösung auf anderem Wege gefunden werden.

Das hört sich ein wenig nach dem berühmten Kräftegleichgewicht der Amerikaner an. Mit ihren checks and balances *versuchen sie doch auch die negativen Seiten des Menschen nutzbar zu machen.*

Genau dies war ja die geniale Erkenntnis der amerikanischen Verfassungsväter: nicht den Menschen »gut« machen zu wollen, sondern ihn zu nehmen, wie er ist, und das Beste daraus zu machen. Lasst jeden nach seinem Glück streben, lautete die Parole. Versuche, mittels Ideologien den »neuen« Menschen zu erschaffen, endeten bislang stets in der Unterdrückung und Ermordung Andersdenkender.

Was ihr hier vorbringt, geißeln manche Zeitgenossen abschätzig als »amerikanische Freiheitsideologie«.

Was sie indes nur tun können, weil ihnen diese »amerikanische Freiheitsideologie« die Möglichkeit dazu verschafft hat. Es ist nun einmal so, dass es nicht der Iran ist, der Greencard-Verlosungen veranstalten und Zäune errichten muss, um die Zuwandererströme zu kanalisieren. Die Menschen wollen in das »Land der Freien«, nicht ins Land der Wahrheitsterroristen.

Was aber ist mit den wissenschaftlichen Zitadellen, was mit denen, die sich mit aller Macht gegen neue Gedanken sträuben und Andersdenkende als Spinner verunglimpfen?

Sie sollten sich bewusst sein, dass sich das Wissen von heute fast immer als Irrtum von morgen erwiesen hat. Bisher wurde noch jede wissenschaftliche Zitadelle geschleift, wenn die Zeit reif dafür war.

Schön und gut, aber nach welchen Kriterien entscheiden denn nun Wissenschaftler, welcher Theorie sie den Vor-

zug geben? Ihr behauptet, es gebe keine objektiven Kri-
terien, weil jedes Experiment theoriebehaftet sei und je
nach Paradigma anders gedeutet werden könne. Warum
kämpfen dann die einen für diese, die anderen für jene
Theorie?
Wir halten es da mit Kuhn, dass solche Präferenzen sehr
viel mit politischen oder religiösen Überzeugungen zu
tun haben.[126]

Blüten der Freiheit

Für die meisten Menschen ist Glück etwas Erstrebenswertes.
Was Glück ist, lässt sich aber nicht objektiv definieren. Jeder
Mensch kann etwas anderes darunter verstehen. Damit Menschen glücklich werden können, müssen sie also die Freiheit
besitzen, ihr persönliches Glück selbst zu suchen.
Falls dem so ist, dann werden sich am Ende jene Theorien
und Systeme durchsetzen, die dem Menschen mehr Möglichkeiten und mehr Freiheit bieten. Sie werden auf Dauer die
meisten Anhänger finden, weil sie sich am besten intersubjektivieren lassen.
Mit dem Aufstieg der individuellen Freiheit in den westlichen
Gesellschaften ging ein paralleler Aufstieg der Naturwissenschaften einher. Wissenschaft braucht Freiheit, wenn sie sich
entfalten soll. (Nur zur Erinnerung: Auf die arabischen Staaten entfallen 370 Patente, auf Israel 7652.) Und eine freie Gesellschaft braucht zumindest Elemente aus dem wissenschaftlichen Methodenkatalog. Was unserer Kreativität mehr Möglichkeiten und uns mehr Freiheit bringt, was die Zukunft in
einem helleren, hoffnungsvolleren Licht erscheinen lässt, das
erscheint uns als Fortschritt und ist jedem Status quo vorzu-
ziehen.
Da Wissenschaftler auch nur Menschen sind, werden sie eben-

falls auf Dauer eher eine Theorie bevorzugen, die ebendiesem Fortschrittsdenken entspricht. Was ist für einen jungen, ehrgeizigen Wissenschaftler wohl interessanter: einer alten, verbrauchten Theorie einen weiteren Epizykel anzufügen oder den Blick durchs Fernrohr in den Himmel zu richten und am Bau eines neuen Kosmos mitzuwirken? Es war nicht sicher, ob Galileis Fernrohr den Himmel »wahrheitsgetreu« abbildete, und es war auch nicht sicher, ob die Lichtgeschwindigkeit tatsächlich in allen Inertialsystemen konstant ist, und es war nicht sicher, ob Eddingtons Messungen tatsächlich Einsteins Theorie bestätigten. Trotzdem fanden die neuen Theorien im Laufe der Zeit immer mehr Anhänger und setzten sich schließlich gegen die alten, etablierten Theorien durch, weil sie attraktiver waren und weil sie das größere Entwicklungs- und Verallgemeinerungspotenzial besaßen, mit dem sie viele Phänomene besser verständlich machen und weitere Phänomene in eine Gesamtschau einbeziehen konnten.

Aber jede neue Theorie bringt doch automatisch mehr Freiheit mit sich, weil sie mich vom Alten befreit. Doch was ist, wenn die neue Theorie völlig absurd ist? Wenn ich behaupte, die Erde sei ein Scheibe, weil das so im Koran steht, dann hätte jeder, der diese Theorie akzeptiert, automatisch die Freiheit, neue Wege zu beschreiten und ganz neue Theorien zu entwickeln.
Nein, er würde nur ein Korsett gegen ein noch viel engeres Korsett eintauschen – und zudem würde er sich lächerlich machen.
Aber ihr habt doch selbst behauptet, wir könnten nicht ausschließen, dass die Erde eine Scheibe ist.
Das bedeutet aber doch nicht, dass jede Theorie, die das behauptet, automatisch intersubjektivierbar ist und von vielen Forschern akzeptiert wird. Nein, da müssen Sie schon mehr bieten, um die anderen zu überzeugen.

Zum Beispiel?
Zum Beispiel müssen Sie neue überzeugende Prämissen
anbieten, aus denen sich dann ganz »zwanglos« ergibt,
dass die Erde eine Scheibe ist. Unsere Theorie von der
Kugelgestalt der Erde basiert heute auf ganz allgemeinen
Prämissen. Sie ergibt sich aus unseren Vorstellungen
über Raum, Zeit, Masse, Energie und Gravitation. Wenn
Sie Ihre Theorie von der Scheibenerde plausibel machen
wollen, dann müssen Sie diese Prämissen durch leis-
tungsfähigere ersetzen und zeigen, dass sich daraus ein
umfassendes physikalisches Weltbild ergibt, zu dem
auch zwingend die Scheibentheorie gehört.
Und wenn ich das nicht kann?
Dann haben Sie ein Problem, weil Ihre Theorie dann
nicht überzeugend sein wird.
Warum nicht?
Weil sie sich nur sehr schwer mit den anderen physikalischen Theorien vereinbaren lassen wird. Viele Details
unseres Weltbildes müssten umgedeutet und in das enge
Korsett Ihrer Theorie gepresst werden. Wenn die Erde
eine Scheibe ist, sind dann auch alle anderen Himmelskörper Scheiben? Warum sehen wir sie als Kugeln? Wie
erklären Sie die Gravitationswirkung von Sonne und
Mond und die Gezeiten? Wie sieht das adäquate kom-
plizierte Gravitationsgesetz eigentlich aus, und auf welchen Bahnen bewegt sich das Licht? Falls sich die Antworten auf diese Fragen nicht zwingend aus Ihren neuen
Prämissen ergäben, bräuchten Sie viele weitere Theorien, die unverbunden nebeneinanderstünden, weil Sie
sie aus jeweils anderen Prämissen ableiten müssten. Am
Ende würden Sie unter einer Inflation von Epizykeln er-
sticken.
*Das hört sich irgendwie nach einer Verschwörungstheo-
rie an.*

Das hört sich nicht nur so an, das ist genau das Prinzip einer Verschwörungstheorie. Nach demselben Prinzip, mit dem Sie die Scheibentheorie verteidigen, lässt sich auch die Theorie verteidigen, dass die Amerikaner nie auf dem Mond waren und ein verlogenes, verbrecherisches, imperialistisches Volk sind, das die Welt durch Konsumterror unterjochen will. Verschwörungstheorien haben etwas Künstliches und Gewaltsames und erfordern ständige Rückzugsgefechte. Solche Theorien eröffnen keine neuen Möglichkeiten für das Denken, weil jede Kritik an ihnen lediglich dazu führt, dass immer neue Theorien mit neuen Prämissen angefügt werden, aber nicht dazu, dass die alten Prämissen in Frage gestellt werden.

Ihr glaubt also, dass sich Wissenschaftler nicht aus rationalen Gründen für eine Theorie entscheiden, sondern wegen der größeren Möglichkeiten, die sie sich von der neuen Theorie versprechen?

Nicht ganz. Wir halten die Entscheidung für eine neue Theorie durchaus für rational, nur erfolgt sie eben nicht aufgrund objektiver Kriterien.

Der Superstar schwebt also, weil es letztlich keine objektiven Kriterien gibt?

Er schwebt, weil es keine objektive Welt gibt, die vollständig unabhängig von uns, den Subjekten, existiert.

Wenn es keine Außenwelt gibt, was ist dann das, was ich da draußen sehe und wahrnehme?

Dass es keine Außenwelt gibt, haben wir nicht behauptet. Wir sagen, dass die Außenwelt nicht unabhängig von uns existiert. Wenn es da draußen tatsächlich eine vollständig objektive Wirklichkeit gibt, warum haben wir dann bisher nicht eine einzige Eigenschaft dieser Welt, eine Wahrheit entdeckt, die allen wissenschaftlichen Revolutionen getrotzt hat? Weder Raum noch Zeit, noch

Kausalität, noch Objektivität sind von diesen Revolutionen verschont geblieben. Selbst das Bild, das wir uns vom Menschen machen, unterliegt diesem radikalen Wandel. Wir springen von Weltbild zu Weltbild und kommen in unseren Theorien bestenfalls als objektiviertes Subjekt vor, aber nie als das, was wir sind, kreative Individuen und die einzigen Konstanten, die diese Theorien ermöglichen.

Wenn es da draußen keine objektive Welt gibt, welche Rolle spielen wir dann?

Jedenfalls nicht die Rolle des objektiven Entdeckers. Wir stehen nicht hoch oben auf dem Olymp und ziehen Stück für Stück die Wolkendecke beiseite, welche die Wirklichkeit verhüllt. Wissenschaftler entdecken keine Wirklichkeit, die ihnen objektiv gegenübersteht, sondern sie entfalten sich zusammen mit ihr.

Sie entfalten sich mit der Wirklichkeit? Was soll denn das heißen?

Stellen Sie sich ein leeres Blatt Papier vor.

Und?

Nun malen wir irgendeine Figur auf das Blatt, ein Quadrat, einen Kreis oder ein Dreieck, ganz egal.

Wie wäre es mit einem Punkt?

Gut, ein Punkt, warum nicht. Dieser Punkt stellt den Beobachter dar. Zusammen mit diesem Beobachter befinden sich aber noch andere Figuren auf dem Blatt, zum Beispiel Sterne, Rechtecke, Ellipsen, Atome, Geister, Götter und natürlich auch alle anderen Beobachter – kurz, die wahrgenommene Wirklichkeit des Beobachters. Beide befinden sich auf demselben Untergrund. Und der Beobachter versucht nun die Formen seiner Umgebung zu einem schlüssigen Bild zusammenzufügen.

Wie bei einem Puzzle?

Mit dem Unterschied, dass in unserem Beispiel der Puzzlespieler ebenfalls Teil des Puzzles ist.

Dann hängt also das, was er wahrnimmt, auch von seiner eigenen Form ab.

Ja. Wenn er sich als Punkt sieht, dann kann dort, wo sich der Punkt befindet, keine Kugel, kein Quadrat, kein Dreieck sein. Und auch die angrenzenden Puzzleteile müssen sich dann an den Punkt anschmiegen. Aber es geht noch weiter. Wie wir gesehen haben, ist keine der Formen auf dem Blatt absolut stabil. Nichts ist ohne Zweifel wahr oder falsch, alles kann sich ändern. Wenn sich also der Beobachter ändert, wenn er seine Form, seine Selbstwahrnehmung ändert, dann muss sich auch die Außenwelt ändern. Und umgekehrt gilt dasselbe. Wenn sich seine Wahrnehmung der Außenwelt oder eines Teils der Außenwelt ändert, dann muss er sich ebenfalls ändern. Welt und Beobachter bilden eine Einheit.

Dann kann ich mir also jede Art von Wirklichkeit erschaffen. Ich muss mich nur selbst entsprechend ändern, dann ändert sich auch meine Wirklichkeit. Richtig?

Leider ist die Sache etwas komplizierter. Wir haben nie behauptet, dass man die eigene Form nach Belieben verändern kann. Wir sagen nur, dass Beobachter und Welt eine Einheit bilden. Nicht mehr und nicht weniger.

Aber wenn ich mich nicht ändern kann, dann ändert sich auch die Wirklichkeit nicht. Wie kann es dann zu einer Revolution des Weltbildes kommen?

Durch Kreativität. Denn Kreativität ist kein bewusster Akt. Im kreativen Akt erhalten wir Kontakt zum Untergrund, zu dem Blatt Papier.

Weil Bewusstsein ein unbewusster Akt ist?

Exakt. Auf diesem unstrukturierten Untergrund gibt es keine Formen, und wir werden in die Lage versetzt, uns von unseren alten, eingefahrenen Denkmustern zu befreien, um neue Formen zu kreieren. Der kreative Akt der Erkenntnis reicht aber zur Änderung der Welt allein nicht aus. Nur wenn ich die Erkenntnis auslebe und andere überzeuge, ändere ich auch die Welt. Nicht Gedanken allein verändern die Welt, man benötigt auch Handlungen dazu. Der Akt der Selbstveränderung (und damit der Weltveränderung) ist also kein Akt, er ist ein Prozess.

Gedanken allein können also nichts bewirken?
Richtig.
Und was ist dann mit Telekinese, die ihr ja für möglich haltet?
Auch die Telekinese ist eine Handlung in der Welt. Die subjektive Erkenntnis, dass Telekinese »funktioniert«, ändert nicht die Welt. Aber wenn diese Erkenntnis kommuniziert oder Telekinese tatsächlich praktiziert wird, dann sind das Handlungen, welche die Welt verändern können.
Und dieser Untergrund, ist das so etwas wie der Quantenschaum der Physiker?
Nein, dieser Untergrund ist nichts Physikalisches. Physik setzt Formen voraus. Alles, was wir denken und unterscheiden können, ist Teil der Oberfläche. Dieser Untergrund existiert weder im Raum noch in der Zeit. Genau genommen existiert er nicht einmal; er ist das, was Existenz erst möglich macht.
Er ist also reines Sein?
Nein. Denn das Sein ist nur im Zusammenhang mit dem Nichts denkbar. Auch das Sein entspringt unserer dualen Denkstruktur und ist damit Teil der Oberfläche.
Und was ist dieser Untergrund dann?
Wir haben nicht die blasseste Ahnung. Wir stellen ihn uns als unendliches Reservoir von Möglichkeiten vor.
Mit anderen Worten: Dieser Untergrund ist Gott.

Das kommt darauf an, was Sie unter Gott verstehen. Dieser Gott steht den Menschen und der Welt nicht gegenüber. Er ist auch nicht gnädig oder rachsüchtig, er hat überhaupt keine benennbaren Eigenschaften, weil er noch vor jeder Sprache ist.

Das ist also euer Glaube?

Ja, zurzeit ist das unser Glaube.

Und was sagt euer Glaube dann zum Tod? Ist der eigene Tod absolut sicher?

Sagen wir es so: Der eigene Tod lässt sich nicht objektiv beweisen – er lässt sich allenfalls subjektiv erfahren.

Eure Freiheit treibt seltsame Blüten. Ihr erlaubt, dass ich meine Zweifel an euren Prämissen hege.

Das ist Ihr Recht als freies Individuum.

5
Vorletzte Erkenntnisse

Die Wirklichkeit, von der wir sprechen können, ist nie die Wirklichkeit an sich, sondern eine gewusste Wirklichkeit oder sogar in vielen Fällen eine von uns gestaltete Wirklichkeit. Wenn gegen diese letzte Formulierung eingewandt wird, dass es schließlich doch eine objektive, von uns und unserem Denken völlig unabhängige Welt gebe, die ohne unser Zutun abläuft oder ablaufen kann und die wir eigentlich mit der Forschung meinen, so muss diesem zunächst so einleuchtenden Einwand entgegengehalten werden, dass schon das Wort »es gibt« aus der menschlichen Sprache stammt und daher nicht gut etwas bedeuten kann, das gar nicht auf unser Erkenntnisvermögen bezogen wäre. Für uns gibt es eben nur die Welt, in der das Wort »es gibt« einen Sinn hat.

Werner Heisenberg [127]

Wir in der Welt

Nun wird es Zeit, dass wir uns der Rolle des erkennenden Menschen in der Welt zuwenden. Was ist er: neutraler Beobachter, Teilnehmer oder gar Schöpfer?
Im Allgemeinen finden sich die Menschen in ihrer Welt sehr gut zurecht. Wir nehmen die Welt wahr, handeln in ihr und reagieren auf sie. Wir erkennen einen Baum, wenn wir ihn sehen, und wir wissen, dass wir trinken und essen müssen, und handeln entsprechend. Schwierig wird die Sache, wenn wir die Welt auch verstehen wollen. Wenn wir also nicht nur auf Einzelereignisse adäquat reagieren, sondern Zusammenhänge zwischen Einzelereignissen herstellen und sie mit Hil-

fe von Allgemeinbegriffen beschreiben wollen. Woraus besteht die Welt? Wo kommt sie her? Warum wird es hell und dunkel? Solche Fragen finden im Rahmen verschiedener Weltbilder unterschiedliche Antworten. Mal sind es Geister, mal Götter, mal physikalische Kräfte oder Felder, die für die Vorgänge in der Welt verantwortlich sind. Und auch die Rolle des Menschen, die er in der Welt spielt, hängt entscheidend vom Weltbild ab. Mal ist er das Zentrum des Alls und die Krone von Gottes Schöpfung, mal ist er das Produkt einer ziellosen Evolution, die ihn zufällig im äußeren Arm einer unbedeutenden Galaxie plaziert hat, ein »Zigeuner am Rande des Universums«.[128]

Beschreiben die von uns erfundenen Weltbilder eine »objektive Welt«, beschreiben sie nur eine mögliche Sicht auf eine »objektive Welt«, oder beschreiben sie unsere Beziehung zu etwas, das wir zwar als objektiv ansehen, was aber, streng genommen, gar nicht objektiv sein kann, weil es nur in Verbindung mit uns (den Subjekten) überhaupt denkbar ist?

Wie ist es möglich, dass sich Weltbilder auf so fundamentale Weise unterscheiden und die Menschen sich dennoch in ihnen zurechtfinden können? Für uns ist das ptolemäische System »falsch«, dennoch lieferte es sehr gute Vorhersagen für die Vorgänge am Himmel. Auch Newtons System ist »falsch« (weil es Zeit und Raum als absolut objektiv voraussetzt), es liefert aber trotzdem atemberaubend gute Voraussagen und Erklärungen. Beschreiben das christliche und das wissenschaftliche Weltbild wirklich dieselbe objektive Welt, oder konstruiert sich jede Kultur und Zeit ihre eigene Welt?

Ein Weltbild ist aus Begriffen aufgebaut. Menschen nutzen die Begriffe, die ihnen zur Verfügung stehen, um ihre Welt zu beschreiben. Wer den Begriff des Atoms oder Quants nicht kennt, der kann sein Weltbild nicht darauf aufbauen. Nun könnte man meinen, dass Menschen, die über dieselben Begriffe verfügen und sich über ihre Verwendung in der Sprache

einig sind, ihre Welt auf dieselbe Weise beschreiben müssten, weil sie ja dieselbe objektive Welt wahrnehmen. Aber das ist ein Irrtum. Tatsächlich gibt es verschiedene Möglichkeiten, die Welt der »objektiven Fakten« durch ganz unterschiedliche Begriffssysteme schlüssig und stimmig zu beschreiben. Ein interessantes, sehr extremes Beispiel für diese »Tatsache« ist die sogenannte Hohlwelttheorie. Diese Theorie war in den dreißiger und fünfziger Jahren des 20. Jahrhunderts an den Bahnhofskiosken sehr en vogue und behauptete, wir würden auf der Innenseite einer hohlen Kugel leben. Die Objekte am Himmel (Sonne, Monde, Sterne, Planeten usw.) seien nur sehr kleine Körper in der Nähe des Kugelmittelpunktes. Den Eindruck eines Himmelsgewölbes hätten wir nur deshalb, weil sich Lichtstrahlen nicht gerade, sondern auf Kreisen durch den Mittelpunkt der Hohlkugel bewegten. Wir geben zu, dass das Ganze absurd klingt. Noch absurder aber klingt die »Tatsache«, dass diese Theorie durch kein wissenschaftliches Experiment widerlegbar ist. Um diese Theorie unangreifbar zu machen, bedarf es nur einer einfachen Koordinatentransformation, die konsequent in allen physikalischen Gesetzen umgesetzt werden muss.[129]
Diese einfache Transformation stülpt quasi unseren gesamten äußeren Raum ins Innere der Kugel und kehrt das Erdinnere nach außen. Punkte, die von uns unendlich weit entfernt sind, liegen dann im Mittelpunkt der Hohlkugel, während die heiße Materie des Erdmittelpunktes im Unendlichen liegt und alles andere umschließt. Raumfahrer, die sich von der Erde entfernen, bewegen sich dann auf den Kugelmittelpunkt zu und werden dabei immer kleiner und langsamer. Auf dem Mond, der nur etwa 6272 Kilometer von der Erdoberfläche (und damit ca. 106 km vom Kugelmittelpunkt) entfernt wäre und einen Durchmesser von 57 km hätte, würden dann Raumfahrer herumspazieren, die nur drei Zentimeter groß wären. Würden allerdings die Astronauten auf dem Mond

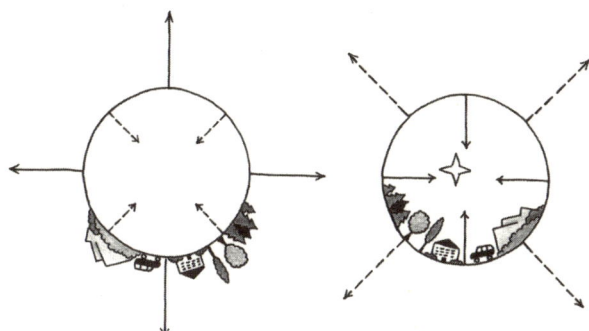

Abb. 5.1: Von der Außen- zur Innenwelt. Der äußere Raum wird durch eine Koordinatentransformation ($r \rightarrow R^2/r$, R = Erdradius, r = Abstand vom Erdmittelpunkt in Polarkoordinaten) in das Innere einer Hohlkugel »gequetscht«, während das Innere der Kugel nach außen »gestülpt« wird.

sich selbst (oder den Mond) vermessen, könnten sie keinen Unterschied zur »normalen« Größe feststellen, weil alle Maßstäbe zusammen mit ihnen geschrumpft wären. Die beiden Weltbilder, das der unendlichen Welt und das der Hohlkugelwelt, sind physikalisch nicht zu unterscheiden, weil jedes Experiment im jeweiligen Paradigma so gedeutet werden kann, dass es das Paradigma bestätigt.

Das Beispiel der Hohlwelttheorie mag extrem erscheinen, es ist aber beileibe kein Einzelfall in der Wissenschaft. Auch die »Fakten«, die von Einsteins Allgemeiner Relativitätstheorie beschrieben werden, lassen sich auf ganz andere Weise »erklären«.[130]

Statt anzunehmen, dass Lichtstrahlen in einer gekrümmten Raumzeit »gerade« Linien (sogenannte Geodäten = kürzeste Verbindung zwischen zwei Punkten) beschreiben, können wir genauso gut annehmen, dass sie in einer ebenen Raumzeit »gekrümmte« Linien beschreiben. Dazu müssen wir nur unterstellen, dass es im Universum Kräfte gibt, die das Licht (und alles andere) auf gekrümmte Bahnen zwingen. Statt die Geometrie zu ändern, wie es Einstein getan hat, kann man also auch die ebene Geometrie beibehalten und die Naturgesetze, also die Physik, entsprechend ändern. Die Tatsache, dass sich Licht nicht auf »Geraden« ausbreitet, ist also kein Beweis für die Existenz eines gekrümmten Raumes, sondern höchstens eine Begründung für die größere Praktikabilität nichteuklidischer Geometrien in der Physik.[131]

Auch das Newtonsche Gravitationsgesetz lässt sich durch drei unterschiedliche mathematische Formalismen ausdrücken, die aber in ihren Vorhersagen vollkommen gleichwertig sind. Die drei Möglichkeiten sind Newtons Kraftgesetz, die lokale Feldtheorie und das Hamiltonsche Extremalprinzip. Die Unterschiede zwischen der ersten und der letzten Möglichkeit sind philosophisch beträchtlich. Newtons Theorie basiert auf Kausalität und Lokalität und beschreibt mit Hilfe von Differenzialgleichungen, wie sich ein Körper unter dem ursächlichen Einfluss von Kräften von Ort zu Ort bis zum Ziel bewegt. Ein Körper spürt eine Kraft und ändert dann seinen Zustand (Ort, Geschwindigkeit) entsprechend. Der Weg des Körpers wird also nur durch die Kräfte bestimmt, die im Hier und Jetzt auf ihn wirken. Hamiltons Extremalprinzip stellt philosophisch das genaue Gegenteil dar. Diese Theorie verzichtet vollständig auf lokale kausale Wirkungen (Kräfte) und schert sich nicht darum, wie (durch welche Ursachen) der Körper von Ort zu Ort gelangt. Stattdessen bietet sie uns eine nichtlokale Gesamtdarstellung, in welcher der Weg des Körpers durch seinen Anfangs- und Endzustand bestimmt ist. Der Physiknobelpreisträger Richard Feynman erklärt es uns so: »Die Vorstellung der Kausalität, also, dass das Teilchen die Anziehungskraft spürt und ihr nachgibt, ist auf der Strecke geblieben. Stattdessen wittert es auf irgendeine großartige Weise sämtliche Kurven und Möglichkeiten und entscheidet sich für die ihm genehmste.«[132] Vergangener und zukünftiger Zustand in Verbindung mit dem Extremalprinzip bestimmen also den Weg des Körpers. Würde dieser Formalismus die »objektive Welt« beschreiben, in der wir leben, dann gäbe es in dieser Welt keine lokal-kausalen Zusammenhänge. Kausalität muss demnach nicht zwingend eine Eigenschaft unserer Welt sein, sie könnte auch lediglich etwas sein, das wir durch unsere Theorien in die »Welt« hineininterpretieren.

Newtons Kraftgesetz, die lokale Feldtheorie und Hamiltons Extremalprinzip haben mathematisch die gleichen Folgen und sind wissenschaftlich gleichwertig, sie liefern die korrekten Ergebnisse für unsere Beobachtungen – doch welche dieser Theorien beschreibt unsere »objektive« Welt? Wie stellen wir fest, welche Beschreibung »wahr« ist? Dazu Feynman: »Es ist unmöglich, eine Wahl zu treffen, da es keinen experimentellen Weg gibt, zwischen Möglichkeiten zu unterscheiden, die alle dieselben Folgen haben.«[133] Hier müssen wir Feynman allerdings widersprechen: Es ist nicht unmöglich, eine Wahl zu treffen. Allerdings wird diese Wahl subjektiv sein. Objektiv mag es keinen Unterschied zwischen den Theorien geben, trotzdem sind sie nicht gleichwertig, denn, so gibt Feynman zu, »psychologisch unterscheiden sie sich … sobald Sie versuchen, von ihnen auf neue Gesetze zu schließen«.[134]

Für welche Alternative werden sich die meisten Wissenschaftler wohl entscheiden? Für die, die es ihnen erlaubt, auf neue Gesetze zu schließen, die also ihrer freien Kreativität nicht im Wege steht, oder für die, die ihre Gedanken einengt?

Richard Feynman verdanken wir ein weiteres Beispiel dafür, wie unterschiedlich wir die Welt beschreiben können. Er hat einen mathematischen Formalismus entwickelt, der das, was wir im Mikrokosmos der Elementarteilchen beobachten, auf eine Weise beschreibt, die alles auf den Kopf stellt, was wir über die Welt zu wissen glauben. Im Rahmen der Feynman-

Stückelberg-Interpretation lassen sich Positronen, also die positiv geladenen Antiteilchen der Elektronen, nicht nur als »Teilchen« mit positiver Energie beschreiben. Hier lassen sich Positronen auch als Zustände negativer Energie ansehen, die sich rückwärts in der Zeit bewegen. Es sind quasi in der Zeit zurücklaufende Elektronen, die uns nur als Positronen »erscheinen«. Feynman erklärt es so: »Schauen wir uns das rückwärts laufende Elektron bei vorwärts fortschreitender Zeit an, kommt es uns wie ein ganz gewöhnliches Elektron vor, außer dass es von normalen Elektronen angezogen wird, dass es also, wie wir sagen, eine ›positive Ladung‹ hat.«[135] Das ist so phantastisch, dass wir es uns nicht einmal vorstellen können, trotzdem liefert diese Interpretation die richtigen Ergebnisse für viele unserer Versuche auf einfachere Weise als die herkömmliche Darstellung.

In welcher Welt wir leben, scheint ganz entscheidend von unseren subjektiven Vorlieben (für die Praktikabilität bestimmter Theorien) abzuhängen. Irgendwie scheint der Zigeuner am Rande des Universums dazu berufen zu sein, selbst zu entscheiden, ob er im Arsch der Erde oder im Herz der Unendlichkeit sitzen will. »Wir sind auf unsere Intuition angewiesen. Vor allem aber müssen wir stets sämtliche Alternativen im Kopf haben«[136], gibt Feynman uns mit auf den Weg. Vor allem müssen wir aber im Kopf behalten, dass jede Erkenntnis immer nur eine vorletzte Erkenntnis ist.

Ob wir in einer hohlen Erde mit spezieller Geometrie leben, können wir nicht »objektiv« entscheiden. Das scheint absurd zu sein, denn wenn es da draußen eine objektive Welt gibt, dann sollte es doch möglich sein, eindeutig zu entscheiden, ob wir in einer hohlen Kugel oder in einem unendlichen Kosmos leben. Das Verblüffende und Erschreckende daran ist, dass wir eigentlich gar nicht viel tun müssten, um von der Unendlichkeit in die hohle Welt zu gelangen. Eine relativ einfache mathematische Umrechnung reichte dazu völlig aus.

»Wir haben nicht mehr getan, als ein neues Koordinatensystem einzuführen und unseren Sprachgebrauch entsprechend zu ändern. Nichts ist am Aufbau der Physik verändert worden, und deshalb wird kein Experiment zwischen den zwei im Widerstreit stehenden Beschreibungen entscheiden können. Sie beschreiben dieselbe Welt, die eine in gewohnter Ausdrucksweise, die andere in ungewohnter.«[137] Das sagt Carl Friedrich von Weizsäcker.

Aber was meint er mit »dieselbe Welt«? Was ist das für eine Welt, die sich einerseits als Hohlkugelwelt, andererseits als unendliche Welt beschreiben lässt? Es ist die Welt der »Fakten«. Dieselben Fakten – zum Beispiel der gemessene Weg eines Massekörpers von A nach B – lassen sich also in unterschiedlichen (mathematischen) Sprachen ausdrücken. Diese Ansicht ist als Konventionalismus bekannt. Dem Konventionalismus zufolge erlangen Zeichen und Worte ihre Bedeutung allein durch eine Übereinkunft (Konvention) derjenigen, die sie nutzen, und nicht, weil sie mit einer äußeren Realität übereinstimmen.

///////////////////////////////////////

KONVENTIONALISMUS

Der französische Mathematiker und Physiker Henri Poincaré (1854–1912) gilt als der Begründer des Konventionalismus. Diese philosophische Richtung geht davon aus, dass viele wissenschaftliche Erkenntnisse nicht der Natur der Dinge entspringen, sondern auf Konventionen beruhen.

Poincaré war der festen Überzeugung, dass wir durch kein Experiment die wahre Geometrie unseres Raumes bestimmen können, sondern nur, welche Geometrie zu den gegebenen Umständen (= unserem gegenwärtigen Wissen) am besten passt.

So lernen wir in der Schule, dass wir die Art unserer Geometrie, also die Struktur unseres Raumes (euklidisch, elliptisch oder hyperbolisch), durch ein Experiment bestimmen können. Wir müssen dazu nur die Winkelsumme in einem sehr großen Dreieck bestimmen. Beträgt sie genau 180°, dann ist der Raum euklidisch »flach«, ist sie größer als 180°, ist er elliptisch »gekrümmt«, ist sie kleiner, dann besitzt er hyperbolische Form. Gauß hat dieses Experiment tatsächlich durchgeführt, aber keine Hinweise auf einen nichteuklidischen Raum gefunden.

Folgen wir Poincaré statt unseren Schulbüchern, dann kann uns weder dieses noch irgendein anderes Experiment etwas Endgültiges über unsere Raumgeometrie sagen. Es könnte ja sein, dass in unserem Raum eine universelle Kraft wirkt, die jede Messung so beeinflusst, dass es für uns nur so aussieht, als sei unser Raum euklidisch, während er eigentlich eine andere Struktur besitzt. Wenn diese universelle Kraft auf alle Objekte, an allen Orten und zu allen Zeiten gleichermaßen wirkt, dann wäre sie für uns nicht nachweisbar.

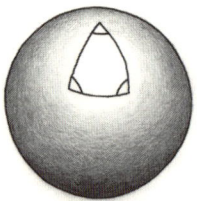

Elliptischer Raum ohne universelle Kraft. Winkelsumme > 180°

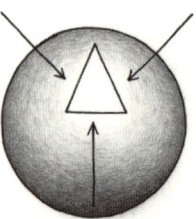

universelle Kraft »erzwingt« Winkelsumme = 180°

Die »wahre« Struktur unseres Raumes ist also für uns prinzipiell nicht objektiv erkennbar. Wir interpretieren unsere Beobachtungen stets so, dass sie sich mit der von uns durch Konvention festgelegten Struktur des Raumes in Einklang befinden.

Wenn das so ist, dann dürfen wir nicht allein von den Unterschieden im sprachlichen Ausdruck auf einen Unterschied in den durch die Worte ausgedrückten Fakten schließen. Der andere könnte »dieselbe« Welt beschreiben, nur benutzt er dazu für uns ungewohnte Worte und Zeichen. Auch er könnte, obwohl er etwas ganz anderes sagt als wir, die »Wahrheit« sagen. »Das wirklich Schlimme ist«, sagt Weizsäcker, »dass man nicht so ohne weiteres weiß, welche Unterschiede nun Unterschiede der Sprachen sind und welche Unterschiede der Fakten.«[138] Das Schlimmste aber ist, dass es gar keine Fakten gibt, die unabhängig von einer Sprache formuliert werden können. Wir haben ja gesehen, dass Fakten von Subjekten konstruiert werden und nur innerhalb eines bestimmten Paradigmas wirklich »Fakten« sind. Manche »Fakten« können überhaupt nur gesehen werden, wenn das Paradigma dafür Wörter, Begriffe und Zeichen bereitstellt. Sonnenflecken, Supernovae und irdische Zeitmessung mit Uhren waren in Europa überhaupt erst wahrnehmbar und denkbar, als das Dogma der himmlischen Unbeflecktheit gefallen und die Einheit von Himmel und Erde hergestellt war. Dass der Zustand eines Elektrons nicht durch seinen Bewegungszustand, sondern durch Quantenzahlen charakterisiert ist, konnte man erst »wahrnehmen«, als die Quantenmechanik das dazu nötige Begriffssystem und einen mathematischen Formalismus bereitstellte. Welle und Teilchen sind Begriffe aus der klassischen Physik und ungeeignet, die quantenphysikalischen »Fakten« schlüssig und konsistent zu beschreiben. Fakten und Sprache lassen sich also nicht vollständig trennen. Es gibt keine Fakten ohne theoretischen Hintergrund, und es gibt keine Theorien ohne »faktische« Erfahrungen. Kant hat es so ausgedrückt: »Ohne Sinnlichkeit würde uns kein Gegenstand gegeben, und ohne Verstand keiner gedacht werden. Gedanken ohne Inhalt sind leer, Anschauungen ohne Begriffe sind blind … Der Verstand vermag nichts anzuschauen, und die Sinne nichts zu denken. Nur daraus, dass sie sich vereinigen, kann Erkenntnis entspringen.«[139]

Wir sind hier auf ein Problem gestoßen, das sich seit fast 2500 Jahren durch die abendländische Philosophiegeschichte zieht. Es ist das Problem der feindlichen Brüder. Es ist das Problem, wie unsere inneren Ideen mit der Welt »da draußen« zusammenhängen.

Glaubt ihr denn, dass es einen Zusammenhang gibt?
Selbstverständlich glauben wir das. Nur ist es eben kein Zusammenhang, der sich in Ursache-Wirkung-Beziehungen beschreiben lässt. Es ist eben nicht so, dass ein objektiver Baum die Ursache für die »Baumidee« in unserem Kopf ist. Und es ist auch nicht so, dass unser Geist die Idee des Baumes nach draußen projiziert und dort zu einem »Baum« werden lässt.

Geht es nicht etwas anschaulicher? Ihr glaubt also, dass es keine objektive Außenwelt gibt, auf die wir unsere Ideen ursächlich zurückführen könnten?
Ja, das glauben wir immer noch.

Schön, dann machen wir jetzt ein Gedankenexperiment. Stellt euch vor, in einigen Jahren besuchen uns außerirdische Lebensformen. Wir finden einen Weg zur Kommunikation und stellen fest, dass auch die anderen die Mathematik beherrschen, dass sie Sterne für Gaskugeln halten und überhaupt ganz ähnliche wissenschaftliche Anschauungen über die Welt haben wie wir. Wäre dies nicht ein sehr starker Hinweis darauf, dass wir in einem gemeinsamen objektiven Universum leben?
Nein.

Und warum nicht? Damit hätten wir doch den Beweis für die Existenz einer objektiven, gesetzmäßigen Struktur im Herzen der Natur, die unabhängig von Beobach-

tern und ihrer jeweiligen evolutionären Entwicklung existiert.

Sie übersehen dabei aber etwas sehr Entscheidendes.

Sie vergessen, dass wir nur dann überhaupt in der Lage wären, die Außerirdischen als außerirdische Lebensformen zu erkennen, wenn sich diese Aliens in unser Weltbild einfügten, wenn sie also »tatsächlich« schon bestimmte Eigenschaften besäßen und damit bestimmte Vorstellungen erfüllten, die wir von der »Realität« haben. Wir könnten diese Außerirdischen nur wahrnehmen, wenn sie sich in unser paradigmatisches Ideenschema einfügten – und dieses Paradigma ist nun einmal nicht absolut objektiv, sondern durch Subjekte geprägt.

Das mag ja sein. Aber wenn unser Paradigma mit ihrem übereinstimmt, dann liegt doch die Vermutung sehr nahe, dass sich beide deshalb ähneln, weil sie sich an derselben objektiven Wirklichkeit orientieren.

Ja, diese Schlussfolgerung liegt nahe, und sie wurde auch schon des Öfteren von Wissenschaftlern und Philosophen gezogen[140], trotzdem ist sie nicht zwingend.

Wenn keine objektive Wirklichkeit für die Ähnlichkeit der Weltbilder verantwortlich ist, was ist es dann?

Die gegenseitige Erkenntnissituation, in der die Außerirdischen und wir uns befinden.

Wie bitte?

Gehen wir die Sache anders an. Nehmen wir an, diese Aliens wären der Meinung, sie lebten in einem hohlen Planeten und unsere Erde wäre ein Planet, der sich in der Nähe des Mittelpunktes dieser Hohlkugel befände. Oder nehmen wir an, diese Außerirdischen hätten eine Physik entwickelt, die auf einer anderen Zeitstruktur aufbaut. Für sie wäre es normal, dass sich »Dinge« rückwärts in der Zeit bewegen. Oder nehmen wir an, sie würden glauben, dass das Universum sich nicht aus Elementarteilchen zusammensetze, sondern aus Nullen und Einsen, dass es also quasi ein riesiger Computer sei und ein Baum nicht aus Atomen, sondern aus Informationseinheiten bestehe. Würden die Aliens und wir dann wirklich von derselben objektiven Welt reden?

Immerhin würden sie und wir doch eine ähnliche Mathematik und Logik benutzen, sonst könnten wir ihr Weltbild ja gar nicht verstehen und zu unserem in Bezug setzen. Es muss also etwas Gemeinsames geben, eine gemeinsame Grundstruktur des Universums, die es uns erlaubt, unsere Weltbilder zu vergleichen.

Wir geben Ihnen recht, dass es etwas Gemeinsames geben muss, aber dieses Gemeinsame ist nichts, was zwingend einer objektiven Welt angehören müsste. Diese Aliens könnten ja eine Logik verwenden, die uns bisher noch völlig unbekannt ist. Schließlich gibt es ja unendlich viele mögliche Logiken – oder sie könnten vollständig andere Vorstellungen von Raum und Zeit haben als wir.

Wenn dem so wäre, dann könnten wir uns ja gar nicht verständigen.

Sehr richtig, und wenn man sich nicht verständigen kann, dann ist es unmöglich, den jeweils anderen als bewusstes Wesen wahrzunehmen. Wir könnten gar nicht erkennen, dass diese Aliens Bewusstsein besitzen. Erst wenn es zwischen uns eine gemeinsame Erkenntnisebene gibt, wenn also eine Schnittmenge zwischen ihrem und unserem Weltbild existiert, können wir uns gegenseitig wahrnehmen.

Aber diese Schnittmenge müsste dann doch etwas sein, das einer objektiven Struktur des Universums gleichkommt.

Nein. Wir haben schon gesehen, dass unsere Grundüberzeugungen, auf deren Basis wir die Welt ordnen und kategorisieren, geändert oder gewechselt werden können. Es gibt keine Garantie dafür, dass die Grundannahmen, die wir und die Aliens teilen, immun gegen solche Revolutionen sind. Wenn die Aliens und wir weiterforschen, könnten wir irgendwann gezwungen sein, diese gemeinsamen Grundannahmen fallenzulassen und durch andere zu ersetzen.

Diese Grundannahmen müssen also nicht objektiv sein, sie müssen uns nur eine vorläufige gemeinsame Basis bieten, auf der wir uns gegendseitig erkennen können?
Ja, das glauben wir.

Außerirdische Televisionen

Am 30. Oktober 2007 konnte man im Deutschen Fernsehen (ARD) einen Höhepunkt in der philosophischen Auseinandersetzung zwischen »Ich« und Welt bewundern. »UFOs, Engel und Außerirdische« lautete das brisante Thema einer Sendung, zu der Sandra Maischberger eingeladen hatte. Teilnehmer an dieser Talkshow waren unter anderen die Rocksängerin Nina Hagen, der Physiker und Psychologe Walter von Lucadou und der Wissenschaftsmoderator Joachim Bublath. Letzterer verließ die Talkrunde nach 45 Minuten, weil er sich vorkam wie im »Kuriositätenkabinett auf dem Oktoberfest«. Er habe eine kritische Diskussion erwartet, aber stattdessen sei es nur um die persönlichen Erfahrungen der anderen Gäste gegangen, sagte Bublath nach der Sendung.
In dieser Sendung prallten zwei Welten auf kuriose Weise aufeinander. Die Welt des Subjektiven und die Welt des Objektiven. Nina Hagen auf der einen, Joachim Bublath auf der anderen Seite. Die Rocksängerin Hagen schilderte ihre subjektiven Erfahrungen mit Außerirdischen und bestand darauf, dass diese Erfahrungen eine Entsprechung in der objek-

tiven Welt hätten, dass es also Außerirdische gebe, die für ihre Erfahrungen (und für die vieler anderer Menschen) verantwortlich seien. Für den Wissenschaftler Bublath waren diese Erfahrungen rein persönlich und damit subjektiv und konnten nicht den Anspruch erheben, objektiv und real zu sein. Intelligente Außerirdische, die auf der Erde ein und aus gingen und Nina Hagens Leben verändern, passten nicht in Bublaths Paradigma. Während der eine nur das gelten lassen wollte, was wissenschaftlich »sinnvoll« war, bestand die andere darauf, dass ihre persönlichen Erfahrungen automatisch auch für alle anderen Menschen relevant (objektiv) zu sein hätten. Kein Wunder also, dass sich der eine vorkam wie in einer »Therapiestunde«, während die andere ein »Alien-Geschöpf« neben sich vermutete und behauptete, der Teufel betreibe »Mimikry«.

Im Laufe dieser denkwürdigen intellektuellen Auseinandersetzung kam es auch zu einer Diskussion zwischen Walter von Lucadou und Joachim Bublath über sogenannte Entführungen durch Außerirdische. Für Bublath gab es nur die Wahl zwischen zwei Alternativen: Entweder diese Berichte seien »objektiv wahr«, dann gingen außerirdische Entführungstrupps auf der Erde ein und aus, oder aber es seien subjektive Illusionen, Wahnvorstellungen oder Lügen. Ein dritte Möglichkeit gebe es nicht.

Lucadou wies darauf hin, dass die Sache vielleicht doch etwas komplexer sei. Medizinische Untersuchungen an »Entführungsopfern« hätten nämlich ergeben, dass diese Menschen keinesfalls psychisch krank oder gestört waren. Es seien auch keine geltungssüchtigen Egomanen oder pathologischen Lügner gewesen, vielmehr in der Regel ganz normale Bürger, die versucht hätten, mit einer extremen Erfahrung klarzukommen. Der Soziologe Michael Schetsche hat viele dieser Fälle untersucht und kommt zu folgendem Ergebnis: »Aus dem herkömmlichen Raster individuell zu erklärender Wahrnehmungs- oder Erinnerungsstörungen fallen die Entführungsberichte ... heraus, weil psychologische Untersuchungen bei den betroffenen Personen ... kaum auffällige Befunde erbringen.«[141]

Auch die Annahme, diese Menschen würden solche »Entführungen« erfinden, um damit das »große Geld« zu verdienen, hält einer genaueren Analyse nicht stand.[142] Wir empfehlen hier einen Selbstversuch: Jeder möge sich die Folgen im Freundeskreis und in der Familie plastisch vor Augen führen, wenn er plötzlich ernsthaft und mit Bestimmtheit behauptete, er sei in der letzten Nacht von Außerirdischen entführt und sexuell missbraucht worden.

Lucadous differenzierte Argumentation hatte in dieser Runde des Entweder-oder keine Chance. Bublath unterstellte ihm sofort, er, Lucadou. glaube an die Realität außerirdischer Raumschiffe, nur weil er darauf hingewiesen hatte, dass es tatsächlich ungeklärte UFO-Sichtungen gebe. Die ganze Diskussion endete wie das Hornberger Schießen und erbrachte keinerlei tiefere Erkenntnisse hinsichtlich der angesprochenen Probleme.

Zurück zur Erkenntnistheorie. Es geht um unsere »Ideen« und die Welt »da draußen«. Wie passen die Ideen der »Entführungsopfer« und die als objektiv angenommene Welt »da draußen« zusammen? Gibt es »wirklich« intelligente außerirdische Wesen, die nichts Besseres zu tun haben, als harmlose Erdbewohner zu entführen? Die ganze Situation scheint paradox: Ehrbare Bürger behaupten Dinge, die eigentlich nicht »wahr« sein können. Wir können also entweder an außerirdische Entführungstrupps glauben oder eine Verschwörung herbeiphantasieren, die geistig gesunde Menschen zwingt, Unsinn zu erzählen und sich zum Narren zu machen. Nun muss es nicht unbedingt von souveräner Rationalität zeugen, wenn man Berichte, die dem eigenen Paradigma widersprechen, kurzerhand zum Hirngespinst erklärt.

Steine können eben doch vom Himmel fallen, Händewaschen hilft gegen den Tod, der Jupiter hat Monde, Schiffe aus Eisen können schwimmen und Blitzableiter helfen tatsächlich gegen Blitzschlag, obwohl all dies von sehr gelehrten und rationalen Wissenschaftlern aus guten Gründen bezweifelt wurde.

Könnte an diesen »Entführungsgeschichten« etwas dran sein? Nach allem, was wir bisher über die Wissenschaft, den Glauben und die Vernunft herausgefunden haben, kann die Antwort auf diese Frage nur lauten: Wir wissen es nicht, und wir können es auch gar nicht wissen, weil diese Frage noch nicht (intersubjektivierbar) entschieden ist.

Nehmen wir nun an, dass die Menschen, die von Entführungen durch Außerirdische berichten, weder psychisch krank noch Betrüger, noch an einer Verschwörung gegen Wissenschaftsjournalisten beteiligt sind. Dann müssen diese Menschen eine »echte« Erfahrung gemacht haben, die sie tief beeindruckt hat. Diese Erfahrung versuchen sie uns mitzuteilen. Das Problem dabei ist, dass diese Erfahrung sehr außergewöhnlich zu sein scheint und es deshalb kein allgemein akzeptiertes (also intersubjektivierbares) Begriffssystem dafür gibt. Wenn wir etwas erleben, das weder wir noch andere vor uns erlebt haben, dann fehlen uns dafür die Begriffe. Was tun wir? Entweder wir erfinden neue Begriffe (das war »babig«), um diese Erfahrung zu beschreiben, dann haben wir das Problem, dass uns niemand verstehen wird, weil wir Begriffe verwenden, mit denen niemand etwas anfangen kann. Oder wir greifen auf bereits bekannte Begriffe zurück und versuchen, mit diesen unsere Erfahrung zu umschreiben. Dann besteht allerdings die Gefahr, dass wir diese Begriffe in einer Form verwenden, die nicht allgemein akzeptiert und mit dem herrschenden Paradigma nicht vereinbar ist. »Raumschiff«, »außerirdisches Leben« und »fremde Intelligenz« sind Begriffe, die in der Wissenschaft durchaus Verwendung finden, doch nie in einem Zusammenhang, wie ihn »Entführungsopfer« herstellen.

Ein Kernelement in den Berichten von »Entführungsopfern« ist, dass sie von mächtigen »fremden Wesen« gegen ihren Willen zu etwas gezwungen worden seien. Stellen wir uns vor, wir würden so eine Erfahrung machen. Wir können aber weder identifizieren, wer oder was uns da seinen Willen aufzwang, noch können wir die Methode exakt beschreiben, mit der wir gezwungen wurden, weil wir schlicht und einfach nicht die Begriffe dafür besitzen. Was werden wir tun? Wir werden für unsere Beschreibung Begriffe nutzen, die in unserer Kultur geläufig sind und die unserer Erfahrung am nächsten kommen. In früheren Zeiten wären solche Erfahrungen wahrscheinlich folgendermaßen beschrieben worden: Mir ist ein Engel erschienen, mit loderndem Flammenschwert befahl er mir, dies und jenes zu tun. In einer Kultur hingegen, in der es von Science-Fiction wimmelt und in der die Wissenschaft über außerirdisches Leben diskutiert, wären es wahrscheinlich Außerirdische, die mit Hilfe hochentwickelter technischer Geräte anderen ihren Willen aufzwingen. Ein und dieselbe Erfahrung würde also mit ganz unterschiedlichen Begriffen beschrieben werden.

Dazu noch ein anderes Beispiel. In den frühen Morgenstunden des 14. April 1561 beobachteten die Bürger Nürnbergs merkwürdige Himmelserscheinungen über ihrer Stadt. Die Sonne habe ein »schröckliches Gesicht« gezeigt und mit fliegenden Kugeln und Kreuzen gestritten, die den Himmel verdunkelten. Der Nürnberger Künstler Hans Glaser hat dieses Schauspiel damals in einem Holzschnitt festgehalten.

Die zeitgenössischen Berichte und Glasers Holzschnitt sind heute Gegenstand vieler Diskussionen unter »UFO-Forschern«. Glasers unbekannte Flugobjekte werden heute von einigen als Flotte außerirdischer Raumschiffe gedeutet, Mut-

Abb. 5.2: Holzschnitt von Hans Glaser. Unbekannte Flugobjekte über Nürnberg.

ter- und Tochterschiffe inklusive. Glaser und seine Zeitgenossen sahen darin hingegen ein Wunderwerk Gottes und eine Warnung, nicht vom Glauben abzufallen.

Auch in der Bibel finden sich Berichte, die wir heute durchaus als Schilderungen von Raumschiffen oder anderen Flugobjekten deuten können. Der Prophet Hesekiel (Ezechiel, 1.4 ff.) berichtet zum Beispiel, dass Gott mit großem Getöse in einer »Wolke« mit »Flügeln« und »Rädern« vor seinen Augen auf der Erde landete.

Hätte Hesekiel in einer Kultur wie der unseren gelebt, dann hätte er seine Erfahrung wahrscheinlich als die Landung eines außerirdischen Raumschiffes gedeutet, und nicht als das Erscheinen Gottes auf Erden.

Gott oder Raumschiff? Engel oder Außerirdischer? UFOs oder ein Zeichen Gottes? Unendliche oder hohle Welt? Kausale Kräfte oder nichtlokale Zusammenhänge? Was wir da draußen in der Welt »beobachten«, hängt fundamental von unseren Begriffssystemen (Koordinatensystemen) ab. Dieselben subjektiven Erfahrungen können also je nach verwendetem Begriffs- oder Koordinatensystem zu einer ganz unterschiedlichen »objektiven« Welt führen.

Ihr wollt mir aber jetzt nicht erzählen, dass ihr wirklich glaubt, dass Außerirdische seit zweitausend Jahren hier aus und ein gehen und für diese »Erfahrungen« verantwortlich sind?
Nein, das wäre der völlig falsche Schluss.
Und was wäre der richtige Schluss?
Wir müssen uns bewusst sein, dass die damalige und heutige Deutung solcher Erfahrungen von den jeweils verwendeten Begriffssystemen abhängt. Wir pressen diese subjektiven Erfahrungen in unsere heutigen Koordinatensysteme und glauben dann, eine »objektive« Wahrheit vor uns zu haben. Je nach Paradigma sehen wir dann entweder Wahnvorstellungen oder Entführungen durch Außerirdische.
Aber wir wissen doch gar nicht, ob es tatsächlich »dieselben« Erfahrungen sind, die nur anders beschrieben wurden. Wer sagt denn, dass die Menschen, die Engel mit Flammenschwertern zu sehen glaubten, dieselben Erfahrungen hatten wie »Entführungsopfer«?
Sehr richtig, das ist ganz und gar nicht sicher. Die Beobachtungen und Schlussfolgerungen, die wir hier gezogen haben, sind in hohem Maße theoriebehaftet. Erinnern Sie sich an Weizsäckers Worte: »Das wirklich Schlimme ist, dass man nicht so ohne weiteres weiß, welche Unterschiede nun Unterschiede der Sprachen sind und welche Unterschiede der Fakten«?
Reden wir denn nun über »Fakten« oder über »Worte«?
Wir reden darüber, was sich intersubjektivieren lässt.

Aber es lässt sich ja nichts intersubjektivieren, genau das ist doch das Problem.

Und warum lassen sich diese Erfahrungen nicht intersubjektivieren? Warum wissen wir nicht, was Hesekiel damals wirklich »widerfahren« ist? Warum wissen wir nicht, ob Erscheinungen von Engeln oder Außerirdischen denselben »objektiven« Ursprung haben und nur unterschiedlich interpretiert wurden?

Weil wir kein intersubjektivierbares Begriffssystem dafür besitzen.

Ganz genau, das ist der Punkt. Wenn Sie eine Ihrer subjektiven Erfahrungen anderen mitteilen wollen, dann brauchen Sie Begriffe, die von den anderen auf dieselbe Weise verstanden und benutzt werden. Nur durch solche Begriffe ist es überhaupt möglich, die Vorstellung einer »objektiven« Welt zu erschaffen. Wenn wir kein solches Koordinatensystem besitzen, dann können wir auch nicht sagen, was den Menschen damals »wirklich« widerfahren ist, weil wir ihre und unsere »Erfahrungen« nicht zueinander in Bezug setzen können.

Alles ist also theoriebehaftet. Es gibt keine objektiven Wahrnehmungen oder Erfahrungen.

Nein, nur subjektive Wahrnehmungen, die wir dann intersubjektivieren, indem wir sie in ein gemeinsames Koordinatensystem einpassen.

Und dieses intersubjektive System halten wir dann für unsere objektive Welt?

Ja.

Und woher stammen unsere subjektiven Wahrnehmungen, wenn es gar keine objektive Welt gibt?

Sie sind eine Folge des Zusammenspiels von Subjekt *und* »Welt«.

Und gibt es zuerst den Begriff, oder geht die Erfahrung dem Begriff voraus?

Weder noch, wir glauben, dass beides zusammen entsteht, dass es keine Möglichkeit gibt, diesen Prozess auf Ursache-Wirkung-Beziehungen zurückzuführen.

Haltet ihr es denn für möglich, dass wir irgendwann ein intersubjektivierbares Begriffssystem für solche »Entführungserfahrungen« finden?

In gewisser Weise haben wir solche Systeme bereits. Nur leider sind sie nicht kompatibel. Die einen glauben an die Realität der Außerirdischen, während die anderen an die Realität von Wahnvorstellungen oder Verschwörungen glauben. Beides ist innerhalb der jeweiligen Gruppen bereits heute intersubjektivierbar. Aber es wäre durchaus ein System denkbar, das beide Systeme miteinander verbindet.

Moment. Ihr haltet es für möglich, die subjektiven Wahnvorstellungen und die objektiven Außerirdischen miteinander zu verbinden?

Warum nicht? Schließlich sind wir der Meinung, dass sich Subjekt und Objekt nicht gänzlich trennen lassen und dass sich letztlich keine Frage wirklich »objektiv« entscheiden lässt.

Jetzt bin ich neugierig. Wie könnte ein solches System aussehen?

Gut, nehmen wir an, in einigen Jahrzehnten entdecken Wissenschaftler eine bis dahin unbekannte Form von Leben.

Wo?

Im menschlichen Gehirn. Diese neue Lebensform lebt quasi in Symbiose mit unserem Gehirn. Sie ist weit verzweigt und über das gesamte Nervensystem verbreitet. Die Forscher vermuten, dass dieses Lebewesen Bewusstsein besitzt, und geben ihm den Namen – hm, sagen wir »Babig«.

Babig, wieso Babig?

»Babig« ist ein Wort, das der Philosoph Rudolf Carnap erfunden hat. Er wollte damit sagen, dass die Verwendung vieler philosophischer Ausdrücke so sinnlos ist wie die Verwendung des Wortes »babig«, weil sie sich nicht »positiv« in der Erfahrung testen lassen.

Schön, trotzdem ist doch ziemlich unwahrscheinlich, dass man »Babig« irgendwann entdeckt. Da das menschliche Gehirn bereits recht intensiv erforscht ist, hätte man »Babig« längst finden müssen.

Das ist nicht gesagt. Auch Wollaston hat das Sonnenspektrum intensiv erforscht und trotzdem keine Absorptionslinien »gesehen«. Lange Zeit galten zum Beispiel die sogenannten Gliazellen im Gehirn nur als simpler Nervenkitt, der nur das Neuronengewebe zusammenhält. Erst nach und nach konnte man »sehen«, wie wichtig sie eigentlich sind. Wir können nur erkennen, wofür wir Begriffe besitzen. Es ist einfach nicht wahr, dass man nur »hinsehen« muss, um die Wahrheit zu erkennen. Und da wir heute nicht die blasseste Ahnung haben, wie »Babig« aussehen könnte, ist es auch unmöglich, so ein Lebewesen zu erkennen. Außerdem könnte es ja auch aus Dunkler Materie bestehen.

Aber wenn wir »Dunkel-Babig« nicht »sehen« können, weil wir keine intersubjektivierbaren Begriffe und Theorien haben, die uns sagen, wonach wir suchen sollen, und wenn wir neue Begriffe auch nicht einfach erfinden können, weil sie dann niemand anderes versteht, wie sollen wir dann »Babig« in Zukunft überhaupt »entdecken« und intersubjektivieren?

Auf dieselbe Weise wie Planck das Quantum, Einstein die Raumzeit und Fraunhofer seine Absorptionslinien entdeckt und intersubjektiviert haben – durch einen kreativen Akt. Wer die Hypothese »Babig« vorschlägt, muss dann zeigen, dass diese Theorie aus einsichtigen Prämissen folgt, fruchtbar ist, neue Möglichkeiten eröffnet und subjektive Erfahrungen, die bisher unverbunden und unverstanden nebeneinander existierten, in einen sinnvollen Zusammenhang bringt.

Und solange wir eine solche neue Hypothese nicht haben, sind die einen blind, weil sie ihre Erfahrungen nicht in intersubjektivierbare Begriffe fassen können, und die anderen sind blind, weil ihr altes Paradigma sie blind macht.

Ja. Die einen »sehen« dann objektiv vorhandene außerirdische Entführungstrupps, während die anderen nur subjektive Wahnvorstellungen in Betracht ziehen können.

Dann sind wir im Grunde also alle blind.

Wie meinen Sie das?

Solange es kein intersubjektiv gültiges Begriffssystem für unsere subjektiven Erfahrungen gibt, können wir uns nicht verständlich machen, weil wir unsere Erfahrungen nicht eindeutig mit Ideen in Beziehung setzen können, die auch von anderen verstanden werden. Und wenn wir so ein Begriffsystem besitzen, macht uns ebendieses Begriffssystem blind für alle Erfahrungen, die darin keinen Platz finden.

Sagen wir es so: Wir sind auf jeden Fall alle blind für eine »objektive Realität«. Aber nicht alle sind blind für die Tatsache, dass wir frei sind. Manche wissen, dass kein Wissen vollständig objektiv sein kann, und erkennen, dass alle unsere Wahrheiten immer nur vorletzte Wahrheiten sind, weil die menschliche Vernunft keine objektiven Grenzen kennt.

Schön, und wie hängt »Babig« nun mit den außerirdischen Entführern zusammen?

Nehmen wir an, »Babig« möchte Kontakt zu seinem Wirt herstellen. Dazu versucht es dessen Gehirnzellen zu reizen und dem Menschen mitzuteilen, dass es existiert, dass es intelligent ist und dass es innerhalb seines Körpers lebt. Da die zwei Lebensformen sehr verschieden sind und keine gemeinsame Sprache besitzen, werden diese Informationen höchstwahrscheinlich nur als vage Gefühlserfahrungen bei dem Menschen ankommen. (Er hat ein irgendwie »babiges« Gefühl.) Er spürt, dass da etwas Fremdes, eine fremde Intelligenz (oder Geist) ist, die ihn manipuliert. Er spürt, dass dieses Wesen in ihn eingedrungen ist und Macht über ihn besitzt. Er ist ihm ausgeliefert. Er deutet diese Erfahrungen innerhalb seines Begriffssystems, und schon haben wir entweder eine Gotteserfahrung oder eine Entführung durch intelligente Außerirdische und einen sexuellen Missbrauch.

Hm, diese Erfahrung hätte also eine intersubjektivierbare Ursache, nämlich das fremde Wesen, und wäre trotzdem rein subjektiv, weil nur der jeweilige Mensch diese Erfahrung machen konnte – interessant.

Und wenn »Babig« tatsächlich außerirdischen Ursprunges ist, dann hätten beide Systeme recht behalten, und die ursprüngliche Frage, ob es sich um reale Außerirdische oder subjektive Wahnvorstellungen handele, wäre in diesem Sinne gar nicht »objektiv« entscheidbar. Die Erfahrungen wären Illusionen gewesen, weil es keine »äußeren« Entsprechungen dafür gibt, und auch eine »Entführung« durch Außerirdische hätte stattgefunden. Vielleicht ließen sich durch die Existenz von »Babig« auch Krankheiten wie Epilepsie und Schizophrenie erklären.

Und wenn sie nicht gestorben sind, dann fabulieren sie noch heute.

Gut, wir geben ja zu, dass das alles vollkommen aus der Luft gegriffen ist. Trotzdem kann man aus diesem Gedankenexperiment einiges lernen.

Zum Beispiel, dass es da draußen in der Welt die unglaublichsten Dinge geben kann, die wir nur deshalb nicht wahrnehmen können, weil wir keine passende Theorie für sie haben?

Nein, denn es gibt da draußen keine objektive Welt, die unabhängig von unserer Wahrnehmung existierte.

Das würde aber doch bedeuten, dass Fraunhofers Linien, die Jupitermonde, das Quantum oder die Raumzeit tatsächlich gar nicht da waren, ehe wir sie entdeckt und eine intersubjektivierbare Erklärung gefunden hatten. Das ist doch absurd.

Es ist nur absurd, wenn Sie von einer objektiven und realen Außenwelt ausgehen, die unabhängig von uns existiert und die wir forschend entdecken. Solange Sie diese Theorie über die Welt im Hinterkopf haben, ist es »tatsächlich« absurd, und alles, was wir sagen, wird Ihnen als unsinnig erscheinen. Sie werden nicht sehen können, was wir sehen, und glauben, dass der Teufel Mimikry betreibt.

Ihr glaubt also, dass die Fraunhofer-Linien und die Jupitermonde vor ihrer Entdeckung gar nicht da waren?

Ja und nein.

Es ist zum Verrücktwerden, ihr treibt mich noch in den Wahnsinn. Geht es nicht etwas genauer?

Stimmen Sie uns zu, dass es in der menschlichen Geschichte eine Zeit gegeben hat, in der weder die Jupitermonde noch die Fraunhofer-Linien eine Rolle in der Gedankenwelt der Menschen spielten, dass sie also zumindest für die Menschen nicht existent waren?

Ja, aber das bedeutet nicht, dass sie in der Welt nicht existent waren, sondern lediglich, dass wir nichts von ihnen wussten.

Gut, nehmen wir spaßeshalber an, »Babig« könnte irgendwann in der Zukunft tatsächlich so einfach »gese-

hen« werden, wie wir heute die Jupitermonde »sehen«.
Dann würde das Ihrer Ansicht nach bedeuten, dass »Babig« auch heute schon »existiert« und für diese »Entführungserfahrungen« verantwortlich ist, richtig?
Ja, es würde existieren, nur hätten wir es noch nicht entdeckt.
Gut, dann weisen Sie uns seine Existenz nach.
Wie bitte?
Zeigen Sie uns »Babig«. Wir möchten »Babig« »sehen«.
Aber wie soll ich etwas nachweisen, von dem ich nicht einmal weiß, dass es existiert.
Sehr richtig. Solange »Babig« nicht intersubjektiv nachgewiesen wurde, existiert es auch nicht. Im Hier und Jetzt existiert es genauso wenig, wie die »Leichenmaterie« oder die Jupitermonde damals existiert haben. Es existiert nicht, weil es (noch?) nicht intersubjektivierbar ist. Ihre subjektive Überzeugung, dass Babig existiert, wäre nur eine subjektive Wahnvorstellung, der sie verfallen sind.
Aber wenn es dann entdeckt wird, dann erkennen wir doch, dass es auch schon in der Vergangenheit Wirkungen hatte. Wir erkennen dann, dass wir diese Wirkungen nur falsch interpretiert haben.
Zeigen Sie uns solche Wirkungen von »Babig«, die wir falsch interpretieren.
Das kann ich nicht, weil ich nicht weiß, welche Wirkungen »Babig« hätte, wenn es »existieren« würde.
Sie können es nicht, weil im Hier und Jetzt keine intersubjektivierbaren Wirkungen von »Babig« existieren. »Babigs« »vergangene« Wirkungen »entstehen«, wenn es intersubjektiv anerkannt ist, dann wird die Vergangenheit neu bewertet, sie wird quasi neu strukturiert. »Babigs« gegenwärtige Wirkungen bedingen dann Ursachen in der Vergangenheit. Wir suchen dann zu un-

seren aktuellen Überzeugungen die passenden Prämissen.

Ich sehe, worauf ihr hinauswollt, trotzdem kann ich es nicht glauben. Ich kann nicht glauben, dass die Jupitermonde erst existieren, seit wir sie intersubjektiviert haben. Was ihr da behauptet, bedeutet doch auch, dass die bewusste Lebensform »Babig« jederzeit wieder verschwinden könnte, wenn wir uns in noch fernerer Zukunft auf eine andere intersubjektivierbare Theorie einigen würden. Vielleicht wäre »Babig« dann nur noch eine spezielle Art von toter Materie, die unser Gehirn vergiftet. Seht ihr denn nicht, wie absurd das ist? Unsere Theorien über die Welt könnten dann ein bewusstes Lebewesen einfach aus der Welt tilgen. Das könnt ihr doch nicht wirklich glauben.

Wir glauben das, weil es in ähnlicher Form schon vorgekommen ist und noch immer vorkommt. Es gab eine Zeit in der westlichen Wissenschafts- und Philosophiegeschichte, da waren alle Tiere nichts anderes als Reiz-Reaktions-Maschinen. Sie hatten keine Gefühle, keine Intelligenz, keine Kultur, keine Moral. Heute gibt es viele Forscher, die Tieren Kultur und sogar ein rudimentäres moralisches Verständnis zubilligen. Es gab eine Zeit, in der waren manche »Menschenrassen« minderwertig und nur eine andere Art von Affen. Unselbständig, nur halbbewusst und geistesarm. Und heute gibt es sogenannte Gehirnforscher, die behaupten, dass das menschliche Bewusstsein eine Illusion sei und dass Menschen keine moralische Verantwortung für ihre Taten trügen, weil sie durch kausale Abläufe in ihrem Neuronensystem determiniert und im Grunde nur willenlose biologische Maschinen seien.

Bewusstsein ist weder objektiv definierbar, noch gibt es eine objektive Methode, um die Existenz von Bewusstsein nachzuweisen. Bewusstsein offenbart sich nur im Zusammenspiel mit unserem eigenen Bewusstsein.

Dann entscheiden also unsere Theorien darüber, wer oder was wir sind und wie die Welt aufgebaut ist?

Nicht unsere Theorien, wir bestimmen darüber. Oder sagen wir es anders: Wir sind ein nicht zu vernachlässigender Teil der Welt und bestimmen mit darüber, wie die Welt »ist«. Existenz oder Nichtexistenz ist kein objektiver Zustand, »Existenz« existiert nur innerhalb eines subjektiven Beobachterkontextes.

Das ist alles ziemlich starker Tobak.

Im Grunde ist es nur ein anderes Koordinatensystem. Es zeigt eigentlich nur, dass man die Welt auch anders »sehen« kann. Nehmen wir noch ein Beispiel. Stimmen Sie uns zu, dass es in einer bestimmten Phase der menschlichen Geschichte keinen Monotheismus gab?

Ja.

Die Menschen, die zum ersten Mal die Idee des *einen* Gottes entwickelten, was glauben Sie, welche Vorstellung hatten diese Menschen von ihrem neuen Gott? Glaubten sie, dass er erst mit ihrer Idee in die Welt kam, oder waren sie überzeugt davon, dass dieser Gott schon immer existiert hat?

Selbstverständlich haben sie geglaubt, dass dieser Gott schon vorher da war.

Die entscheidende Frage lautet dann aber: Warum waren diese Menschen überzeugt davon, dass der Gott schon vor ihrer Idee da war?

Weil die Idee eines Gottes nur dann Sinn ergibt, wenn ich glaube, dass er vor mir da war, dass er unabhängig von meinen Gedanken, dass er unabhängig von der Welt existiert.

Sehr richtig. Nur innerhalb dieses theoretischen Koordinatensystems ergibt die Idee eines Gottes Sinn. In dem

Moment, in dem Sie den *einen* Gott erfinden oder entdecken, müssen Sie automatisch eine Vergangenheit für ihn erfinden, weil die Gottesvorstellung nur innerhalb dieses theoretischen Rahmens Sinn ergibt und gedacht werden kann.

Das heißt also, dass ich innerhalb des Paradigmas, in dem ein Mond ein Mond und eine Spektrallinie eine Spektrallinie ist, gar nicht anders kann als annehmen, dass sie unabhängig von der Entdeckung schon immer existiert haben.

Ja, der Rahmen, in dem diese »Entdeckungen« gemacht werden, zwingt uns dazu, eine Vergangenheit für sie zu erfinden.

So wie uns das Trägheitsgesetz ganz automatisch zwingt, hinter einer Zustandsänderung die Wirkung einer Kraft zu sehen.

Stellen wir aber unseren bisherigen gedanklichen Rahmen in Frage und machen einen »vernünftigen« Schritt zurück, können wir erkennen, dass wir die Welt auch aus einem anderen Blickwinkel (durch ein anderes Koordinatensystem) betrachten können. Wir können dann erkennen, dass weder die Welt noch die Vergangenheit unabhängig von uns objektiv »existiert«. Eine neue Entdeckung ändert dann nicht nur die Welt, sie macht es auch erforderlich, unsere Vergangenheit zu ändern und neu zu »erfinden«.

Das scheint ja fast so, als müssten wir nur ein bisschen unsere Ideen und Begriffe durcheinanderwirbeln und neu arrangieren, und schon lebten wir in einer anderen Welt.

So einfach ist die Sache leider nicht. Der bloße Umbau Ihres Begriffssystems oder ein Wechsel des Koordinatensystems versetzt Sie nicht automatisch in eine andere Welt. Es ist wie mit dem Erlernen einer neuen Sprache.

Nur weil Sie einige Vokabeln kennen und die Grammatik leidlich beherrschen, fangen Sie nicht automatisch an, in der neuen Sprache zu denken. Die Entscheidung, in der neuen Sprache zu denken, können Sie nicht von jetzt auf gleich bewusst treffen. Wenn Sie in der neuen Sprache denken wollen, dann müssen Sie eine Zeitlang in der neuen Sprache leben und sie verinnerlichen.

Ich muss also mein Denken und mein Handeln in Einklang bringen.

Ja.

Und wie mache ich das?

Indem Sie tun, was Sie für richtig halten.

So einfach ist das?

Nein, so schwer ist das.

All das schließt ihr also aus Tatsachen und Beobachtungen, die laut eurer eigenen Theorie sämtlich theoriebehaftet sind.

Ja.

Ungeachtet der Tatsache, dass es logisch zwingende induktive Schlüsse nicht geben kann.

Ja.

Und trotzdem glaubt ihr, dass ihr recht habt, dass ausgerechnet eure Theorie richtig ist.

Selbstverständlich glauben wir, dass wir recht haben. Und selbstverständlich wissen wir, dass unser Glaube keine objektive Wahrheit darstellt. Sie haben doch hoffentlich nicht von uns erwartet, dass wir Ihnen einen logisch schlüssigen Beweis für unseren Glauben liefern können?

Äh ...

Was zu beweisen war.

Nichtdenker im Labor

Die Wissenschaft denkt nicht, sagt der Philosoph Martin Heidegger (1889–1976). »Sie denkt nicht, weil sie nach der Art ihres Vorgehens und ihrer Hilfsmittel niemals denken kann – denken nämlich nach der Weise der Denker. Dass die Wissenschaft nicht denken kann, ist kein Mangel, sondern ein Vorzug. Er allein sichert ihr die Möglichkeit, sich nach Art der Forschung auf ein jeweiliges Gegenstandsgebiet einzulassen und sich darin anzusiedeln.«[143]

Was Heidegger mit seiner etwas provozierenden Aussage meint, ist nicht, dass Wissenschaftler bei ihrer Forschungsarbeit nicht denken, sondern dass Wissenschaft ihre Voraussetzungen nicht hinterfragt. Im vierten Kapitel haben wir gesehen, dass wissenschaftliche Forschung normalerweise innerhalb eines festen Paradigmas stattfindet. Dieses Paradigma definiert die erlaubten Rätsel und die zugelassenen Methoden zur Lösung dieser Rätsel. Über dieses Paradigma denken Wissenschaftler normalerweise nicht hinaus, weil es den Rahmen für ihr Denken festlegt. Innerhalb dieses Rahmens kann sich der Wissenschaftler auf seine Forschung konzentrieren, weil ihm der Rahmen einen festen Grund bietet, auf dem er arbeiten kann. Würde er wie ein Philosoph ständig seinen Grund in Frage stellen, käme er nie zu konkreten Ergebnissen. Der Rahmen bietet Halt, engt jedoch auch das Denken ein.

Was außerhalb des erlaubten Rahmes liegt, wird deshalb sehr häufig gar nicht als etwas »Wirkliches« anerkannt. Revolutionär Neues widerspricht nämlich dem Paradigma und wird dann einfach geleugnet. »Ein Paradigma ist das Brett, das alle vor dem Kopf haben … Voraussetzungen, die keiner mehr hinterfragt«, sagt der Wissenschaftshistoriker Ernst Peter Fischer.[144]

Eines dieser Bretter ist der Glaube der Wissenschaftler, dass das Naturgeschehen nach bestimmten Gesetzen ablaufe. Wer sich daran macht, die Gesetze der Natur zu erforschen, der muss zuallererst an die Gesetze der Natur glauben. Würde ein Wissenschaftler dieses Paradigma hinterfragen, um sich zu vergewissern, dass sein Glaube an Naturgesetze objektiv gerechtfertigt ist, ehe er mit der Forschungsarbeit beginnt, so könnte er niemals mit der Arbeit beginnen.

Beobachtungen in der Natur bestätigen den Verdacht jedenfalls nicht, dass die Welt nach determinierten Gesetzen abläuft. Kein Zweifel, in der Natur gibt es regelmäßige Zyklen (Tag – Nacht, Wechsel der Jahreszeiten usw.), doch keiner dieser Zyklen gleicht exakt dem anderen. Wir finden in der Natur keinen Vorgang, der sich genau wiederholt. Um zu beweisen, dass das Naturgeschehen nach festen Gesetzen abläuft, müssen wir zeigen, dass sich ein Vorgang genau so und nicht anders wiederholen würde, wenn wir die Zeit zurückdrehten und den Vorgang noch einmal ablaufen ließen. Wir wissen alle, dass das unmöglich ist. Wir können die Welt nicht in den Zustand von vor fünf Minuten zurückversetzen. Und selbst wenn wir es könnten, würde es uns nicht das Geringste nützen. Denn wenn wir die Welt zurückversetzten, dann müssten wir auch uns, als einen Teil der Welt, in den früheren Zustand zurückversetzen, und das würde bedeuteten, dass wir unsere Erinnerungen an die »Zukunft« verlieren würden. Wir wüssten dann nicht mehr, dass wir selbst die Welt zurückgesetzt haben, um festzustellen, ob sie nach festen Gesetzen abläuft. Unsere Allmacht würde uns daran hindern, zu beweisen, dass wir determiniert und damit ohnmächtig sind. Wenn wir es schon nicht schaffen, die ganze Welt in einen früheren Zustand zurückzuversetzen, vielleicht schaffen wir es dann wenigstens mit einem Teil der Welt. Wir nehmen einen Raum, nennen ihn Labor und versuchen herauszufinden, ob sich die Vorgänge darin exakt wiederholen, wenn wir dieselben Ausgangsbedingungen schaffen. Machen wir einen ganz einfachen Versuch: einen Fallversuch. Wir wollen messen, ob ein Apfel dieselbe Strecke immer gleich schnell durchfällt. Wir bauen eine Haltevorrichtung für den Apfel, messen eine bestimmte Höhe (2 m) ab, bauen unsere Zeitmessvorrichtung (Lichtschranke) auf und starten den Versuch. Wir lassen den Apfel fünfmal dieselbe Strecke von zwei Metern durchfallen und stellen fest, dass wir bei jedem Fall eine etwas andere Fallzeit messen. Die Unterschiede sind zwar nicht besonders groß, aber für unsere Messvorrichtung sehr leicht messbar. Von Determiniertheit keine Spur.

Das Ergebnis wird keinen Experimentalphysiker überraschen. Er wird uns freundlich darauf hinweisen, dass wir unsere Anfangsbedingungen nicht exakt genug reproduzieren und deshalb jedes Mal eine andere Zeit messen. Wir können zum Beispiel nicht garantieren, dass der Luftwiderstand, den der Apfel spürt, bei jedem Versuch derselbe ist. Ein Lufthauch, ausgelöst durch eine sich öffnende Tür oder eine Person, die durch das Labor läuft, wird das Messergebnis bereits merklich beeinflussen. Er wird auch anmerken, dass es nicht sehr geschickt von uns war, einen Apfel als Versuchsobjekt zu wählen. Äpfel haben eine sehr unregelmäßige Form und Oberfläche. Eine etwas veränderte Ausgangslage des Apfels zu Beginn des Falles wird einen ganz anderen Luftwiderstand zur Folge haben. Äpfel neigen auch dazu, matschig zu werden, wenn sie aus großer Höhe herunterfallen, sie verändern ihre Form, verlieren Flüssigkeit und damit Masse. All diese Bedingungen beeinflussen die gemessene Fallzeit. Der Physiker wird uns vorschlagen, den Apfel gegen eine Stahlkugel auszutauschen und die Kugel im Inneren einer evakuierten Röhre fallen zu lassen. Wir hören auf seinen Rat, ändern unseren Versuchsaufbau entsprechend und stellen fest, dass wir wiederum für jeden Fall eine etwas andere Fallzeit messen. Die Unterschiede sind zwar merklich geringer geworden, dennoch ist nicht zu leugnen, dass wir keine konstanten Messergebnisse erzielen. Unsere

Messwerte streuen auch jetzt wieder um einen Mittelwert. Messwerte in der Physik werden deshalb immer mit ihrem mittleren Fehler, der sogenannten Standardabweichung, angegeben. Für unseren Fallversuch würden wir also zum Beispiel folgendes Ergebnis erhalten: gemessene Fallzeit: 0,64 ± 0,02 Sekunden. Das bedeutet, dass 68,3 Prozent unserer Messwerte einen Wert zwischen 0,62 und 0,66 Sekunden hatten. Das bedeutet aber auch, dass 31,7 Prozent unserer Messwerte relativ weit entfernt vom »wahren« Wert lagen. In der Tat gibt es in fast jeder Messreihe Werte, die sehr weit entfernt (mehr als zwei Standardabweichungen) vom vermeintlich »wahren« Wert liegen. Solche Messwerte werden als Ausreißer oder Schmutzeffekt bezeichnet.

////////////////////////////////////

AUSREISSER UND SCHMUTZEFFEKTE

Als Ausreißer bezeichnet man Messwerte, die mehr als zwei Standardabweichungen vom Mittelwert abweichen. Solche Ausreißer sind unvermeidlich, weil keine Messapparatur perfekt reproduzierbare Ergebnisse liefert. Für jedes Experiment gibt es also immer einen Störhintergrund aus unwillkommenen und unerwarteten Messwerten.

Diese Tatsache macht es so schwierig, echte Anomalien, das heißt Messwerte, die auf noch unbekannte Phänomene zurückgehen, vom Störhintergrund zu unterscheiden. Forscher haben bestimmte Erwartungen an ihre Experimente, die durch ihr Paradigma definiert werden, und blenden deshalb alles aus, was diesen Erwartungen widerspricht. Ungewöhnliche Messwerte werden deshalb sehr häufig einfach als Ausreißer oder Schmutzeffekt klassifiziert und beiseitegeschoben. Solche Werte tauchen in der Regel niemals in den veröffentlichten Berichten auf.

Forscher am Deutschen Elektronen-Synchrotron (DESY) in Hamburg, einem Forschungsinstitut für Elementarteilchenphysik, berichten, dass ihre Maschine ab und zu »träume«. Damit meinen sie nichts anderes, als dass sie Daten produziert, die sich jeder Einordnung in das Weltbild der Forscher widersetzen.

Widerlegen nun die unvermeidliche Streuung der Messwerte und das Vorhandensein von Ausreißern (brennende Bettfedern, Telekinese, variable Lichtgeschwindigkeit) unseren Glauben an den naturgesetzlichen Ablauf der Welt? Zweifelt irgendein Naturwissenschaftler an den Naturgesetzen, weil seine Experimente keine exakten Ergebnisse liefern? Natürlich nicht. Ähnlich wie das Trägheitsgesetz besitzt auch der Glaube an Naturgesetze oder Naturkonstanten einen Abwehrmechanismus, der ihn vor Widerlegung schützt. (Dieser Mechanismus ist so stark, dass sich Wissenschaftler nicht einmal darüber wundern, dass sich die Naturgesetze und Naturkonstanten im Laufe der Forschung ständig ändern.) Eine Streuung der Messwerte ist unvermeidlich, weil wir die Anfangsbedingungen nicht exakt reproduzieren können. Wir haben einfach nicht die volle Kontrolle über die Welt. Selbst wenn wir die Bedingungen innerhalb unseres Labors vollständig beherrschen würden, befände sich unser Labor doch immer noch in einer Welt, die wir nicht vollständig beherrschen. Durch Blitzschlag ausgelöste Schwankungen im Stromnetz, kosmische Strahlung und Bewegungen der Erdkruste können von außen auf unser Labor einwirken und unsere Messgeräte und damit die Messergebnisse unvorhersehbar beeinflussen. Hätten wir allerdings all diese Dinge unter Kontrolle, erhielten wir (zumindest innerhalb der quantenmechanischen Unschärfe) exakte Ergebnisse. Wissenschaftler glauben an die Naturgesetze, nicht weil sie deren Wirkungen experimentell exakt und objektiv beweisen können, sondern weil sie in der Lage sind, Experimente (einen Teil der Welt) so zu gestalten, dass ähnliche Ausgangsbedingungen mit sehr hoher Wahrscheinlichkeit zu ähnlichen Ergebnissen führen.

Stellen wir uns nun einen Wissenschaftler vor, der in einem eng begrenzten Raum (einer Kiste) innerhalb seines Labors eine experimentelle Messreihe durchführt. Er stellt fest, dass sein Experiment reproduzierbare Ergebnisse liefert. Jedes Mal wenn er sein Experiment auf Anfang stellt und es ablaufen lässt, endet es mit sehr hoher Wahrscheinlichkeit im gleichen Endzustand. Daraus schließt unser Forscher, dass nicht nur in der Kiste, sondern im gesamten Labor Naturgesetze wirken, die den Ablauf der Welt festlegen. Ist sein Schluss gerechtfertigt?

Treten wir einen Schritt zurück und beobachten von außen, was der Forscher tut. Wir sehen, dass er in einem kleinen Kasten innerhalb seines Labors versucht, einen Vorgang immer auf dieselbe Weise ablaufen zu lassen. Als ihm das hinreichend gut gelungen ist, schließt er daraus, dass nicht nur die Welt innerhalb dieses Kastens, sondern auch die Welt seines Labors durch Gesetze determiniert sei. Von außen erkennen wir sofort, dass er einen Fehler begangen hat. Er hat bei der Wiederholung seines Experiments nämlich vergessen, etwas sehr wichtiges in seinen Anfangszustand zurückzusetzen – sich selbst. Die Abläufe innerhalb des Labors haben sich eben nicht deterministisch wiederholt. Nach jedem Versuch, den der Forscher ausgeführt hat, hat sich sein Wissen verändert. Dieses Wissen war immer Teil des Versuchsaufbaus und wurde nie in den Ausgangszustand zurückgesetzt. Es kann also keine Rede davon sein, dass die einzelnen Versuchsdurchgänge innerhalb des Labors immer unter den gleichen Anfangsbedingungen gestartet wurden. Diesem Mangel wollen wir abhelfen. Wir wollen nun feststellen, ob die Abläufe innerhalb des Labors tatsächlich determiniert ablaufen. Dazu müssen wir nicht nur die Bedingungen innerhalb des Kastens auf

null stellen, sondern auch die Erinnerung des Forschers löschen. Er muss wieder bei null beginnen. Wenn er dann seine
Versuchsreihe mit ausreichender Wahrscheinlichkeit (auch
bei unserem Versuch wird es eine Streuung der Messwerte
geben) immer wieder auf ähnliche Weise durchführt und am
Ende immer zum selben Ergebnis kommt, dann können wir
behaupten, dass innerhalb seines Labors tatsächlich determi-
nistische Gesetze herrschen.

Um diesen Versuch durchzuführen, müssen wir wissen, welche Faktoren innerhalb des Labors den Versuchsablauf beeinflussen. Diese Faktoren müssen wir identifizieren und für
jeden Versuchsdurchlauf identisch (oder nahezu identisch)
präparieren. Wir müssen also sicherstellen, dass wir die Anfangsbedingungen möglichst hinreichend exakt reproduzieren, denn nur dann können wir erwarten, dass auch das Versuchsergebnis ähnlich sein wird und eventuell auch von anderen nachvollzogen werden kann. Auch für unseren
Gedankenversuch gilt schließlich die Pflicht zur Intersubjektivierbarkeit. (Von der Tatsache, dass sowohl unsere als auch
die Beobachtungen des Forschers im hohen Maße theoriebehaftet und damit keinesfalls rein »objektiv« sind, wollen wir
hier einmal absehen.)

Wird es ausreichen, das Labor in seinen Ausgangszustand zurückzuversetzen und die Erinnerung des Forschers an seine
bereits durchgeführten Versuche zu löschen, um ihn glauben
zu machen, er betrete eben jetzt wieder sein Labor, um eine
Versuchsreihe zu starten?

Wir werden wahrscheinlich sehr bald feststellen, dass es nicht
ausreicht, nur das Gedächtnis unseres Forschers zurückzusetzen. Wenn wir immer nur die Erinnerung im Gehirn löschen,
wird er sich bei jedem Versuchsdurchlauf anders verhalten.
Menschen denken nämlich nicht nur mit dem Gehirn, sondern
auch mit ihrem Magen, mit ihrer Blase, mit ihrem Darm und
ihren Genitalien. Wenn wir den Blutzuckerspiegel und den

Magen- und Darminhalt nicht wieder so herstellen, wie er war, dann wird der Forscher zu jeweils anderen Zeiten Hunger bekommen oder den Drang verspüren, die Toilette aufzusuchen. Das könnte den gesamten Versuchsablauf verändern. Er könnte auf dem Klo eine geniale Idee haben, die ihn an seiner bisherigen Forschungsarbeit zweifeln lässt. Ein Hungergefühl könnte seine Konzentration beeinträchtigen, so dass er bei der Versuchsdurchführung Fehler macht und plötzlich zu ganz anderen Ergebnissen kommt. Ein plötzlich einsetzendes sexuelles Bedürfnis könnte ihn veranlassen, das Labor vorzeitig zu verlassen, um sich anderen Forschungen zu widmen.

Es ist eben nicht so, dass nur das Gehirn Auswirkungen auf das Denken und das Verhalten von Menschen hat. Nicht das Gehirn denkt und handelt, der Mensch denkt und handelt. Und Menschen reagieren nicht nur auf innere, sondern auch auf äußere Reize, so dass ein neuer Gedanke nicht nur auf Vorgänge im Gehirn zurückgeführt werden kann.

Wir haben schon gesehen, dass sich kein Experiment auf exakt dieselbe Weise wiederholen lässt. Die Messwerte streuen um einen Mittelwert, und es kann immer wieder Ausreißer geben. Vielleicht regt so ein zufälliger Ausreißer in einem Versuchsdurchlauf unseren Forscher plötzlich zu einem Gedanken an, den er vorher noch nie hatte. Dann hätte ein Ausreißer in seinem Experiment einen Ausreißer in unserem Experiment verursacht. Wir könnten dann fast sagen, dass nicht der Mensch allein, sondern das System aus Mensch und Umwelt einen Gedanken produziert hat. (Gedankenausreißer: Denkt vielleicht das Ganze durch uns – oder denken wir mit Hilfe des Ganzen?)

Die einzige Möglichkeit festzustellen, ob die Laborwelt des Forschers determiniert ist, wäre es, das gesamte Labor mitsamt dem Forscher immer wieder in exakt denselben Zustand zurückzuversetzen. Das ist aber unmöglich, weil dieses Labor auch mit unserer Welt in Kontakt steht, und wir es beeinflussen. Unsere Welt und uns selbst können wir aber nicht zurückversetzen. Und wenn wir es könnten, würden wir vergessen, dass wir es getan haben.

Und falls wir trotz aller Widerstände feststellen könnten, dass das Labor des Forschers determinierenden Gesetzen folgt, so könnten wir das dem Forscher in seinem Labor niemals beweisen, weil er unseren Beweis nicht objektiv nachvollziehen könnte. Er wüsste nicht, dass er schon zigmal ein und denselben Versuch durchlaufen hat, weil wir ihm jedes Mal die Erinnerung daran genommen haben. Er müsste uns einfach glauben, dass es so ist. Dasselbe gilt, wenn wir feststellen, dass er in keiner determinierten Welt lebt, auch das könnten wir ihm aus demselben Grund nicht objektiv beweisen. Ebenso könnte kein »höheres« Wesen uns »objektiv« beweisen, dass wir in einer (nicht)determinierten Welt leben.

Was ist mit Uhren?
Was soll damit sein?
Uhren sind doch wohl hochgradig determiniert oder nicht?
Manche unserer Uhren sind hochgradig determiniert, ja.
Cäsiumuhren weichen in Millionen Jahren doch um weniger als ein Sekunde ab.
Ja, und?
Für mich hört sich das ziemlich deterministisch an.
Wir machen Ihnen einen Vorschlag: Gehen Sie ins nächste Uhrengeschäft und kaufen Sie sich eine Atomuhr. Ehe Sie den Laden aber wieder verlassen, fragen Sie den Verkäufer, wann Ihre funkelnagelneue und so wunderbar determinierte Atomuhr in unserer Welt kaputtgehen wird.
Ich nehme an, darauf wird er wohl keine Antwort wissen.

Da dürften Sie recht haben.

Uhren sind also nicht vollständig determiniert, weil sie mit der Welt in Kontakt stehen und wir die äußeren Einflüsse nicht vorhersehen können.

Ganz genau. Aus der Tatsache, dass wir es schaffen, sehr zuverlässige Systeme zu bauen, können wir nicht logisch zwingend schließen, dass unsere Welt deterministisch ist. In dieser Welt ist vieles möglich. Unter anderem eben auch die Konstruktion von sehr zuverlässigen Maschinen. Aber kein von uns konstruiertes System ist wirklich vollständig determiniert. Wir dürfen nicht vergessen, dass wir es sind, die diese Systeme von der Welt trennen, dass wir die Bedingungen definieren, unter denen wir die Systeme als zuverlässig ansehen, und dass wir es auch sind, die Entschuldigungen und Erklärungen finden, wenn die Systeme irgendwann versagen und eine Waschmaschine abfackelt.

Wissenschaftler, die an den Determinismus glauben, denken also nicht, weil sie keinen Schritt zurücktreten und ihre Voraussetzungen nicht hinterfragen?

Wissenschaftler, die glauben, mit ihren begrenzen Versuchen beweisen zu können, dass unsere Welt und sie selbst determiniert seien, denken tatsächlich nicht.

Aber ein Wissenschaftler, der davon ausgeht, dass die Welt und die Abläufe darin nicht durch Gesetze determiniert werden, der braucht doch gar nicht erst zu forschen beginnen.

Da haben Sie recht. Wir behaupten ja auch nicht, dass der Glaube an Naturgesetze generell unsinnig sei. Die Suche nach zuverlässigen Systemen und nach den Gesetzen, mit denen wir diese Systeme beschreiben und berechnen können, erfordert den Glauben an Gesetze, daran ist nichts auszusetzen. Nur so kann man Wissenschaft betreiben.

Was passt euch dann nicht?

Uns stört, dass Wissenschaftler vergessen, dass sie selbst jene Systeme definieren und präparieren, die sie dann als deterministisch bezeichnen. Uns stört, dass sie nicht erkennen, dass sie dazu nur in der Lage sind, weil sie als Subjekte frei handeln und denken können. Uns stört, dass sie den Menschen nur die Wahl zwischen Zufall und Determiniertheit lassen wollen und dabei vergessen, dass beide Konzepte ohne geistige Freiheit unmöglich wären. Uns stört, dass die meisten Wissenschaftler mit absoluter Sicherheit davon ausgehen, dass wir ein Produkt einer objektiven Umwelt sind, aber verdrängen, dass das Konzept einer objektiven Umwelt ein Produkt der subjektiven Phantasie ist.

Wir sind also kein Produkt einer objektiv ablaufenden Evolution?

Nein – und ja.

Könnt ihr euch eigentlich nie entscheiden?

Wir in der Welt, die Welt in uns

Erkenntnis setzt die Fähigkeit zur Unterscheidung voraus. Wir erkennen Dinge, weil sie sich von uns und anderen Dingen unterscheiden. Wenn wir jedoch versuchen, die Welt vollständig objektiv zu erkennen, dann stoßen wir an eine unüberwindliche Grenze. Wir sind ein Teil der Welt, die wir erkennen wollen. Keiner von uns kann sich von der Welt trennen, die er erkennen will. Erkenntnis setzt eine Beziehung zwischen dem erkennenden Subjekt und dem erkannten Objekt voraus. Wären Subjekt und Objekt vollständig getrennt, dann wäre ein Erkenntnisakt unmöglich. Der Theologe und Philosoph Hans Küng beschreibt das Verhältnis zwischen Subjekt und Objekt so: »Es lässt sich nämlich nicht leugnen, dass erkennendes Subjekt und zu erkennendes Objekt in geschichtlichem Zusammenhang gesehen werden müssen, dass objektives Erkennen stets abhängig ist vom Horizont der Fragestellung, der Methode, der Perspektive des Subjektes. Das bedeutet: Jedes Erkennen konstituiert das Objekt. Objekt ist nur Objekt, wenn Objekt eines Subjektes. Jedes Erkennen erkennt die Wirklichkeit nicht einfach so, wie sie an sich ist. Jedes Erkennen hebt einen bestimmten Aspekt der Wirklichkeit heraus und lässt viele andere im Dunkel: grenzt aus und grenzt ein, entgrenzt und begrenzt. Auch objektive Erkenntnis ist geschichtlich bedingt, vorläufig und grundsätzlich ohne Ende.«[145]

Das bedeutet nichts anderes, als dass es zwischen Subjekt und Objekt immer eine untrennbare Verbindung gibt, diese Verbindung wird durch den Erkenntnisakt hergestellt. Erst der Akt der Erkenntnis versetzt ein Objekt in unsere Welt. (»Babig« wird erst existieren, wenn wir Babig intersubjektiviert haben.)

Die Unterscheidung zwischen einer »real existierenden« Welt und dem »Bild«, das wir uns von dieser realen Welt machen, ist letztlich nicht objektiv beweisbar. Denn, so sagt Erwin Schrödinger: »Die Welt gibt es für mich nur einmal, nicht eine existierende und eine wahrgenommene Welt. Subjekt und Objekt sind nur eines. Man kann nicht sagen, die Schranke zwischen ihnen sei durch den Ansturm neuester physikalischer Erfahrungen gefallen; denn diese Schranke gibt es gar nicht.«[146]

Wenn wir erkennen, dann erkennen wir nie ein Objekt an sich, weil es dieses Objekt immer nur in Verbindung mit unserem Erkenntnisakt gibt. Plato sagte, wenn wir erkennen, dann erkennen wir immer die Idee des Dinges in uns. Diese fundamentale Erkenntnis der Erkenntnistheorie wurde von der Wissenschaft sehr lange sehr erfolgreich verdrängt. Sie wurde verdrängt, aber nie ganz vergessen. Der Psychiater Carl Gustav Jung schrieb: »Alle Wissenschaft jedoch ist

Funktion der Seele, und alle Erkenntnis wurzelt in ihr. Sie ist das größte aller kosmischen Wunder und die Conditio sine qua non der Welt als Objekt. Es ist im höchsten Grade merkwürdig, dass die abendländische Menschheit, bis auf wenige Ausnahmen, diese Tatsache anscheinend so wenig würdigt. Vor lauter äußeren Erkenntnisobjekten trat das Subjekt aller Erkenntnis zeitweise bis zur anscheinenden Nichtexistenz in den Hintergrund.«[147]

Bis zur quantenmechanischen Revolution ging die Wissenschaft ganz selbstverständlich davon aus, dass zwischen dem Beobachter und der Welt eine Glasscheibe existiert, und der Beobachter etwas über die Welt erfahren kann, ohne an ihr teilzuhaben. Die Quanten zeigten jedoch, dass dieser Glaube unhaltbar war. Auch die Physik musste erkennen, dass Erfahrungswissen nur gewonnen werden kann, wenn man an der zu beobachtenden Welt aktiv teilhat. Echtes Wissen kann nicht durch reines, distanziertes Beobachten entstehen. Bei der Quantenphysik als der grundlegenden Theorie der Physik handelt es sich nicht mehr um eine Theorie von der Realität, sondern um eine Theorie des möglichen Wissens von der Realität. Was uns die Quantentheorie liefert, ist eigentlich kein Bild der Natur, sondern einen Zustandsbericht unserer Beziehungen zur Natur. Werner Heisenberg hat es so formuliert: »Die Naturwissenschaft steht nicht mehr als Beschauer vor der Natur, sondern erkennt sich selbst als Teil dieses Wechselspiels zwischen Mensch und Natur.«[148]

Nur die halbe »Wahrheit« wäre es allerdings zu glauben, die Welt sei deshalb nicht objektiv erkennbar, weil die Quanten unbestimmt sind. Die andere Hälfte der Wahrheit besteht nämlich darin, dass die Quanten unbestimmt sind, weil es keine Welt geben kann, die einerseits vollständig objektiv und andererseits auch erkennbar ist. Eine erkennbare Welt kann nicht vollständig objektiv sein, weil Erkennbarkeit einen subjektiven Beobachter bedingt. Als die Wissenschaft ihre Methode zur »Objektivierung« immer mehr verfeinerte, stellte sie fest, dass es nötig wurde, die Versuchsobjekte von bestimmten Aspekten der Welt zu isolieren. Versuchsrelevante Einflüsse der Außenwelt mussten so weit wie möglich ausgeschlossen werden, um möglichst exakt reproduzierbare Bedingungen zu schaffen. Deshalb werden Stahlkugeln in evakuierten Röhren vermessen und nicht Äpfel, die von Bäumen fallen. In der Quantenmechanik stößt diese Methode an ihre natürliche Grenze. Denn ein Faktor aus der Außenwelt ist für jedes Experiment unabdingbar notwendig: das experimentierende Subjekt selbst und die von ihm erdachte Messapparatur. Die Physiker mussten erkennen, dass es unmöglich ist, durch Beobachtung objektives Wissen zu erlangen, denn Wissen ist immer das Wissen von Subjekten und hängt von deren methodischem Zugriff auf die »Objekte« ab.

Objektives Wissen kann aber auch nicht durch reines logisches Denken entstehen. Die Logiker und Mathematiker mussten erkennen, dass sehr viele logische und mathematische Systeme möglich sind, die sich zwar gegenseitig ausschließen, die aber jedes für sich »sinnvoll« sein können. Es lässt sich nicht objektiv entscheiden, welches dieser Systeme »wahr« ist. Hinzu kam die Erkenntnis eines genialen Logikers, dass keines der von uns erdachten formal-logischen Systeme prinzipiell in der Lage ist, alle Wahrheiten (Wahrheit verstanden im Sinne von »gültigen Aussagen« innerhalb eines logischen Systems) herzuleiten. Kurt Gödel (1906–1978) bewies mit logischer Strenge, dass es im Bereich jedes logischen Systems immer Aussagen geben wird, deren Wahrheit zwar von Subjekten erkannt werden kann, die aber vom System selbst nicht bewiesen werden können. Um solche Aussagen beweisen zu können, braucht man stets ein noch mächtigeres System. Selbst Mathematiker entkommen Münchhausens Trilemma nicht, auch sie können sich nicht am eigenen Schopf aus dem Sumpf ziehen. Auch Logik und Mathematik kommen ohne das Subjekt und seine Entscheidungen nicht aus. Die Welt ist nicht objektiv berechenbar.

///////////////////////////////////////

DER UNVOLLSTÄNDIGKEITSSATZ VON KURT GÖDEL

Gödel konnte seinen Beweis führen, weil er einen Weg fand, formal-logische Systeme über sich selbst Aussagen machen zu lassen. Mit Hilfe seiner sogenannten Gödelnummern kodierte er Aussagen und Beweise eines mathematischen Formalismus so, dass der Formalismus sie selbst wieder verarbeiten konnte. Dadurch wurde es möglich, selbstbezügliche Sätze mit dem System zu bearbeiten. Der Satz »Dieser Satz ist von diesem System nicht beweisbar« konnte dann von dem System bearbeitet werden. Konnte das System den Satz beweisen, dann war das System widersprüchlich. Konnte das System den Satz nicht herleiten, dann war es unvollständig.

Gödel hat damit der Mathematik den objektiven Boden unter den Füßen weggezogen. Der US-Mathematiker Morris Kline (1908 bis 1992) hat den Zustand der Mathematik nach Gödels Beweis so beschrieben: »Der gegenwärtige Zustand der Mathematik kann Bedauern erregen. Ihr Anspruch auf Wahrheit musste aufgegeben werden … Jedermann ist uneins bezüglich der anzuwendenden Axiome … Selbst über die Methoden der Beweisführung gibt es heute unterschiedliche Auffassungen … Seitdem man, seit mehr als einem Jahrhundert, die Verschiedenheit der Algebren und Geometrien erkannt hat, musste sich ein jeder selbst entscheiden. Die scharfsinnigsten Mathematiker haben gewusst, was sie wählen sollten.«[149]

Die Folgen dieser Erkenntnisse für das Bemühen der Naturwissenschaft um Objektivität sind fatal: Schließlich waren die Wissenschaftler ausgezogen, um durch die gemeinsame Sprache Mathematik eine vom Subjektiven unabhängige Beschreibungsebene zu schaffen. Das logische System der Mathematiker schien unberührt von den Niederungen der Subjektivität alle Erscheinungen erfassen zu können – und wenn das bei einem Phänomen nicht möglich war, musste man entweder Wege finden, es doch noch in ein mathematisierbares Problem zu verwandeln, oder aber es wurde in das Reich des Beliebigen, Subjektiven entsorgt. Seit Gödel ist nun klar: Auch die Mathematik bietet uns keinen Ausweg aus der vertrackten Verflochtenheit von Subjekt und Objekt.

Die Annahme, es gebe eine von uns unabhängige, objektive Welt, lässt sich also weder empirisch noch mathematisch, noch logisch beweisen. Philosophisch gesehen ist sie sogar unsinnig, weil widersprüchlich. Trotzdem glauben viele Menschen, sie seien das Produkt einer objektiven Welt. Dazu ist einiges anzumerken.

Ein ganz entscheidender Begriff für die Wissenschaft ist der Begriff des »Fortschritts«. Für den Wissenschaftstheoretiker Thomas S. Kuhn ist Wissenschaft nahezu identisch mit Fortschritt. Er behauptet, dass der Ausdruck »Wissenschaft« heute fast ausschließlich jenen Gebieten vorbehalten sei, »die in offensichtlicher Weise Fortschritte machen[150]«. Auch die Neopositivisten glaubten an den Forschritt, weil der Fortschritt der Wissenschaft nach und nach die ganze positive Wahrheit entdecken würde.

Was aber ist Fortschritt? Welche »objektiven« Kriterien gibt es dafür? Lässt sich Fortschritt unabhängig von subjektiven Werturteilen definieren? Welches Experiment oder welche Berechnung muss ich machen, um entscheiden zu können, ob die Entstehung des Lebens ein Fortschritt war? Für wen oder was war sie ein Fortschritt? Einem Proton ist es sicher gleichgültig, ob es im Zentrum einer Sonne oder im Gehirn eines Primaten von objektiven Kräften herumgestoßen wird. Der Fortschrittsbegriff ist nur in Verbindung mit urteilenden Subjekten sinnvoll. Fortschritt ist das, was urteilsfähige Subjekte als Verbesserung empfinden. Für »besser« oder »schlechter« gibt es aber keine objektiven Kriterien. Über Geschmack lässt sich bekanntlich (nicht) streiten, weil unsere Werturteile fundamental auf unseren tiefsten Glaubensüberzeugungen basieren – und die sind in keiner Weise objektivierbar.

Was unterscheidet eine Ansammlung von Atomen und Molekülen in einer Wasserpfütze objektiv von einem lebenden Wesen? Wenn nur die Elementarteilchen und wirkenden Kräfte objektiv real sind, dann besteht der einzige Unterschied zwischen den beiden Atomansammlungen in der räumlichen Anordnung und Struktur, die sie bilden. Warum sehen wir die eine Struktur als »Fortschritt« gegenüber der anderen an? Weil das Lebewesen komplexer organisiert ist als die Molekülpfütze, oder weil wir glauben, dass Leben ein notwendiger Faktor unserer subjektiven Existenz sei?

Seit es die Evolutionstheorie gibt, streiten die Menschen darüber, ob sie zielgerichtet ist. Die Antwort darauf ist ein eindeutiges Ja. Eine Evolution, die keine erkenntnisfähigen Wesen zum Ziel hat, ist keine Evolution. Die Darwinsche Evolutionstheorie wurde nur deswegen so eifrig weiterentwickelt, weil sie die Existenz von erkenntnisfähigen Wesen erklären soll. Eine Veränderung, die aus einfachen Strukturen nur immer komplexere Strukturen macht, ist keine Evolution, wenn diese komplexen Strukturen nicht notwendige Schritte auf dem Weg zur Erkenntnisfähigkeit sind. Komplexität nur um der Komplexität willen ist »sinnlos« und wäre nichts anderes als eine Veränderung wie jede andere auch. (Übrigens ist auch der Begriff »Komplexität« nur sehr schwer objektiv fassbar. Wir sehen eine Struktur vor allem dann als »komplex« an, wenn wir keine »einfache« gedankliche Repräsentation dafür besitzen. Wir sprechen in diesem Fall beispielsweise von einem hohen »Vernetzungsgrad« des Systems und meinen damit, dass es »schwer« erklärbar sei.) Warum sollten komplexe Strukturen besser sein als einfache? Wodurch wird ein DNS-Molekül objektiv »besser« als ein Wasserstoffatom? Durch nichts! Wenn es uns und unsere subjektive Urteilskraft nicht gäbe, wäre das eine so sinnlos wie das andere. Nur weil wir glauben, dass unsere eigene Existenz komplexe materielle Strukturen erfordere, empfinden wir den Übergang vom einfachen Wasserstoffatom zum komplexen DNS-Strang als evolutionären »Fortschritt«.

(Das gilt natürlich nicht für alle Menschen. Es gibt auch Menschen, die das Einfache dem Komplexen vorziehen, weil sie es für ästhetischer oder stabiler oder »naturnäher« empfinden. Manche sehnen sich sogar nach einer Erde ohne Menschen, weil die Natur dann wieder ursprüngliche Natur sein könnte. Manche halten solche Ansichten für dumm, andere für dämlich, wieder andere sehnen sich nach einer menschenleeren Erde, weil sie sich dann nicht mehr solchen Irrsinn anhören müssen.)

In einer Welt, in der es nur objektive Materie und Kräfte gibt, ist jede Veränderung gleichwertig. Erst das subjektive Urteil subjektiver Beobachter macht die eine Veränderung bedeutender oder sinnvoller als die andere. Es mag sein, dass wir »Veränderungen« hinreichend objektiv definieren können, aber »objektiver Fortschritt« lässt sich keinesfalls objektiv definieren, das ist ein Widerspruch in sich. Aber nicht nur »Sinn« und »Fortschritt« sind metaphysische und damit subjektive Begriffe, auch der wichtigste Begriff der Wissenschaft überhaupt – Erfahrung – ist subjektiv. Erfahrung lässt sich weder durch Experimente noch durch Logik objektiv begründen, weil Erfahrung vor jeder Beobachtung und Logik steht. Erfahrung kann Erfahrung ebenso wenig erklären, wie sich die Logik am eigenen Schopf aus den Axiomen ziehen kann. Ein

Subjekt muss wissen, was Erfahrung ist, ehe es über Erfahrung philosophieren kann. Und es ist das Subjekt, das bestimmten Erfahrungen Bedeutung beimisst und anderen nicht.

Sind wir denn nun ein Produkt der Evolution oder nicht?
Wenn Sie an die Evolutionstheorie glauben, dann sind wir ein Produkt der Evolution. Andererseits ist aber auch die Evolutionstheorie ein subjektives Produkt.
Glaubt ihr an die Evolution?
Wir glauben, dass die Evolutionstheorie ein nützliches Werkzeug für den Forscher darstellt. Sie stellt einen Rahmen zur Verfügung, innerhalb dessen viele Rätsel angegangen werden können.
Gilt das aber nicht auch für den Kreationismus oder die Theorie vom Intelligent Design?
Nein, jedenfalls nicht in dem Maße.
Das ist mir zu theoretisch.
Wissenschaftliche Theorien werden ausrangiert, sobald sie uns zu neuen Theorien geführt haben. Keine dieser Theorien muss wahr sein, sie müssen es lediglich ermöglichen, Fragen zu stellen. Newtons Theorie zum Beispiel ist vom heutigen Kenntnisstand aus gesehen »falsch«, trotzdem war sie notwendig, um uns zur Quantentheorie und Relativitätstheorie zu führen. Nur wenn man ein Paradigma hat, kann man Phänomene erkennen, die diesem Paradigma widersprechen.
Was hat das mit der Evolutionstheorie zu tun?
Ein Beispiel. Nehmen wir an, wir wollten das Phänomen des Blitzschlags erklären. Wenn wir glauben, dass Blitze eine Strafe Gottes seien, dann wird jede weitere Erforschung des Phänomens enorm behindert. Wenn Blitze dem Willen eines Gottes entspringen, dann ist es unmöglich, mehr über ihre Ursache zu erfahren, denn

Gottes Wille ist frei und nicht an die menschliche Kausalitätsvorstellung gebunden. Den Willen eines freien, transzendenten Wesens mit Gesetzen erfassen zu wollen ist von vornherein aussichtslos. Wenn wir aber annehmen, dass Blitze lediglich dadurch entstehen, dass mit heller Luft gefüllte Wolken platzen, so bietet diese Theorie, so »falsch« sie auch sein mag, die Möglichkeit, weitere Fragen zu stellen. Blitze sind nun nicht mehr die Folge eines freien Willens, sondern die Folge erkennbarer, verstehbarer Naturvorgänge. Diese Theorie kann man widerlegen. Man kann Phänomene aufspüren, die dieses Paradigma in Frage stellen. Das Gottesparadigma zu widerlegen ist unmöglich.

Vor allem ist es auch gar nicht einfach, zu entscheiden, wer denn nun die Blitze schleudert: Ist es Zeus, Thor, Jahwe, Gott, Jesus oder Allah?

Diese Frage können Sie mit Waffen entscheiden, aber nicht mit Argumenten.

Und was ist mit der Theorie, dass das Leben von einem intelligenten Designer erschaffen wurde? Es könnte doch tatsächlich sein, dass höhere Intelligenzen dazu in der Lage sind.

Schon, aber die entscheidende Frage an die Verfechter des *Intelligent Design* lautet: Befindet sich der Designer in der Welt, oder ist er ein transzendenter Schöpfer? Wenn er in der Welt ist, dann kann er wissenschaftlich untersucht werden. Dann kann und muss man fragen, wie er selbst entstanden ist oder woher er kommt. Welchen Prozessen verdankt er seine Existenz? Nimmt man hingegen an, der Designer sei transzendent, dann entzieht er sich der wissenschaftlichen Forschung, und die Theorie des *Intelligent Design* ist damit keine wissenschaftliche Theorie mehr. Wirkt der transzendente Designer nämlich aus einem »Jenseits« in unsere Welt hinein, dann sind sein Wirken und dessen Folgen nicht kausal verstehbar und damit nicht intersubjektiv erklärbar.

Dann sind also die Evolution und der ganze Entwicklungsprozess – von den Anfängen des Lebens bis zu uns – nur eine menschliche Erfindung?

Ja. Die Evolutionstheorie mitsamt der dazugehörigen Vergangenheit wurde entwickelt, um gegenwärtige »Fakten« zu erklären.

Dann steht die Vergangenheit also tatsächlich nicht fest?

Nein, denn was wir als Vergangenheit bezeichnen, wird ständig an unsere gegenwärtige Sicht der »Fakten« angepasst. Früher glaubte man, die Welt sei sechstausend Jahre alt, später erhöhte sich ihr Alter schrittweise bis zu den mehreren Milliarden Jahren, die wir heute für »objektiv real« halten. Jedes Mal, wenn die gegenwärtigen »Fakten« umgedeutet oder neue Fakten »entdeckt« wurden, weil sich die Theorien änderten, änderte sich auch die Vergangenheit.

Und was ist mit Fotos und Filmaufnahmen? Diese Dokumente zeigen doch eindeutig, wie die Vergangenheit war.

Aber dieses Bild der Vergangenheit lässt sich ändern. Man braucht nur die Aussagekraft der gegenwärtigen Dokumente anzuzweifeln. Wer sagt denn, dass die Fotos und Filme nicht gefälscht sind? Heutige Schätzungen gehen davon aus, dass sechzig Prozent der Königsurkunden aus der Merowingerzeit[151] gefälscht sind. Wir aber rekonstruieren aus solchen Dokumenten unsere Vergangenheit. Jedes Mal, wenn sich die Theorie über die »Wahrheit« eines Dokuments ändert, ändert sich auch die Vergangenheit.

Es ändert sich aber doch nicht die Vergangenheit, sondern lediglich unsere Sicht auf diese Vergangenheit.

Leider ist unsere Sicht auf die Vergangenheit das einzige, was wir besitzen. Die Vergangenheit ist nichts objektiv Gegebenes, sie ist immer ein Konstrukt aus gegenwärtigen Dokumenten, Theorien und Erinnerungen.

Und was ist mit meiner Erinnerung an die Vergangenheit? Ich weiß doch, dass ich die Familienfotos und Filme gemacht habe.

Ihre Erinnerung ist etwas sehr Subjektives, und zudem zeigen neuere »wissenschaftliche Theorien«, dass subjektive Erinnerungen sehr leicht manipulierbar sind. Manche Menschen erinnern sich an Dinge, die sie nach Meinung der anderen gar nicht erlebt haben können.

Aber ich habe doch meine Vergangenheit nicht erfunden.

Nein, aber die Vergangenheit ist immer ein Produkt des Hier und Jetzt. (Wobei das »Hier« allerdings nie wirklich hier und das »Jetzt« nie wirklich jetzt ist. Beides existiert nur in der bewussten Reflexion.) Woran Sie sich als Vergangenheit erinnern, ist immer etwas, woran Sie sich im Hier und Jetzt erinnern. Und die Theorien, die Sie im Hier und Jetzt haben, werden zwangsläufig Ihre Sicht auf die Vergangenheit prägen.

Und da alle Fakten theoriebehaftet sind und keine unserer Theorien absolut wahr ist, ist auch unsere Vergangenheit nicht absolut festgelegt?

Ja. Nehmen wir noch ein Beispiel. Stellen Sie sich ein Foto vor, das Sie mit einer Freundin zeigt. Es ist ein sehr romantischer Augenblick, die Freundin lächelt, Sie lächeln zurück. Sie verbinden sehr angenehme Erinnerungen mit dem Bild. Dann erfahren Sie, dass Ihre Freundin eine ausgebuffte Betrügerin ist, die ihren Charme dazu benutzt, an das Geld der Männer zu kommen, die sie anlächelt. Wenn Sie dasselbe Foto nun noch einmal zur Hand nehmen, dann werden Sie eine ganz andere Vergangenheit sehen. Und diese neue Vergangenheit ist ein Produkt der gegenwärtigen Theorie über den Charakter Ihrer »Freundin«.

Gegenwart, Zukunft, Vergangenheit, nichts davon liegt objektiv fest?

Richtig.

Wenn die Zukunft offen ist, wie erklärt ihr euch dann das Phänomen der Präkognition? Das ist doch ein fundamentaler Widerspruch in eurer Darlegung. Wie kann jemand in die Zukunft sehen, wenn es diese Zukunft gar nicht objektiv gibt?

Um es gleich zu sagen: Wir haben keine intersubjektivierbare Erklärung für die Präkognition. Das Konzept einer offenen Zukunft, des freien Willens und das Phänomen der Präkognition scheinen unvereinbar zu sein. Aber auch die Konzepte und Begriffe der klassischen Physik waren mit dem Doppelspaltversuch unvereinbar. Dennoch ist es den Menschen gelungen, ein Begriffssystem zu finden, mit dem wir intersubjektivierbar sinnvoll über Quantenphänomene sprechen können. Vielleicht müssen wir unser Verständnis dessen ändern, was wir unter »Zukunft« verstehen, um eine Theorie der Präkognition zu erschaffen. Aber wir glauben auch, dass, selbst wenn es eine solche Theorie einmal geben sollte, sie keine »objektive Wahrheit« über unsere Wirklichkeit sein würde.

Der Teil und das Ganze

Hedwig Born, die Gattin des Physiknobelpreisträgers Max Born, fragte Einstein einmal, ob er denn glaube, dass man einfach alles auf naturwissenschaftliche Weise abbilden könne. Er antwortete, dass das denkbar sei, aber dennoch keinen Sinn hätte, weil es eine Abbildung mit inadäquaten Mitteln wäre, so als ob man eine Beethoven-Sinfonie als Luftdruckkurve darstellen wollte.[152] Worauf Einstein hier anspielt, ist der fundamentale Unterschied zwischen der inneren Erfahrung und der äußeren Darstellung von Musik. In der äußeren Welt können wir Musik auf die unterschiedlichste Weise darstellen (kodieren): als Noten auf einem Blatt Papier, als eine Abfolge von Vertiefungen und Erhebungen auf einer CD oder als eine Folge von Luftdruckschwankungen, die von einem Lautsprecher oder Orchester erzeugt werden. Wir können noch weiter gehen. Wir können die Schwingungen des Trommelfells messen und sie als Kodierung für die gehörte Musik benutzen. Wir können auch die Nervenimpulse messen und als Kodierung verwenden, die das Innenohr erzeugt und ans Gehirn weiterleitet. Wir können auch versuchen, aus gemessenen Neuronenaktivitäten im Gehirn die gehörte Musik zu rekonstruieren. All diese materiellen oder energetischen Muster können uns als Kodierung für die Musik dienen. Die Frage ist nur, was verbindet diese Muster mit der inneren »Musikerfahrung«? Wie wird aus dem Neuronen-Erregungsmuster ein innerer Musikgenuss? Die Frage ist also nicht, ob es im Gehirn materielle oder energetische Repräsentationen für Gehörtes, Gesehenes oder Gedachtes gibt, die Frage ist, wie wird aus den »objektiv« erkennbaren Mustern das, was wir als Gedudel, Gefühl oder Gedanken erfahren? Es gibt Neurowissenschaftler, die glauben, dass das Neuronenmuster im Gehirn »irgendwie« die innere Erfahrung »erzeugt« oder kausal dafür verantwortlich sei. Dieser Glaube ist nicht zu widerlegen, er ist aber auch nicht zu beweisen.

Um die äußeren Muster mit Musik in Verbindung bringen zu können, damit also Musiker oder Dirigenten allein beim Anblick einer Partitur die Musik »hören« können, damit die Neurowissenschaftler wissen können, dass ein Neuronenmuster mit Musikerfahrung in »irgendeiner« Verbindung steht, müssen sie wissen, was eine Musikerfahrung ist. Nicht das Muster erzeugt die Erfahrung, sondern die Erfahrung macht es möglich, das Muster mit Bedeutung zu versehen. Wer nicht schon weiß, was Musikerfahrung ist, der kann so viele »objektive« Muster betrachten, wie er will, er wird daraus nicht erfahren, was es bedeutet, »Musik zu erfahren«.

In Zukunft wird es vielleicht tatsächlich möglich sein, aus gemessenen Gehirnaktivitäten zu erraten, was ein Mensch fühlt oder denkt. Das bedeutet aber nicht, dass wir dann »verstehen«, wie aus Gehirnaktivität Gedanken werden. Wir werden die gemessenen Muster nämlich nur mit Gedanken in Verbindung bringen können, weil wir schon vorher wissen, was Gedanken sind. Unsere Gedanken sagen uns, welche Bedeutung die Muster haben. Die Muster sagen uns aber nicht, welche Bedeutung unsere Gedanken haben. Die Bedeutung der Gedanken erfahren wir direkt, die Bedeutung der Muster weisen wir zu. Werner Heisenberg hat einmal zu Carl Friedrich von Weizsäcker gesagt, es gebe Dinge, die etwas bedeuten, und Dinge, über die man sich einigen könne.[153] Die Musik und die Gedanken bedeuten etwas, über die Muster und die Mathematik kann man sich einigen. Die Muster sind »objektiv«, ihre Bedeutung erhalten sie von (oder durch) uns. Die Musik und die Gedanken sind subjektiv, ihre Bedeutung erfahren wir.

Bewusstsein ein unbewusster Akt. Was wir wahrnehmen, nehmen wir nur wahr, weil wir uns dessen bewusst sind. Unsere Welt besteht aus Dingen, Mustern, Ideen, Begriffen, die alle einen Tanz auf unserem Bewusstsein ausführen. Wenn wir einen Baum sehen, dann sehen wir ihn nur, weil der Baum durch eine Form auf der »Fläche« unseres Bewusstseins repräsentiert ist. »Man kann nur sehen, worauf man seine Aufmerksamkeit richtet, und man richtet seine Aufmerksamkeit nur auf Dinge, die bereits einen Platz im Bewusstsein einnehmen«, sagt der französische Anthropologe Alphonse Bertillon.[154] Wir sehen nur, was wir durch Ideen oder Begriffe repräsentieren können. Alle Wahrnehmung ist Wahrnehmung des Bewusstseins.

Machen wir ein Gedankenexperiment: Stellen wir uns unser Bewusstsein als eine leere Fläche, als eine Unterlage vor. Auf dieser Unterlage tummelt sich unsere Welt in Form von Puzzleteilen. Darauf befinden sich Bäume, Einhörner, Atome, Gehirne, Gedanken, Menschen, Raum, Zeit und Bewusstsein. Auch die Ideen des »Bewusstseins« und der »Materie« sind nur Formen, Puzzleteile auf der Unterlage.

Ob ein Baum als »realer« Baum oder als »Baumidee« darauf repräsentiert ist, spielt keine Rolle, weil beide als Puzzleteile auf der Oberfläche vorhanden sind. Die Unterscheidung zwischen einer »real existierenden« Welt und dem »Bild«, das wir uns von dieser realen Welt machen, ist letztlich nicht objektiv beweisbar. Wir versuchen alle Formen auf dieser Fläche zu einem sinnvollen Ganzen zusammenzufügen. Manchen Formen sprechen wir die Eigenschaft der Realität zu (z. B. Bäumen), anderen nicht (z. B. Einhörnern), aber wir »erfahren« alle Formen nur, weil sie sich auf der Oberfläche unseres Bewusstseins befinden. Es gibt auch Formen wie das »Unbewusste« oder das »Unterbewusste«, doch auch diese Formen befinden sich auf der Oberfläche und stellen Teile des Puzzles dar. (Über das Unbewusste können wir nur sprechen, weil es eine Form dafür auf dem Untergrund, dem Bewusstsein, gibt.) Die Frage ist nun, ob es möglich ist, das Bewusstsein selbst auf diesem Untergrund darzustellen. Die Antwort darauf ist einfach, sie lautet ja. Da wir die Idee des »Bewusstseins« besitzen, gibt es auch ein Bewusstseins-Puzzleteil auf der Fläche. Aber dieses Puzzleteil auf der Fläche ist natürlich etwas anderes als der Untergrund selbst. Wissenschaftler versuchen dem Geheimnis des Bewusstseins (der Unterlage, nicht des Puzzleteils) auf die Spur zu kommen, indem sie die Puzzleteile auf der Oberfläche so lange verschieben, kombinieren und verändern, bis sie glauben, ein

Puzzleteil zusammengestellt zu haben, das äquivalent zur Unterlage selbst ist. Sie hantieren mit Formen wie Neuron, Erregungspotenzial, Kausalzusammenhang, Determiniertheit und Aktivitätsmuster. Einige dieser Forscher kommen zu dem Ergebnis, dass es »Bewusstsein« als Unterlage gar nicht gebe. Bewusstsein sei eine Illusion, ein Puzzleteil, dem keine objektive Realität zukomme und das durch eine bestimmte Kombination der anderen Formen auf der Unterlage (Atome, Moleküle, Neuronen) subjektiv erzeugt werde. Manche halten diese Argumentation für vernünftig, andere treten einen Schritt zurück.

Aber es könnte doch tatsächlich sein, dass Atome der Untergrund für das Bewusstsein sind.
Sie meinen, dass die Puzzleteile aus sich selbst heraus den Untergrund bilden?
Ja.
Es gibt einige Dinge, die uns daran zweifeln lassen.
Die da wären?
Erstens sind die Puzzleteile nicht konstant. Wir haben doch gesehen, dass sich keiner unserer Begriffe als objektiv stabil erwiesen hat. Der Atombegriff hat sich radikal gewandelt, ebenso die Begriffe für Raum und Zeit. Und diese Begriffe haben sich gewandelt, weil *wir* sie verändert haben. Zweitens ist der Untergrund aus Elementarteilchen gar kein Untergrund, der unabhängig von uns objektiv existiert. Die Quantenmechanik sagt, dort seien keine objektiven Teilchen, sondern Wahrscheinlichkeiten, die unser Wissen über das System beschreiben. Drittens führt kein Weg von der Musterebene auf die Bedeutungsebene. Wir geben den Mustern Bedeutung, nicht die Muster uns.
Aber die Abläufe im Gehirn scheinen doch determiniert zu sein. Und das Bewusstsein hängt doch wohl mit dem

Gehirn zusammen. Gehirnschäden verändern das Bewusstsein.

Sie sagen ganz richtig, sie *scheinen* determiniert zu sein. Die Vorgänge im Gehirn erscheinen uns deshalb als kausal determiniert, weil wir sie mit Maschinen messen, die hinreichend kausal determiniert sind. Unsere Messapparaturen müssen zuverlässig sein, und ihre kausale Funktionsweise muss uns bekannt sein. Nur wenn wir aus der Anzeige, die uns eine Messapparatur liefert, auf die Anfangsbedingungen schließen können, die diese Anzeige verursacht haben, sind wir in der Lage, etwas über den Zustand des Messobjektes auszusagen.

Das Gehirn erscheint uns also deshalb als determiniert, weil wir es mit Maschinen vermessen?

Ja. Dazu ein Beispiel. Machen wir uns spaßeshalber auf die Suche nach der menschlichen Freiheit im Gehirn. Was können uns unsere Messapparate darüber sagen?

Die Messungen sagen, dass es im Gehirn kausale Abläufe gibt. Das eine bedingt das andere.

Ganz genau, das sagen uns unsere Maschinen. Jetzt stellen wir uns die Frage: Wie müsste denn ein Messergebnis aussehen, damit wir zu dem Schluss gezwungen werden, dass das Gehirn »frei« ist?

Eigentlich gibt es nur zwei Möglichkeiten. Entweder wir können die Messergebnisse sinnvoll deuten, dann sind wir in der Lage, eine lückenlose Kausalkette von der Messanzeige zurück zu den Vorgängen im Gehirn zu legen …

Sehr richtig, dann würden uns die Vorgänge im Gehirn als kausal determiniert erscheinen. Im anderen Fall …

Können wir die Messergebnisse nicht kausal deuten. Dann schließen wir entweder, dass die Vorgänge im Gehirn durch den Zufall bestimmt werden, oder wir gehen davon aus, dass die Vorgänge eigentlich kausal determi-

niert sind, wir aber noch nicht in der Lage sind, sie zu verstehen, weil unsere Messapparatur möglicherweise ungeeignet ist.

Unsere Messinstrumente lassen uns nur die Wahl zwischen Zufall und Determiniertheit. Freiheit lässt sich eben nicht messen, weil Freiheit nicht der Musterebene angehört, auf der unsere Instrumente arbeiten. Freiheit gehört auf die Bedeutungsebene. Über Zufall und Determiniertheit kann man sich einigen, Freiheit *bedeutet* etwas. Der Verhaltensbiologe Niels Birbaumer drückt es so aus: »Weder freier noch unfreier Wille lässt sich beobachten, da wir kein neuronales Korrelat von Freiheit kennen. Freiheit ist … primär ein historisch, politisch und sozial gewachsenes Phänomen, das sich nicht nur auf Hirnprozesse rückführen lässt.«[155] Wir würden es so ausdrücken: Nicht das Gehirn ist frei, der Geist ist frei.

Aber es gibt doch Experimente, die zeigen, dass jedes Mal, wenn wir uns entscheiden, die Hand zu heben, vorher bereits an einer bestimmten Stelle im Gehirn ein Erregungspotenzial auftritt.

Sie glauben also, dass dieses Potenzial und nicht die Willensentscheidung die Ursache für die Handlung ist?

Es scheint zumindest so.

Trotzdem sollten wir ein wenig darüber nachdenken. Fangen wir mit einer ganz einfachen Frage an: Woher kommt dieses Erregungspotenzial?

Ich nehme an, es wird durch andere Vorgänge im Gehirn verursacht.

Und diese Vorgänge, die das Potenzial verursachen, woher kommen die?

Die rühren von anderen Ursachen her.

Wie weit, glauben Sie, können wir dieses Spiel treiben?

Wenn ihr an den Urknall glaubtet, dann könntet ihr es zurück bis zum Anfang treiben.

Warum sagen wir dann nicht, dass der Urknall die Ursache für die Handbewegung ist? Warum unterbrechen wir, die Subjekte, die Kausalkette ausgerechnet am Erregungspotenzial? Warum suchen wir die Ursache nicht ein paar hundertstel Sekunden vorher oder nachher?

Ich denke, weil unsere Messgeräte da nichts Besonderes messen können.

Richtig. Was wir messen, hängt unmittelbar mit der Messmethode zusammen. Die Methode bestimmt das Ergebnis, und das Ergebnis bestimmt unsere Theorie. Umgekehrt gilt genau dasselbe. Die Theorie bestimmt die Methode und die Methode das Ergebnis. Objektiv gesehen gibt es keinen logischen Grund dafür, warum wir die Kausalkette ausgerechnet am Potenzial unterbrechen sollten. Dafür gibt es nur einen subjektiven Grund. Wir entscheiden, dass wir den Schnitt dort setzen, weil es unseren subjektiven Zwecken dient. Es wäre einfach sinnlos zu sagen, der Urknall sei die Ursache für unser Handeln. Diese Aussage hätte keine Erklärungskraft und wäre bedeutungslos. Das Erregungspotenzial erlangt erst durch uns seine Bedeutung, »objektiv« gesehen besitzt es nicht mehr Relevanz als jeder Zustand vorher oder nachher.

Trotzdem muss es doch eine Verbindung zwischen der Gehirnmaterie und unserm Denken und Handeln geben.

Die gibt es sicher, nur leider ist sie nicht vollständig kausal aufschlüsselbar.

Habe ich es doch gewusst, ihr seid verkappte Dualisten! Ihr schwafelt von Einheit und zerteilt die Welt in Geist und Materie.

Wie kommen Sie darauf?

Weil ihr Schranken aufbaut, wo es keine gibt.

Inwiefern?

Ihr behauptet doch, das Gehirn sei nicht vollständig kausal erklärbar. Das bedeutet doch nichts anderes, als dass es irgendwo im Gehirn eine Grenze gibt, von der an der »Geist« oder die »Seele« oder wie immer ihr es nennt auf die Materie einwirkt. Diese Grenze ist die Trennlinie zwischen dem kausal-rational Verstehbaren und dem nur mystisch Erfühlbaren. Manche Menschen glauben noch immer an eine Art Lebenskraft, an einen Elan vital, der toter Materie Leben einhaucht. Ihr glaubt an den Geist, der toter Materie Bewusstsein einbläst. Das ist Dualismus.

Wir glauben aber gar nicht, dass es eine solche Schranke für die menschliche Erkenntnis gibt. Wir glauben nicht, dass eine objektive Lebenskraft existiert, die verhindert, dass wir dem Geheimnis des Lebens auf die Spur kommen. Und wir glauben auch nicht, dass es irgendwo im Gehirn eine objektive Grenze gibt, von der an der Verstand die Waffen strecken muss, weil der Geist direkt und akausal auf die Materie einwirkt. Es gibt keine solchen Grenzen für die Erkenntnis; wer sie aufstellt, wird früher oder später erfahren, dass die menschliche Kreativität sie überschreitet. Für die Erkenntnis gibt es überhaupt keine objektive Grenze. Für uns arbeitet das Gehirn so kausal wie die Leber oder die Nieren.

Eben habt ihr noch behauptet, die Verbindung zwischen Materie und Denken sei nicht vollständig kausal aufschlüsselbar. Also muss doch eine Schranke für kausal-rationales Denken existieren – oder nicht?

Ja, aber diese Schranke existiert nicht nur für das Gehirnorgan, sie existiert für alles, was wir zu verstehen versuchen.

Dann sind unserer Erkenntnis also doch Grenzen gesetzt.

Ja, aber diese Grenzen sind nichts Objektives. Sie sind keine Eigenschaft einer objektiven Außenwelt. Es sind subjektive Grenzen, die wir jederzeit verschieben können.

Aber wie ist euer Glaube an grenzenlose Erkenntnisfähigkeit mit einer Schranke für die Erkenntnis vereinbar?

Die Schranke für unsere Erkenntnis resultiert aus unserer grenzenlosen Erkenntnisfähigkeit. Die Schranke verwehrt uns zwar den Zutritt zu einer letzten …

… Wahrheit, dafür erschließt sie uns aber den Raum der grenzenlosen Erkenntnis. Selbstverständlich, wie könnte irgendjemand daran zweifeln. Das ist so logisch wie unsere Klimapolitik.

Die Schranke resultiert aus der Fähigkeit der Vernunft, jederzeit einen Schritt zurücktreten zu können. Egal wie sicher wir uns hinsichtlich einer erkannten »Wahrheit« sind, egal wie überzeugt wir von unseren Prämissen sind, ein kreativer Akt kann jederzeit dazu führen, dass eine unserer sicheren Prämissen in Frage gestellt wird. Jede Prämisse basiert letztlich auf Glauben und kann deshalb durch eine andere ersetzt werden. Jede Erkenntnis ist immer nur eine vorletzte Erkenntnis.

Die Schranke existiert also, weil wir uns nie sicher sein können, die letzte und endgültige Wahrheit erkannt zu haben?

Ja. Die Existenz einer solchen Schranke bedeutet aber auch, dass die Erkenntnis niemals einen Punkt erreichen kann, an dem alles Objektive erkannt ist. Der Beweis, dass es eine objektive Welt gibt, die nach objektiven Regeln und Gesetzen funktioniert, ist dadurch unmöglich, denn es gibt keine objektive Grenze, an der man sagen könnte, nun ist es vollbracht, alles ist erkannt. Es wird immer einen Bereich jenseits unserer Wahrheit geben, einen Bereich jenseits der Schranke und damit eine Lücke in unserer Erkenntnis, die nicht zu erklären ist.

Weil Bewusstsein ein unbewusster Akt ist?

Ganz genau, weil Bewusstsein ein unbewusster Akt ist.

Und warum ist es ein unbewusster Akt?

Dazu müssen wir zu unserem Puzzlespiel auf dem Untergrund zurückkommen. Was uns bewusst ist, erscheint als Form auf dem Untergrund. Wenn wir uns also des Bewusstseins bewusst werden wollen, dann muss der Untergrund auf dem Untergrund selbst erscheinen. Das bedeutet aber, dass sich dann auf dem Untergrund keinerlei Formen mehr befinden dürfen. Befindet sich auch nur eine einzige Form auf der Fläche, dann nehmen wir diese Form wahr und nicht den Untergrund. Wenn sich aber keine Form auf dem Untergrund befindet, dann nehmen wir gar nichts wahr, nicht einmal uns selbst, weil wir ja auch nur ein Puzzleteil auf der Fläche sind. Wenn wir uns aber gar keiner Form bewusst sind, dann sind wir unbewusst und verschwinden. Bewusstsein ist also ein unbewusster Akt.

Ist das der Zustand, den manche Menschen in der Meditation erreichen? Sie sagen dann, sie wären eins mit dem Kosmos. Es gibt dann keine Teile mehr, nur das Ganze.

Möglich. Das wissen wir nicht. Wir haben diese Erfahrung noch nicht gemacht.

Aber wenn ich euch bisher richtig verstanden habe, dann glaubt ihr doch auch, dass wir und die Welt im Grunde eine Einheit bilden. Die Trennung zwischen Subjekt und Objekt existiert doch für euch nicht objektiv.

Ganz richtig. Objektiv existiert sie nicht, subjektiv aber schon.

Weil wir die Trennung herbeiführen?

Weil diese Trennung uns und die Welt hervorbringt.

Wie?

Durch den Akt des Bewusstwerdens. Dieser Akt zerbricht die Einheit der Welt, und das Innen und Außen entsteht. In dem Moment, in dem wir uns unserer selbst bewusst werden, existiert auch die Außenwelt, die wir dann als Objekt wahrnehmen.

Ist das der Moment, in dem die Puzzleteile auf dem Untergrund zu tanzen beginnen?

Ja. Aber alle diese Teile tauchen auf dem Untergrund auf, sie haben keine objektiv feste Form, weil sich ihre Form bei jedem neuen Bruch verändern kann. So wie Sie ein Blatt Papier auf vielfältige Weise zerschneiden können, so kann auch der Untergrund auf unendlich vielfältige Weise zerbrechen. Sie erinnern sich. Wenn sich unsere Form ändert, dann ändert sich auch die Welt und umgekehrt.

Und die Bruchteile passen dann seltsamerweise ziemlich gut zusammen. Ist das der Grund, warum die Naturkonstanten so exakt auf die Möglichkeit unserer Existenz abgestimmt zu sein scheinen – so, als ob der Kosmos uns hervorbringen sollte?

In diesem Koordinatensystem wäre das die zwanglose Erklärung dafür, ja.

Und auch die Evolution scheint aus demselben Grund geradewegs auf uns zuzusteuern.

Ja, und unsere Mathematik passt genau deshalb so genau auf die Natur, die uns umgibt.

Die Welt entsteht also nicht, weil sie aus Teilen aufgebaut wird, wie das die Physiker glauben, sondern weil eine Ganzheit in Teile zerbricht, verstehe ich das richtig?

Ja. Das Verhältnis zwischen uns und der Welt ist ganz ähnlich dem zwischen einem Drachen und demjenigen, der den Drachen steigen lässt. Das eine Ende der Schnur halten wir in der Hand. Wir reagieren auf den Drachen und der Drachen auf uns. Wenn wir den Zusammenhang, die dünne Schnur, nicht sehen, wundern wir uns, warum der Drachen immer in unserer Nähe bleibt und so exakt auf uns reagiert. Der Philosoph Friedrich Schelling sagt, »dass in dem Universum an und für sich selbst kein Zwiespalt, sondern die vollkommene Einheit ist«.[156] Er betont, dass nicht eine Erscheinung von der anderen abhängig ist, sondern dass alle aus einem gemeinschaftlichen Grund fließen.

Die Welt ist also eine Einheit, die durch den Bewusstseinsakt in Teile zerbricht.

Ja.

Dann besteht die Welt also doch aus Teilen.

Die wahrgenommene Welt besteht aus Teilen, die Einheit setzt sich aber nicht aus Teilen zusammen.

Das verstehe ich nicht.

Sehen Sie, dieses Blatt Papier hier ist eine Einheit. Es besteht nicht aus einzelnen Papierschnipseln, sondern ist ein Ganzes. Wenn wir es aber zerreißen oder zerschneiden, dann haben wir Teile – und wir können zu Recht behaupten, dass das ursprüngliche Blatt aus diesen Teilen zusammengesetzt war. Die Teile haben wir aber nur, weil wir das Blatt, die Einheit, zerstört haben. Das ist so wie bei einem Wasserstrahl, der durch ein Sieb läuft. Erst das Sieb erzeugt die einzelnen kleineren Strahlen. Die kleineren Strahlen gehen aus dem großen Strahl hervor, doch zu Beginn bestand der Strahl nicht aus diesen kleinen Strahlen. Es war ein Strahl, der eine Einheit bildete.

Das erinnert an die Quantenmechanik: Erst der Messprozess erschafft das Messobjekt.

Ja, Quantensysteme bilden eine Einheit. Ein Atom besteht »an sich« nicht aus Teilen, es ist tatsächlich, nicht nur im übertragenen Sinn, eine Einheit. Die Teile entstehen erst durch unseren Messprozess. Die Art unseres

Messprozesses, die Art, wie wir das Atom zerschneiden und damit auch erkennen, entscheidet dann mit darüber, was wir zu sehen bekommen, Wellen oder Teilchen.

Dann erzeugen also wir die Welt, die wir wahrnehmen.

Nein, das tun wir nicht, weil wir vor dem Schnitt noch gar nicht »da« sind. Auch wir sind ein Ergebnis dieser Trennung. Die Einheit zerbricht in ein Innen und ein Außen. Es ist nicht so, dass das Innen das Außen oder das Außen das Innen erzeugt.

Und was verursacht diese Trennung dann? Wodurch entstehen die Welt und wir selbst?

Das wissen wir so wenig wie Sie. Genauso gut könnten Sie uns fragen, wie Gott die Welt erschaffen hat oder was die Ursache des Urknalls oder der ersten Ursache war. Wir können diese Fragen ebenso wenig beantworten wie die Frage nach der Unendlichkeit des Universums in Raum und Zeit. Dieses Weltbild der Einheit stellt keine objektive Erklärung der Welt dar, sie ist nur ein anderes Koordinatensystem, das einige Dinge leichter verstehbar macht, andere aber nicht. Sie sollten sich den »Akt« der Trennung auch nicht als einen Prozess in der Zeit vorstellen. Es ist nicht so, dass zuerst eine Einheit »da ist«, die dann zerbricht. Das Zerbrechen der Einheit ist nur eine schwache Metapher dafür, dass alles Beobachtbare einen fundamentalen Zusammenhang mit dem Beobachter aufweisen muss. Wenn Sie wissenschaftliche Forschung betreiben wollen, dann nützt es Ihnen nichts, wenn Sie an einer »Einheit« herumdoktern. Wissenschaft beschäftigt sich mit den Teilen und ihren Beziehungen zueinander. Immer nur zu sagen, alles sei »eins«, bringt uns nicht sehr viel weiter.

Was nützt dieses »Einheitsweltbild« dann?

Zum Beispiel wird dadurch plausibel, warum unsere inneren Bilder und Ideen so gut zu der Welt da draußen passen. Der Streit der feindlichen Brüder, der Streit darüber, ob die Ideen oder die äußere Welt den Vorrang besitzen, zieht sich durch die Jahrtausende. Plato glaubte, dass die Ideen den äußeren Objekten vorausgehen, Aristoteles glaubte, dass die Ideen nur aus den Objekten destilliert würden und keine eigene »Realität« besäßen. Die Realisten glauben, dass die Materie den Geist erzeuge, die Idealisten glauben, es sei umgekehrt. Die Religion glaubt an die Seele, die Kommunisten glauben an den Leib. Die Materialisten glauben an den Verstand, die Empiristen an die Erfahrung. Die einen glauben an die Theorie, die anderen an die Praxis. Die einen favorisieren den Willen, die anderen die Tat. Es ist aber nicht so, dass das eine das andere erzeugt, sondern die Teile bedingen sich gegenseitig, weil sie aus und auf demselben Untergrund entstehen. Die Welt und unser Wissen davon sind keine absolut getrennten Pole, vielmehr bilden sie auf einer tieferen Ebene eine Einheit. Keine Welt ohne Wissen, kein Wissen ohne Welt. Beides ist ohne einander nicht sinnvoll denkbar, und beide sind rekursiv voneinander abhängig. Die Welt ist der Ursprung unseres Wissens, aber unser Wissen ist auch Ursprung der Welt. Der Akt jedoch, der Welt und Wissen aus der Einheit hervorbringt, ist ein freier kreativer Akt, der nicht vollständig objektivierbar ist. Und da die Einheit auf unterschiedliche Weise zerbrechen kann, lassen sich Welt und Weltbild durch die freie menschliche Kreativität (durch Gedanke und Tat) verändern.

Vernunft und Glauben lassen sich also nicht trennen, weil es keinen festen, objektiven Grund für die Vernunft gibt?

Ja. Wenn sich der Glaube, das Subjektive ändert, dann ändert sich auch das Objektive, auf das sich die Vernunft bezieht.

Und die Quantenmechanik kommt ohne den Beobachter nicht aus, weil es ohne Beobachter keine Welt gibt.
Und die Wissenschaft findet keinen festen Grund und durchläuft ihre Revolutionen, weil sich mit jedem kreativen Akt ein neuer Bruch ergibt, der die Karten zwischen uns und der Welt neu mischt.
Und deshalb wird es immer Wahrheiten geben, die wir nicht beweisen können.
Und deshalb sind unsere wissenschaftlichen Theorien auf Begriffe wie Emergenz, Epiphänomen oder »neue Systemeigenschaft« angewiesen. Die Wissenschaft versucht unsere Welt aus Teilen aufzubauen und stößt dabei an Grenzen. Wir können nicht objektiv erklären, wie aus einzelnen Teilen Bewusstsein entsteht. Zwischen den Mustern und der Bedeutung bleibt immer eine unerklärliche Lücke. Wenn wir aber annehmen, dass die Welt aus einer Einheit in Teile zerbricht, dann ist klar, dass durch den Bruch etwas verloren geht. Wenn wir dann versuchen, die Welt wieder aus den Teilen zusammenzusetzen, stehen wir immer wieder vor diesen Brüchen. Es ist wie bei dem Blatt Papier. Wir können es auf vielerlei Weise in Teile zerschneiden. Wenn wir dann aber versuchen, die Teile wieder zusammenzusetzen, werden die Schnitte immer zu sehen sein.
Und die Möglichkeit, dass die Welt immer wieder in unterschiedliche Teile zerbrechen kann, ermöglicht Freiheit?
Vielleicht ist es aber auch die Freiheit, die es ermöglicht, dass die Welt immer wieder neu erschaffen werden kann.
Die Freiheit ist für euch wohl das Wichtigste überhaupt?
Ja, wir glauben nicht, dass die Wahrheit uns frei macht, wir glauben, dass die Freiheit uns wahr macht.

6
Letzte Wahrheiten

Der Mensch soll frei sein und Herr seiner Werke, unzerstört und ungezwungen.

Meister Eckhart[157]

Ein Blick in den Himmel

Ende 1949, ein Gasthaus im oberbayerischen Ingolstadt. Zwei Männer, beide etwa Anfang dreißig, sitzen sich an einem Tisch gegenüber und genießen zwei sehr gegensätzliche Getränke. Georg hebt sein Bierglas und prostet Hermann, seinem ehemaligen Schulkameraden, zu, der an einer Tasse Kaffee nippt. Es ist ihr erstes Treffen, seit sie sich durch die Kriegswirren aus den Augen verloren.

»Und du willst tatsächlich alles verkaufen?«, fragt Georg. »Dein Rennmotorrad, die Bergsteiger- und die Taucherausrüstung? Du wirfst alle deine früheren draufgängerischen Leidenschaften über Bord? Du willst Literatur studieren, obwohl du auf dem Gymnasium dem alten Professor Lotze geschworen hast, nach der Schule Papier nur noch für den Hintern zu benutzen? Du trinkst keinen Alkohol mehr, obwohl du mich gegen meinen Willen dazu gebracht hast, meinen ersten Obstler zu zwitschern? Sag mal: Was ist eigentlich los mit dir? Steckt eine Frau dahinter? Oder ist dir das Fliegen nicht bekommen?«

Es dauert eine Weile, bis Hermann endlich die Tasse abstellt, seinem Freund direkt in die Augen sieht und antwortet:

»Im Gegenteil. Das Fliegen ist mir sogar ganz besonders gut bekommen. So gut, dass ich heute nicht mehr der Hermann bin, der ich vor dem Krieg war.«

»Spuck's aus. Was ist passiert?«

»Es war im Herbst 1942. Wir flogen in Nordafrika täglich Einsätze gegen britische Stellungen. Als Kampfbeobachter musste ich während des ganzen Fluges die Karte studieren. Ich hatte die Angewohnheit, sie auf meine gespreizten Oberschenkel zu legen und mich mit dem Kopf darüberzubeugen. Das machte ich über einhundert Feindflüge lang so. Bis zu jenem sehr sonnigen Sonntag. Ich saß wie immer über meine Karte gebeugt da. Plötzlich spürte ich einen ungeheuer starken Impuls, nach vorne zu schauen und aus dem Kabinenfenster zu blicken. Unerklärlicherweise faszinierte mich der Himmel, und ich begann mit hoch erhobenem Kopf ins Blaue zu starren. Die Karte war vergessen. Auf einmal eröffneten die Engländer das Feuer, wir waren dicht an unserem Angriffsziel. Um uns herum explodierten die Luftabwehrgeschosse. Irgendjemand schrie etwas von Treffern, aber ich starrte wie gelähmt aus dem Fenster. Und dann«, Hermanns Stimme zittert leicht, »dann gab es einen Ruck und ein eigenartiges berstendes Geräusch – und ich sah das Loch über mir im Kabinendach. Ich senkte den Blick und sah ein zweites Loch, direkt unter mir, im Kabinenboden. Es dauerte einige lange Sekunden, bis ich begriff, was passiert war. Ein Geschoss war von unten eingedrungen, zwischen meinen Beinen hindurchgerast und oben wieder aus dem Dach ausgetreten. Wenn ich, so wie immer, über meine Beine gebeugt dagesessen hätte, dann … So richtig kapiert habe ich das erst, als wir wieder zu Hause waren.«

Eine Weile herrscht Stille, beide Männer hören kaum etwas von dem Gelächter und Gemurmel um sich herum.

»Und jetzt?«, fragt Georg schließlich.

»Jetzt? Etwas in mir hat mir das Leben gerettet, etwas, das

größer ist … Ich bin mir etwas schuldig. Ich will etwas machen aus diesem Leben, und ich werde etwas daraus machen, auch wenn es schwer wird. Verstehst du's jetzt, Georg?«
Georg nimmt einen Schluck und stellt das Glas langsam ab.
»Ja, Hermann, das verstehe ich. Ich glaube, ich verstehe es.«

Das unteilbare Individuum

Hermann hat eine Wahl getroffen, er hat sein Leben verändert. Hermanns – im Übrigen wahre – Geschichte zeigt anschaulich, wie menschliche Freiheit im konkreten Leben wirksam werden kann. Ein einschneidendes Ereignis hat einen Menschen fundamental verändert. Entscheidend an dieser Veränderung ist, dass Hermann sein Leben und die gesamte Welt unter einem anderen, mit seinen früheren Überzeugungen unverträglichen Blickwinkel zu sehen gelernt hat. Hermann wirft seine bisher gültigen Paradigmen über Bord und konstruiert intuitiv eine neue persönliche Wirklichkeit. Und die Konsequenzen, die konkrete Umsetzung durch Handlungsentscheidungen führen zu einschneidenden Veränderungen in seiner Lebensgestaltung und berühren damit gleichzeitig alle Menschen, mit denen er in Kontakt steht. Sie werden gezwungen, ihre Beziehungen zu ihm und zu anderen Menschen in seiner Umgebung zu ändern. Der Kontakt zu ehemals Gleichgesinnten wird abreißen. Andere Menschen werden in sein Leben treten. Unzählige Folgeschritte schließen sich an und verändern das Leben aller Beteiligten, bis sich ein neues Gleichgewicht einstellt.
Die Möglichkeit, von der Hermann Gebrauch macht, nämlich seinem Leben jederzeit »unzerstört und ungezwungen« eine neue Richtung zu geben, ist der höchstmögliche Ausdruck individueller Freiheit.

Aber wie weit gehen Hermanns und unsere Freiheit – ist sie wirklich grenzenlos und »ungezwungen«? War es in Hermanns Fall nicht eher so, dass er, seinem Charakter entsprechend, auf ein einschneidendes Erlebnis reagiert hat?

Sie meinen, dass sein Verhalten durch seinen Charakter determiniert war?

Ja.

Er hat aber nicht einfach seinem Charakter entsprechend reagiert, er hat seinen Charakter verändert! Auslöser war selbstverständlich ein äußeres Ereignis. Aber Hermanns Veränderung geht weit über eine normale Ursache-Wirkung-Reaktion hinaus. Vor allem hat das Ereignis selbst keinerlei Verhalten fest- oder auch nur nahegelegt. Hermann hätte als Folge davon ja auch verunsichert sein und seinen Alkoholkonsum steigern können. Er hätte auch das Ganze einfach als hilfreichen Zufall ansehen und ansonsten weitermachen können wie bisher. Er hätte auf unzählige Arten anders reagieren können, als er es tat. Eine Zwangssituation selbst determiniert nicht die Art, wie wir sie bewerten und darauf reagieren.

Dann besitzen Hermann und wir also die grenzenlose und absolute Freiheit, unseren Charakter – unsere Form – nach Belieben zu ändern?

Grenzenlos ist unsere Freiheit in dem Sinn, dass sich keine objektive Grenze für sie definieren lässt. Das bedeutet aber nicht, dass es für unser Tun und Denken konkret keine Grenzen gibt. Freiheit existiert nur innerhalb von Grenzen, sie kann nicht absolut sein, weil sie nicht objektiv, sondern an Subjekte gebunden ist.

Jetzt mal der Reihe nach: Wenn sich für Hermanns Tun und Denken keine objektive Grenze angeben lässt, dann besitzt er doch die absolute Freiheit oder nicht?

Nein. Hermanns Freiheit wird dadurch begrenzt, dass

er bei allem, was er tut und denkt, für sich selbst und für die anderen doch immer als das individuelle Subjekt »Hermann« erkennbar sein muss.

Wenn ihr so weitermacht, dann bringt ihr mich noch so weit, dass ich mich selbst nicht mehr erkenne und mich vergesse.

Versuchen wir es anders: Wir haben behauptet, dass Hermann seinen Charakter geändert hat. Trotzdem hat Georg seinen Freund immer noch als Hermann erkannt. Wir fragen Sie nun: Gibt es irgendetwas an Hermann, ein objektives Muster, das sich auf keinen Fall ändern darf, weil Hermann dann nicht mehr als Hermann erkennbar wäre? Gibt es einen festen, definierbaren Kern, der Hermanns einmalige Individualität einschließt?

Ich glaube nicht, dass sich dieser individuelle Kern auf materieller Ebene dingfest machen lässt. Es gibt Schätzungen, wonach kein einziges unserer heutigen Moleküle schon vor neun Jahren ein Teil von uns war.[158]

Richtig. Wir führen unseren Körpern durch Nahrung und Atmung ständig neue Materie zu, die unsere alte ersetzt. Durch Transplantation tauschen wir ganze Körperteile (Organe, Gliedmaßen, Gesichter) aus, ohne dass sich an unserer Individualität etwas ändern würde. Ein neues Gesicht mag gewisse Änderungen mit sich bringen, es verhindert aber nicht, dass wir auch weiterhin als der erkennbar sind, der ein neues Gesicht erhalten hat. Welchen materiellen Teil wir auch immer an Hermanns Körper ersetzten, es wäre immer noch »Hermann«, dessen Körper verändert wurde.

Vielleicht ist es ja die Form, die spezielle Art, wie unsere Materie strukturiert und organisiert ist, die unsere Individualität ausmacht.

Aber auch unsere innere und äußere Struktur und Organisationsform bleiben nicht stabil. Die Struktur eines

Kindes unterscheidet sich beträchtlich von der eines Erwachsenen. Trotzdem erkennen wir und unsere Eltern in uns etwas wieder, das sich seit Kindertagen nicht geändert hat. Im Laufe der Zeit können wir bestimmte Eigenschaften erwerben oder verlieren, wir können, wie Hermann, sogar unseren Charakter ändern, und trotzdem bleibt immer irgendetwas, das uns als das Individuum erkennbar macht, das wir sind.

Und was ist dieses »Etwas«, das sich nicht ändert? Wenn es nicht die Struktur und nicht die Materie sind, was bleibt dann noch? Ihr wollt mir doch nicht erzählen, dass es die Seele oder der ätherische Geist ist?

Nein. Worauf wir hinauswollen, ist Folgendes: Wir glauben, dass dieses »Etwas« sich nicht als objektives Muster darstellen lässt. Ein Individuum ist eine Einheit und lässt sich nicht vollständig aus objektiven Teilen aufbauen. Wir können das Individuum »Hermann« zwar in Teile zerlegen, wir können sagen, dass Hermann aus Materie besteht, die auf bestimmte Weise organisiert ist, wir können Hermann bestimmte Charakter- und Körpereigenschaften zuschreiben, doch am Ende werden wir feststellen, dass keines dieser Teile wirklich essenziell notwendig ist. Jedes Teil und jede Struktur kann ausgetauscht oder weggelassen werden, ohne dass sich dieses spezielle »Etwas« ändern würde. »Hermann« lässt sich zwar in Teile zerlegen, er lässt sich aber nicht vollständig aus objektiven Teilen aufbauen. Das Individuum ist kein abgeschlossenes »Etwas«.

Schön, das kommt mir bekannt vor. Hermanns und unsere Freiheit sind also grenzenlos, weil es nicht möglich ist, eine objektive, unüberschreitbare Grenze zu definieren. Hermann kann letztlich jedes »objektive« Muster, das er in sich oder in der Welt wahrnimmt, ändern. Seine Form ist nicht objektiv festgelegt.

330

Ja.

Aber warum besitzt Hermann dann nicht die absolute Freiheit?

Weil Hermann ein bewusstes Wesen ist, das die Welt immer von einem bestimmten Standpunkt aus wahrnimmt.

Jede Art von Erkenntnis setzt demnach einen Standpunkt voraus.

Richtig. Um argumentieren zu können, brauchen Sie Prämissen, um Wissenschaft treiben zu können, brauchen Sie ein Paradigma, um einen mathematischen Beweis zu führen, brauchen Sie Axiome, um Formen, zum Beispiel »Hermann«, erkennen zu können, müssen Sie selbst eine Form sein.

Und mein Paradigma, meine Prämissen, meine Form legen mich fest und setzen mir damit Grenzen. Aber keine Form, keine Prämisse und kein Paradigma sind objektiv wahr und können durch kreative Akte geändert werden. Jeder kreative Akt erschafft einen neuen Standpunkt, der mich dann allerdings wiederum bindet und mir neue Grenzen setzt.

Das ist exakt das, was wir glauben.

Jeder Mensch nimmt also einen bestimmten Standpunkt ein, den er einfach als wahr voraussetzt, weil ihm Münchhausens Trilemma kaum eine bessere Wahl lässt.

Ja.

Schön. Und wie kommt ein Mensch zu seinem Standpunkt, warum nimmt er gerade diesen und keinen anderen ein? Warum glaubt der eine dies, der andere jenes?

Diese Frage lässt sich nicht objektiv beantworten, das ist ja der Witz an der Sache. Unser grundlegender Standpunkt, der uns eigentlich erst bewusst wird, wenn wir die Welt bereits von einem anderen Standpunkt aus zu sehen gelernt haben, ist ein zutiefst subjektiver Standpunkt, der aufs engste mit unserer Individualität verbunden ist.

Wir nehmen also einen ganz bestimmten Standpunkt ein, weil wir sind, wer wir sind. Und dieser Standpunkt lässt sich aus demselben Grund nicht objektiv begründen, aus dem sich auch unser individueller Kern nicht objektiv dingfest machen lässt?

Ja. Sowohl unser Standpunkt als auch unser individueller Kern sind Formen auf unserem Bewusstsein und können deshalb niemals vollständig objektiv sein. Der Logiker und Philosoph Gottlob Frege (1848–1925) hat es so ausgedrückt: »Ich habe eine Vorstellung von mir, aber ich bin nicht diese Vorstellung.«[159]

Weil Bewusstsein ein unbewusster Akt ist.

So kann man es auch ausdrücken.

Und wie ist das mit der Kluft zwischen der Musterebene und der Bedeutungsebene, hat das auch etwas damit zu tun?

Ja, kein Muster ist auf grundlegender Ebene wirklich objektiv und von uns unabhängig. Seine Form ist immer mit unserer eigenen Form verbunden, weil es erst von einem subjektiven und damit für uns bedeutungsvollen Standpunkt aus möglich ist, Formen zu erkennen.

Weil beides aus demselben Erkenntnisakt hervorgeht?

Ja. Wer versucht, die Bedeutung der Muster allein aus der Musterebene abzuleiten, der wird feststellen, dass in seiner Ableitung immer Lücken bleiben. Entweder führt seine Ableitung in einen unendlichen Regress, oder er wird zum Dogmatiker. Man kann dies sehr gut an bestimmten Gehirnforschern beobachten, die versuchen, das Ich oder das Bewusstsein aus der neuronalen Musterebene heraus zu erklären. Wenn der Sprung auf die Bedeutungsebene nicht gelingt, wenn die letzte Lücke nicht geschlossen werden kann, dann behaupten sie, dass nicht nur die Lücke, sondern auch das Ich und das Bewusstsein Illusionen seien und keiner weiteren Erklärung bedürften. Für diese Forscher stellt sich die Frage gar nicht, wer oder was dem Erregungspotenzial seine Bedeutung verleiht, sie fragen nicht danach, warum sie die Kausalkette genau dort unterbrechen. Ihr Standpunkt, ihr Paradigma lässt solche Fragen nicht zu, weil sie aus der objektiven Musterebene heraus nicht beantwortet werden können.

Dann ist also das Individuum der Ort, an dem sich der große Spagat zwischen den gedanklich nicht überbrückbaren Ebenen von Einheit und Vielheit, Freiheit und Bedingtheit, Bewusstheit und Unbewusstheit, Muster und Bedeutung vollzieht?

Ja, auf geheimnisvolle Weise scheinen wir der Brennpunkt zu sein, an dem das, was nicht rationalisierbar ist, lebbar wird. Das Individuum, dieses scheinbar kleine, unbedeutende Etwas am Rande des Universums, ist die Nabe, um die sich die Freiheit dreht. Vorrang besitzen deshalb nicht Kulturen, Zivilisationen, Gesellschaften, Religionen oder Traditionen, Vorrang besitzt einzig und allein das Individuum. Wie sagte Oscar Wilde so schön: »Die Entwicklung der menschlichen Gesellschaft hängt von der Entwicklung des Einzelnen ab. Wo man die individuelle Entwicklung aufgegeben hat, senkt sich das geistige Allgemeinniveau sofort.«[160]

Blick in die Hölle

Eines Tages stellten die neunjährige Marie und die zehnjährige Gerda – laut Gauleiter M. »echte deutsche Mädels, auf die unser Vaterland seine Zukunft bauen kann« – eine merkwürdige Veränderung im Verhalten der Kinder in ihrem kleinen oberpfälzischen Dorf fest. Noch vor kurzem waren Marie, Gerda und ihre Freunde ab und zu gerne bei den jüdischen Dorfbewohnern zu Gast gewesen, bei denen es immer Unvertrautes zu essen, zu sehen und zu erleben gab. Nun aber war es seit einiger Zeit verboten, sich »beim Jud« sehen zu lassen. In der Schule durfte man sich lautstark Witze auf Kosten der Juden erlauben.

Bald gingen einige Kinder einen Schritt weiter: Wenn jüdische Frauen auf der Dorfhauptstraße vom Bäcker nach Hause gingen, zielten ihre früheren kleinen Gäste mit Schneebällen auf ihre verschlossenen Gesichter. Als sie niemand deswegen zur Rechenschaft zog, fingen sie an, Steine zu werfen oder aus dem Hinterhalt kaltes Wasser auf die Frauen zu schütten. Das Gelächter war riesig, und die Frauen setzten sich erfreulicherweise überhaupt nicht zur Wehr.

Erst schauten Marie und Gerda nur zu und wunderten sich, dass niemand einschritt. Als sie aber erkannten, welchen Spaß ihre Freunde bei ihren Streichen hatten, sammelten sie eines Tages einige Hände voll fauler Äpfel im Garten auf, versteckten sich hinter einer Hecke und bewarfen eine jüdische Nachbarin mit den beim Aufprall zerplatzenden sauren Früchten. Zuerst erschraken sie noch über ihre eigene Niedertracht, dann aber wurden sie von anderen Kindern bejubelt und angefeuert, so dass sie nicht aufhörten, bevor der letzte Apfel sein Ziel getroffen hatte.

Die jüdischen Frauen ließen sich immer seltener auf der Straße blicken, und eines Tages sah man sie überhaupt nicht mehr. Sie seien endgültig fortgezogen, hieß es in der Schule.

Der Einzelne und die Vielen

Das Individuum ist sehr verletzlich. Seine größte Bedrohung erwächst ihm dabei durch seinesgleichen. Aus unzähligen verschiedenen Motiven kann der Mensch des Menschen Wolf werden. Auf die Solidarität des Nächsten kann sich offensichtlich niemand bedingungslos verlassen. Was mit Einschränkungen der individuellen Freiheit beginnt, kann schnell mit dem Auslöschen Hunderttausender enden.

Das Individuum zu schützen heißt, seine Freiheit zu schützen, denn zur Integrität des Einzelnen gehört seine Entscheidungs- und Handlungsfreiheit. Die Frage ist nur, wer das Individuum schützen soll. Für den englischen Philosophen Thomas Hobbes (1588–1679) war die Sache klar. Der Einzelne kann nur durch Macht beschützt werden: »Macht ist … ein Gut, weil sie uns Mittel zu unserem Schutze gewährt; auf dem Schutz beruht aber unsere Sicherheit. Wenn die Macht nicht bedeutend ist, ist sie unnütz, denn wenn alle anderen die gleiche Macht besitzen, so bedeutet sie nichts.«[161] Und in seinem *Leviathan* heißt es, dass diejenige menschliche Macht die größte sei, »welche aus der Übertragung der Macht sehr vieler, durch Zustimmung vereinigter Menschen auf eine natürliche oder körperschaftliche Person erwächst, die nach ihrem Willen die Macht jener vereinigten Menschen gebraucht: von dieser Art ist die Macht einer Gemeinschaft«.[162] Die Macht einer Gemeinschaft und die Sicherheit des Einzelnen wären also umso größer, je weniger Macht der einzelne Bürger noch hat und je vereinzelter er dem Herrscher gegenübersteht, denn nur ein wirklich mächtiger Herrscher könne verhindern, dass die Menschen übereinander herfallen. Was der von Todesangst und Misstrauen gegen seine Mitbürger erfüllte Hobbes hier vergisst, ist, dass jede Institution, welche die Macht hat, den Einzelnen gegen die Vielen zu schützen, auch automatisch die Macht besitzt, den Einzelnen zu vernichten.

An dieser Tatsache ändert sich auch dann nichts, wenn die Macht im Auftrag und unter Kontrolle der Mehrheit ausgeübt wird, denn, so schreibt der französische Historiker und Politiker Alexis de Tocqueville (1805 bis 1859): »Was ist denn die Mehrheit im Gesamten genommen anderes als ein Einzelner, der Meinungen und meist Interessen hat, die einem anderen Einzelnen entgegenstehen, den man Minderheit nennt. Wenn man einräumt, dass ein Mann, der über Allmacht verfügt, diese gegen seine Gegner missbrauchen kann, warum soll man dann nicht auch zugeben, dass dies auch für eine Mehrheit gilt?«[163]

Dass die Mehrheit nicht unfehlbar ist, haben wir bereits an vielen Beispielen aus der Wissenschaftsgeschichte gesehen. Neue fruchtbare Ideen kommen durch Individuen in die Welt und werden zu Beginn fast immer von der Mehrheit als unsinnig abgelehnt. Erst nach und nach setzen sie sich durch und werden zur Mehrheitsmeinung, die dann wiederum als Bollwerk gegen andere neue Ideen herhalten muss. »Nur weil eine Überzeugung oder eine bestimmte Politik die einer Mehrheit ist«, schreibt der Politikwissenschaftler Michael Hereth, »gewinnt sie noch keine qualitative Überlegenheit; sie ist mächtig und durchsetzbar, aber ob sie richtig, gerecht und vernünftig ist, kann nicht durch Abstimmung festgestellt werden. Wer also die Beurteilung, Kritik und Auseinandersetzung mit Mehrheitsmeinungen von vorneherein ablehnt, unterwirft sich ihnen unter Verzicht auf die Anwendung der eigenen Vernunft. Er verhält sich sklavisch.«[164] Daraus kann man ersehen, dass es für eine freie Gesellschaft nicht klug wäre, dem Einzelnen die Pflicht aufzuerlegen, sich ausnahmslos der Mehrheit zu unterwerfen, denn, so wusste schon Friedrich Schiller (1759–1805): »Durch was sonst ist ein Staat groß und ehrwürdig als durch die Kräfte seiner Individuen? Der Staat ist nur eine Wirkung der Menschenkraft, nur ein Gedankenwerk, aber der Mensch ist die Quelle der Kraft selbst, und der Schöpfer des Gedankens.«[165]

Der österreichische Verhaltensforscher Irenäus Eibl-Eibesfeldt geht sogar so weit, »den Entwicklungsstand einer Kultur ganz generell daran [zu] messen, wie stark sie sich dem Individuum zuwendet und bereit und in der Lage ist, auf dessen Feinheiten zu achten – sie auch in Kunstwerken darzustellen«.[166]

Müssen wir daraus nun den Schluss ziehen, dass der Einzelne den Vielen keine Beachtungen schenken muss, weil sie seinen genialen Ideen nicht gewachsen sind und ihnen nur im Wege stehen? Sind die Vielen nur der gefährliche Mob oder die dumme Plebs, die dem Fortschritt und der eigenen Entwicklung nur hinderlich ist, weil sie eine geniale Idee und die Wahrheit selbst dann nicht erkennen, wenn man sie mit der Nase draufstößt? Müssen die dummen Vielen durch die genialen Einzelnen gelenkt werden, weil sie allein den Weg nicht finden und sich im Labyrinth der zahllosen Verschwörungen und unsittlichen Angebote verlaufen? Diese Denkungsart zieht sich durch die gesamte menschliche Geschichte und findet auch heute noch ihre Anhänger (so sind beispielsweise viele europäische Abgeordnete der Meinung, eine europäische Verfassung sei zu wichtig, als dass man sie dem Volk zur Abstimmung vorlegen könne). Eine ihrer fürchterlichsten Ausprägungen fand diese Idee in Platons (ca. 428–348 v. Chr.) Idealstaat. »Platons Utopie ist viel erschreckender als Orwells *1984*, denn Platon wünscht, es möge das geschehen, was Orwell fürchtet«[167], schreibt Arthur Koestler. In Platons Staat soll die intellektuelle Aristokratie herrschen, die klugen und weisen Philosophenherrscher sollen den Staat lenken und die Bürger führen. Platon glaubte, dass jedem Menschen vor der Geburt vom Schicksal unterschiedliche Fähigkeiten zugeteilt würden. Durch geeignete Auswahlverfahren müsse der ideale Staat herausfinden, ob ein Individuum zum Stand der Philosophenherrscher, der Wächter oder der Bauern und Handwerker gehöre. Gerechtigkeit ergebe sich, weil jeder nur nach seinen Fähigkeiten beurteilt werde; die Standeszugehörigkeit sei nicht erblich. Jeder tue dann im Auftrag der Gemeinschaft das, was seinen Begabungen entspreche. Selbstverständlich müsse in diesem Staat eine strenge Zensur herrschen. Die Jugend müsse vor den Schriften Homers geschützt werden, weil sie Ehrfurchtslosigkeit gegenüber den Göttern, unsittliche Lustigkeit und Furcht vor dem Tod verbreiteten, wodurch die Menschen vom Heldentod abgeschreckt werden könnten. Bezeichnenderweise hat Platons Idealstaat gerade unter Intellektuellen viele Anhänger gefunden. Welcher kluge Kopf fühlt sich nicht berufen, die Vielen durch seine weise Führung ins irdische Paradies zu geleiten. Der Philosoph und Mathematiker Bertrand Russell (1872–1970) kommentierte das so: »Dass Platons Staat von anständigen Menschen bewundert worden sein soll, und zwar in seinem politischen Teil, ist vielleicht das verblüffendeste Beispiel von literarischem Snobismus in der ganzen Geschichte.«[168]

Einer dieser Snobs war der britische Gelehrte Francis Galton (1822–1911). Auch er glaubte an die Dummheit der Vielen, bis er, inzwischen fünfundachtzig Jahre alt, an einem Herbsttag des Jahres 1906 über den Markt einer kleinen Gemeinde in der Nähe von Plymouth schlenderte, um dort die alljährlich stattfindende Messe der Nutzviehzüchter zu besuchen, wo Schweine, Schafe, Rinder, Pferde und Hühner vermessen und taxiert wurden.

Was hatte ein Gelehrter, der sich einen Ruf als Statistiker und Erbforscher erworben hatte und aufgrund seines Alters nicht mehr allzu gut zu Fuß war, auf einer solchen Veranstaltung verloren? Der Grund für seine Anwesenheit lag in seinem leidenschaftlichen Interesse für die Fortpflanzung von Mensch, Tier und Pflanze einerseits und an der akribischen Vermessung körperlicher und geistiger Eigenschaften des Menschen andererseits. Und der Markt bot ihm reichlich Gelegenheit, die Auswirkungen von Zuchtbemühungen anhand der Vermessung der Tiere eingehend zu studieren.

Galton hatte eine sehr schlechte Meinung von der, wie wir heute sagen würden, genetischen Ausstattung des Menschen. Bildung und Erziehung, so glaubte er beweisen zu können, seien extrem wichtig, um Menschen zu nützlichen Mitgliedern der Gesellschaft zu machen. Für ihn war der Mensch von Natur aus eine ziemliche Katastrophe. Mit selbstentworfenen Experimenten hatte er über viele Jahre hinweg die Intelligenz und die Urteilsfähigkeit des Durchschnittsmenschen zu ermitteln versucht, wobei er zu dem Ergebnis kam, dass »die Dummheit und Verbohrtheit vieler Männer und Frauen von schier unglaublichen Ausmaßen« seien. Seine Schlussfolgerung war damit naheliegend: Eine funktionierende Gesellschaft müsse von wenigen besonders Ausgebildeten geleitet und bestimmt werden.

An besagtem Herbsttag machte Galton an einem Stand halt, an dem ein Wettbewerb der besonderen Art abgehalten wurde: Die Zuschauer sollten Wetten auf das Gewicht eines nervös herumstehenden, massigen Ochsen abgeben, nachdem er »geschlachtet und ausgeweidet« worden wäre. Die besten Schätzungen sollten prämiert werden. Knapp achthundert Zuschauer gaben gegen eine Gebühr von einem Sixpence ihre Wette ab, während der arme Ochse keine Ahnung hatte, dass er die Siegerehrung nicht mehr erleben würde. Neben Metzgern und Viehzüchtern nahmen zahlreiche »Nichtfachleute«, wie etwa Büroangestellte, am Wettspiel teil.

Für Galton war eines klar: Hier hatte man eine Analogie zu einer demokratischen Gesellschaft, in der eine Vielzahl völlig unterschiedlicher Menschen von ihrem Wahlrecht Gebrauch macht. Da Galton nachweisen wollte, dass der Normalbürger ein Dummkopf ist, entschloss er sich spontan zu einem Experiment. Er borgte sich die Wettkarten und wertete sie statistisch aus. Mit den 787 Karten stellte er mehrere Berechnungen an. Unter anderem errechnete er den mittleren Schätzwert des Gewichts des Ochsen (die Summe aller abgegebenen Gewichtsangaben dividiert durch 787).

Gepeinigt von seinen Erfahrungen mit der menschlichen Dummheit, erwartete Galton nun, dass dieses Ergebnis, das sozusagen den gemeinschaftlichen Schätzwert der Menge darstellte, grotesk danebenläge. Schließlich bestand diese Menge aus wenigen Sachverständigen, einigen mittelmäßig Informierten und einem beträchtlichen Haufen von Dummköpfen. Das Ergebnis seiner Berechnungen dürfte Galton allerdings sehr überrascht haben: Die »dumpfe Masse« hatte ein Schlachtgewicht von 1197 englischen Pfund geschätzt, die sorgfältige Wägung des geschlachteten Ochsen ergab einen Wert von 1198 Pfund. Bis auf ein halbes Kilo Rindergulasch hatte der Durchschnitt der Menge ins Schwarze getroffen! Die Chancen für die Demokratie beurteilte der Gelehrte künftig wesentlich positiver.

Diese Geschichte ist eines der unzähligen Beispiele für die Treffsicherheit der Masse, die der amerikanische Journalist James Surowiecki in seinem Buch *Die Weisheit der Vielen*[169] schildert. Er weist eindrucksvoll nach, dass Gruppen ganz normaler Menschen »klüger« sein können als einzelne Meinungsführer. Gruppen zeigen offenbar ein Selbstorganisationstalent, das den einzelnen Mitgliedern nicht bewusst ist – so wie ein Termitenvolk mit dem Bau eines eindrucksvollen Gebäudes gemeinsam eine Leistung vollbringt, obwohl das Einzelwesen keine Vorstellung von diesem Bau hat. Viele wissenschaftlich fundierte Beispiele lassen erkennen, dass einzelne Experten bei der Einschätzung praktischer Situationen oft schlechter abschneiden als eine größere Anzahl von Menschen ohne Fachwissen. Ob Umfragen, Wahlvorhersagen, Wetten, Publikumsjoker bei Quizsendungen, Schätzungen – die Menge zeigt sich signifikant kompetenter als die

Einzelfachleute, trotz der »Dummheit und Verbohrtheit vieler Männer und Frauen«. Allerdings müssen bestimmte Voraussetzungen erfüllt sein. Die Aussage gilt nach den wissenschaftlichen Ergebnissen nur, wenn jeder der Beteiligten frei und unbeeinflusst entscheiden kann, wenn die Gruppe aus möglichst vielen und unterschiedlichen Mitgliedern besteht, und wenn jedes dieser Mitglieder sicher sein kann, dass seine Aussage ernst genommen und tatsächlich berücksichtigt wird.

Jetzt habt ihr euch aber in die Ecke manövriert. Einerseits sagt ihr, dass die Vielen fast immer neuen individuellen Erkenntnissen im Wege stünden, andererseits sagt ihr aber auch, dass die Vielen fast immer weiser seien als der einzelne Fachmann. Wie wollt ihr da wieder herauskommen?

Gar nicht, wir glauben nicht, dass es aus dieser Zwickmühle einen Ausweg gibt. Das Paradoxe ist doch, dass wir, Sie und alle anderen auch beides sind. Einerseits sind wir Individuen, andererseits gehören wir für die anderen zu den Vielen. Wir sind gleichzeitig Richter und Kläger. Auf der einen Seite klagen wir darüber, dass die anderen unsere Ideen und Angebote nicht annehmen oder verstehen, auf der anderen Seite richten wir mit den Vielen über die Ideen und Angebote der anderen.

Das hört sich nach Angebot und Nachfrage an.

Das hört sich nicht nur so an, das ist genau das Prinzip.

Schön, aber dieses Prinzip allein reicht ja wohl nicht aus, um einerseits das Individuum vor den Vielen zu schützen und andererseits die Vielen automatisch davor zu bewahren, zum Spielball einer selbsternannten Elite zu werden. Wenn man die Freiheit des Einzelnen und gleichzeitig die Entscheidungshoheit der Vielen bewahren will, dann braucht eine Gesellschaft doch Leitlinien, die das Zusammenleben der Menschen regeln. Auch Freiheit braucht Regeln, habt ihr gesagt.

Ganz genau.

Und nach welchen Regeln muss nun eine Gesellschaft organisiert werden, damit sie eine freie Gesellschaft wird?

Das ist gar nicht so einfach zu beantworten, denn wir stoßen hier auf ein weiteres Paradoxon der Freiheit. Freiheit ist nämlich kein Zustand, der durch irgendwelche Regeln oder Parameter definiert werden kann.

Warum nicht? Wollt ihr bestreiten, dass es freie Gesellschaften gibt, die nach bestimmten Regeln organisiert sind?

Nein, das bestreiten wir nicht.

Wo liegt dann das Problem? Erklärt mir doch einfach, wie diese Gesellschaften organisiert sind.

Das Problem liegt darin, dass sich das Phänomen der Freiheit nicht durch die Organisationsregeln einfangen lässt.

Weil sich jede Regel aus einem Regelsatz als prinzipiell entbehrlich erweisen könnte?

Ja.

Freiheit lässt sich also nicht aus Teilen aufbauen, weil sie nicht objektiv ist und eine Einheit mit uns darstellt?

Ja.

Es wird also jedes Mal eine Lücke bleiben, die sich durch keinen unserer objektiven Regelsätze vollständig schließen lässt?

Ja.

Dachte ich's mir doch.

Nehmen wir einmal an, wir hätten einen Satz von Regeln, der den Mitgliedern einer Gesellschaft maximale Freiheit garantiert. Unsere Gesellschaft hätte dann einen Zustand erreicht, bei dem jede Bewegung weg von

diesem Zustand ein Schritt in Richtung Unfreiheit
wäre.

Nun taucht ein einfacher Bauer oder ein Patentamtsan-
gestellter dritter Klasse auf und behauptet, unser Regelsystem sei schlecht und er habe uns ein weit besseres
Angebot zu machen. Unsere Regelwächter und Herr-
schaftsphilosophen lehnen sein Angebot in unser aller
Namen mit der Begründung ab, es sei unsinnig, weil jeder Schritt weg von ihrem Regelgipfel ganz automatisch
bergab führe. Sie verbieten ihm das Wort und unterbin-
den jede seiner Veröffentlichungen, weil sie gegen die
Freiheit gerichtet seien und die Jugend verdürben.

*Ein endgültiges Regelsystem wäre also das Ende der
Freiheit?*

Ja, was nützt Ihnen ein angeblich freies System, wenn
Ihnen ebendieses System im Namen der Freiheit verbie-
tet, ihre Freiheit anzuwenden.

*Aber wenn in letzter Konsequenz keine Regeln und kei-
ne von der Mehrheit getragene Macht das Individuum
und seine Freiheit wirklich schützen kann, wer kann es
dann?*

Das können letztlich nur die Individuen selbst. Sie müssen frei sein wollen und für die Freiheit der anderen eintreten. Denn wirklich frei sein kann das Individuum nur
unter freien Individuen, die bereit sind, für die Freiheit
jedes Einzelnen einzutreten. Wer die Freiheit der anderen mit Steinen bewirft und ihnen gelbe Sterne auf die
Brust heftet, der wird, auch wenn er sich unter den Vielen gut aufgehoben fühlt, am Ende auch seine eigene
Freiheit unter Steinen begraben und das Mal des Sklaven
tragen. Der russische Revolutionär Michail Bakunin
(1814–1876) brachte diese Konsequenz auf den Punkt:
»Nur solange ich die Freiheit und das Menschentum aller Menschen, die mich umgeben, anerkenne, bin ich

selbst Mensch und frei. Nur wenn ich ihren menschlichen Charakter anerkenne, anerkenne ich auch den meinen ... Nur dann bin ich wahrhaft frei, wenn alle Menschen, die mich umgeben, Frauen und Männer, ebenso frei sind wie ich. Die Freiheit der anderen, weit entfernt davon, eine Beschränkung oder Verneinung meiner Freiheit zu sein, ist im Gegenteil ihre notwendige Voraussetzung und Bejahung.«[170]

Zwischen Freiheit und Ordnung

Vom 25. Mai bis 17. September 1797 trafen sich 55 Männer in Philadelphia. Ihre Aufgabe: eine Verfassung zu erarbeiten. Und die Gründerväter der USA machten ihre Sache sehr gut. Das Ergebnis ihrer Arbeit war der Entwurf zu einer der freiheitlichsten und erfolgreichsten Verfassungen der Menschheitsgeschichte.

Die 55 Delegierten vertraten ein Land, das sich soeben von seiner Kolonialmacht befreit hatte. So konnten sie quasi auf dem Reißbrett eine Verfassung für Menschen entwerfen, deren Sehnsucht nach persönlicher Freiheit und Würde in den feudalen Strukturen des alten Europa keine Basis gefunden hatte. Es mussten Regeln gefunden werden, welche die Freiheit des Einzelnen garantierten, aber gleichzeitig auch ein geordnetes Zusammenleben der Vielen ermöglichten.

Die Umsetzung dieses für die gesamte Menschheit richtungweisenden Projekts gipfelte in der Verankerung allgemeiner Menschenrechte in einer Staatsordnung und einer demokratischen Verfassung, die, was den Schutz der individuellen Freiheit und die Konstruktion der Regierungsorgane angeht, ihre Vorbildfunktion bis heute weltweit behalten hat.

Die Genialität dieser Verfassung wird schon darin deutlich, dass sie in ihrer über zweihundertjährigen Geschichte weniger oft geändert werden musste als das deutsche Grundgesetz in sechzig Jahren, und dass sie es den USA ermöglicht hat, zur mächtigsten, innovativsten, reichsten und freiesten Nation dieses Planeten zu werden und zugleich zu der Nation, die wie keine zweite Freiheit und Wohlstand weltweit (nicht zuletzt nach Deutschland) »exportiert« hat. Basis der Ordnung sind die in der amerikanischen Unabhängigkeitserklärung von 1776 definierten allgemeinen Menschenrechte. Dort heißt es: »Wir halten diese Wahrheiten für ausgemacht, dass alle Menschen gleich erschaffen wurden, dass sie von ihrem Schöpfer mit gewissen unveräußerlichen Rechten begabt wurden, worunter Leben, Freiheit und das Streben nach Glückseligkeit sind.« Die Verfassungsregeln müssen dem einzelnen Menschen also Leben (= Sicherheit vor den Vielen und dem Staat), Freiheit und die Möglichkeit des Strebens nach Glück garantieren. Erreicht wird dies durch ein intelligentes Konstrukt aus sich gegenseitig kontrollierenden, gleichrangigen staatlichen Organen und basisdemokratischen Elementen, also direkter Demokratie.

Das fundamentale Prinzip der Gewaltenteilung (also der Trennung von Legislative, Exekutive und Judikative), das von den amerikanischen Verfassungsvätern in Philadelphia verabschiedet wurde, geht auf den englischen Philosophen John Locke (1632–1704) und den französischen Staatstheoretiker Charles de Secondat, Baron de la Brède et de Montesquieu (1689–1755) zurück, war in seinen Grundzügen aber schon in der Antike bekannt. Alle demokratischen Systeme verfügen heute über jeweils eigene Varianten dieses Prinzips, welche die totale Dominanz einer Machtgruppe (Regierung, Parlament oder Gerichtswesen) verhindern. Die zahllosen Spielarten des Konzepts begrenzen die ungezügelte Machtausdehnung sowohl von Individuen als auch von Organisationen. Keine gesellschaftliche Gruppe kann also ihre spezielle »Wahrheit« allen anderen ungehindert aufzwingen. Die Kontrolle durch die anderen Bürger sorgt dafür, dass nur solche »Wahrheiten« verbindlich werden, die von der Mehrheit akzeptiert und durch die Verfassung gedeckt werden.

Weder die Dogmen von Glaubensgemeinschaften noch die ständig bemühten »Vernunftargumente« der Philosophen oder die Erkenntnisse der Wissenschaft sind dieser Kontrolle entzogen.

Regeln und Kontrolle sind aber nur die eine Seite der Medaille. Regeln allein garantieren keine Freiheit. Die andere Seite sind Meinungsfreiheit und das garantierte Streben nach dem eigenen Glück, also die Möglichkeit, selbstbestimmte Entscheidungen zu treffen.

Erreicht wird beides durch den freien Markt der Ideen und Produkte. Jeder Bürger hat das Recht, seine Ideen und Produkte anderen zur Kenntnis zu bringen und für sie zu werben. Umgekehrt hat jeder Bürger auch das Recht, die Ideen und Produkte der anderen zu akzeptieren oder abzulehnen. Dieses System des freien Marktes erschwert es Regierungen und anderen Gruppen außerordentlich, ihre eigenen »Wahrheiten« anderen aufzuzwingen. Unmöglich gemacht wird es ihnen indes nicht. Auch in freien Gesellschaften haben Regierungen nur allzu oft die Tendenz, die Bürger zu ihrem Glück zwingen zu wollen, wie man am Beispiel des Glühbirnenverbots oder des staatlich subventionierten Solarstroms unschwer erkennt. Die Mehrheit der Bürger kauft auch weiterhin Glühbirnen, obwohl die Regierung doch aus objektiver und absolut sicherer Quelle weiß, dass Glühbirnen den Enkeln der Bürger in ferner Zukunft schaden werden? Kein Problem. Glühbirnen werden verboten.

Die Mehrheit der Bürger weigert sich, freiwillig Solarstrom zu kaufen, weil er teurer ist als anderer Strom? Kein Problem. Wir zwingen den Bürger, den Solarstrom zum Wohle der Enkel zu subventionieren.

Das Gute an den westlichen Demokratien ist jedoch, dass der

Bürger solchen Manipulationen nicht wehrlos ausgesetzt ist. Geht ihm etwas zu sehr gegen den Strich, kann er sich wehren – durch Bürgerinitiativen, Internetkampagnen oder bei der nächsten Wahl. Besonders große Mitspracherechte genießen die Bürger der USA. Deren Verfassungsväter haben ihnen sehr machtvolle Werkzeuge an die Hand gegeben. Zum Beispiel werden in den USA fast eine Million Amtsinhaber (Präsident, Abgeordnete, Richter, Sheriffs usw.) direkt vom Volk bestimmt, und in vielen US-Bundesstaaten kann die Bevölkerung einen Amtsinhaber auch mitten in der Legislaturperiode wieder abwählen. Sogar das Recht zur Änderung der Verfassung ihres Bundesstaats steht der Bevölkerung zu. Und da in manchen Bundesstaaten die Staatsausgaben von der Bevölkerung kontrolliert werden, kann jeder Bewohner direkt über die Rolle des Staates in der Gesellschaft abstimmen (weniger Geld = weniger Einfluss). Insgesamt finden innerhalb jeder Vierjahresperiode in den USA mehr als eine Million Einzelwahlen statt, was den Journalisten Frans Verhagen zu dem Schluss kommen lässt: »Vergleicht man die immensen Mitspracherechte (der Amerikaner) mit den unsrigen, dann leben wir im demokratischen Mittelalter.«[171]

Kurz gesagt: In freien Gesellschaften sollte das Individuum nicht dem Wohl der Vielen oder der Regierung dienen müssen, sondern die Organisationsform der Vielen sollte es dem Einzelnen in möglichst hohem Grade gestatten, gemäß seiner selbstgewählten Bestimmung zu leben, ob diese den anderen nun als egoistisch oder altruistisch erscheint.

Da habt ihr ja ein schönes Plädoyer für die amerikanische Verfassung und den Individualismus abgeliefert.
Genau das war unsere Absicht.
Trotzdem hat die amerikanische Verfassung die Rassendiskriminierung in den USA nicht verhindert.
Sie hat es aber möglich gemacht, dass Martin Luther King

auf dem Höhepunkt der Rassenunruhen Hunderttausende Anhänger nach Washington rufen konnte, um seinen Traum von einer besseren Welt zu verkünden. Sie hat es möglich gemacht, dass 46 Jahre nach dieser »Traumrede« Barack Obama Präsident der USA werden konnte. Keine Verfassung der Welt kann verhindern, dass Menschen Unrecht begehen. Auch eine freiheitliche Verfassung kann Menschen nicht zur Freiheit zwingen, wie das Beispiel der Weimarer Republik zeigt. Wer die Unfreiheit wählt, der wird mit den Freien in Konflikt geraten und die Konsequenzen tragen müssen. Wir wiederholen es noch einmal: Kein Regelsystem kann Freiheit garantieren. Eine gute Verfassung muss es den Menschen guten Willens ermöglichen, eine Gesellschaft zu verbessern, sie voranzubringen auf dem Weg zu immer mehr Freiheit. Genau dies tut die amerikanische Verfassung.

Glaubt ihr denn, dass dieses aus der westlichen Kultur hervorgegangene Modell einer freiheitlichen Demokratie für alle Kulturen Gültigkeit haben sollte?

Wenn Sie damit auf unsere Prämisse anspielen, dass die Freiheit des Individuums im Zentrum stehen sollte, dann lautet die Antwort ja.

Es gibt aber doch auch Kulturen, die glauben, dass eine Gesellschaft und damit natürlich auch jedes ihrer Mitglieder besser fährt, wenn sich der Einzelne dem Wohl des Ganzen unterordnet.

Sicher gibt es die, nur halten wir diesen Glauben für falsch.

Nach welchem Maßstab? Ihr glaubt doch, dass es keine objektiven Kriterien für richtig und falsch gibt.

Nach unserem Maßstab. Wir halten den Glauben für falsch, weil wir glauben, dass er falsch ist.

Dann maßt ihr euch also an, über andere Kulturen zu richten?

Ja. Sie sind doch hoffentlich nicht der Meinung, dass alle Kulturen gleichberechtigt sein sollten?

Ich dachte, ihr seid dieser Meinung. Ihr sprecht doch dauernd davon, dass man die Meinungen und den Glauben anderer respektieren sollte, weil es keinen objektiven Maßstab für Wahrheit gebe.

Da liegen Sie falsch. Um es klar zu sagen: Wir glauben, dass es Kulturen gibt, um deren Untergang es nicht schade wäre. Wir glauben das nicht aus objektiven, sondern aus subjektiven Gründen.

Um welche Kulturen wäre es nicht schade?

Um die Unkultur der Kommunisten, die Unkultur der Faschisten, die Unkultur der Islamisten, die Unkultur der Taliban, die Unkultur der Hamas, die Unkultur der Kopfjäger, die Unkultur der intellektuellen Terrorversteher, die Unkultur der Freiheitsfeinde.

Und wer entscheidet, wann eine Kultur oder ein Individuum ein Freiheitsfeind ist? Nach welchen Kriterien dürfen eine Kultur und ein Individuum zum Untergang verurteilt werden?

Nach den Kriterien, die sich freie Menschen gegeben haben.

Ich wette mit euch, dass sich sowohl die Anhänger der Taliban als auch die Mitglieder der Hamas als Kämpfer für die Freiheit sehen.

Die Wette dürften Sie gewinnen. Wir schlagen Ihnen eine andere Wette vor. Wir wetten, dass einige westliche Intellektuelle den Taliban- und Hamas-Terroristen zustimmen.

Die Wette dürftet wiederum ihr gewinnen.

Ja, leider.

Und warum glaubt ihr, dass diese Intellektuellen und die Taliban falsch liegen?

Erinnern Sie sich der Worte Bakunins am Ende des letzten Unterkapitels (s. S. 343). Kommen Sie, wenn Sie in sich hineinhorchen, zu dem Schluss, dass Bakunin recht hatte? Wir möchten keine Begründung von Ihnen, wir möchten nur wissen, ob Sie glauben, dass an den oben zitierten Sätzen etwas Wahres ist.

Ja, ich glaube, dass etwas Wahres dran ist.

Schön. Und glauben Sie, dass die Taliban das Menschentum aller Menschen, egal ob Mann, Frau, Gläubiger oder Ungläubiger, auf die gleiche Weise anerkennen? Glauben Sie, dass die Taliban für die Freiheit aller Individuen in ihrem Einflussbereich kämpfen?

Ehrlich gesagt, glaube ich das nicht.

Und brauchen Sie für Ihren Glauben einen objektiven Beweis, um ihm entsprechend handeln oder argumentieren zu können?

Nein.

Wir glauben, dass Sie damit bewiesen haben, dass Sie ein freier Mensch sind.

Gibt es denn wirklich keine Kriterien, die etwas sicherer sind? Immerhin kann es hier um Leben und Tod gehen. Wonach soll man sich denn richten?

Wir möchten Ihnen als Antwort ein paar Sätze des Schriftstellers Hans Jürgen Baden vorlesen. Er drückt aus, was wir denken. Er schreibt: »Ich muss, was zu wiederholen ich nicht müde werde und worin eine der zentralen Erkenntnisse (genauer: Wiedererkenntnisse) dieses Buches besteht, darauf hinweisen, dass der Mensch im Mittelpunkt der Geschichte steht und dass die gesamte Veranstaltung der Geschichte ausschließlich den Zweck hat, dem Glück, der Wohlfahrt und der Freiheit des Menschen zu dienen. Vor allem das Letztere ist wichtig; das Ziel der Geschichte ist die Freiheit des Menschen. Für die Notwendigkeit von Kriegen und deren Beurteilung, für die Einordnung von diplomatischen

Aktionen gibt es nur ein Kriterium: den Menschen und seine Freiheit. Wenn ein Krieg für die Freiheit des Menschen geführt wird, ich meine für die tatsächliche Freiheit – denn auch die Tyrannen kämpfen vorgeblich für die Freiheit –, so ist dieser Krieg gerechtfertigt, und auch die Opfer, welche er fordert, sind gerechtfertigt. Eine Diplomatie, deren aufrichtiges und herzliches Ziel es ist, die Freiheit des Menschen zu mehren und die politischen Verhältnisse im Großen so zu gestalten, dass dieses der Entwicklung der Humanität, der Entfaltung des persönlichen Lebens zugutekommt, eine solche Diplomatie wird gewiss unseren Beifall finden, weil für sie die Politik nur Mittel zum Zweck ist: um eine neue bessere Welt aufzubauen ...«[172]

Das klingt zwar gut, aber es hilft mir, ehrlich gesagt, auch nicht viel weiter. Wie kann ich denn feststellen, welches Land für die »tatsächliche Freiheit« eintritt?

Dafür gibt es keine objektiven Kriterien.

Warum definieren wir den Grad der Freiheit, den ein Land oder eine Kultur bietet, nicht über die Anzahl der Menschen, die sich freiwillig dorthin begeben wollen? Ihr selbst habt doch die Greencard-Verlosungen der USA ins Spiel gebracht.

Sie können die Zahl der Einreisewilligen natürlich als Kriterium für die Freiheit eines Landes nutzen, doch sollten Sie sich nicht der Illusion hingeben, es handele sich um ein objektives Kriterium.

Warum nicht? Die Zahlen sprechen doch in dieser Beziehung eine eindeutige Sprache.

Sind Sie wirklich sicher, dass diese Zahlen nicht gefälscht sind? Vielleicht sind die USA so durchtrieben, dass sie die Zahlen manipulieren und uns die Menschenschlangen vor ihren Konsulaten nur vorspielen. Letztlich ist auch ein Stapel Greencard-Anträge keine objektive Beobachtungstatsache. Selbst der Akt des Zählens und der Vergleich von Zahlen setzen den Begriff der Zahl voraus. Fragen Sie doch einen Mathematiker, ob er Ihnen den Zahlbegriff objektiv definieren kann.

Findet ihr nicht, dass ihr jetzt etwas paranoid werdet?

Nein, das finden wir nicht, im Gegenteil, wir glauben, dass wir sehr rational argumentieren. Wir möchten Sie hier noch einmal an das Helmholtz-Zitat aus dem ersten Kapitel erinnern, in dem er unumwunden zugibt, dass weder Augenzeugenberichte noch seine eigenen Sinne ihn von etwas überzeugen könnten, was er nicht glauben wolle. Wenn Sie nicht glauben wollen, dass die USA ein freies Land sind, dann können wir Ihnen das durch nichts objektiv beweisen. Selbst wenn Sie uns zugestehen würden, dass mehr Menschen in die USA als in den Iran wollen, könnten Sie immer noch behaupten, dass diese Menschen dumm und ungebildet seien und sich von der amerikanischen Propaganda hätten täuschen lassen. Die Plebs sei schließlich geistesarm und wisse weder etwas von der echten iranischen Freiheit, noch könne sie die wahre imperialistische und menschenverachtende Natur der USA hinter der glänzenden Fassade erkennen. Wenn Sie die individuelle Entscheidung und damit die Freiheit des Individuums nicht ernst nehmen, dann brauchen Sie auf den Einzelnen und seine Reisewünsche auch keinen Pfifferling zu geben.

Wenn, wie ihr glaubt, manche Kulturen es wert sind unterzugehen, sollten wir dann aktiv auf ihren Untergang hinwirken?

Grundsätzlich ja. Wobei das natürlich nicht bedeuten muss, dass wir überall dort, wo wir Unfreiheit wittern, sofort Bomben abwerfen. Aber unser Ziel sollte es sein, den Individuen Freiheit zu bringen, denn letzten Endes ist ihre Freiheit die »Voraussetzung und Bejahung« auch unserer Freiheit. Denken Sie an Schillers *Don Carlos*, wo der Marquis von Posa den König auffordert, zuerst sein Land in ein Land der Freien zu verwandeln: »Dann, Sire, wenn Sie zum glücklichsten der Welt Ihr eigenes Königreich gemacht – dann ist Es Ihre Pflicht, die Welt zu unterwerfen.«[173]

Ihr schließt also Gewalt als Mittel nicht aus?

Freiheit muss verteidigt werden, wenn es sein muss, auch mit Gewalt. Wenn Ihr Gegner Sie nicht überzeugen, sondern unterjochen oder töten will, dann werden Sie mit Habermas' »herrschaftsfreiem Dialog« nicht weit kommen. Die grundlegende Frage der Freiheit muss leider sehr oft durch Gewalt entschieden werden, weil der friedliche Austausch von Argumenten bereits das Prinzip der Meinungsfreiheit voraussetzt. Freiheit ist nicht immer die Freiheit des Andersdenkenden. Auch diese Wahrheit gilt nicht absolut. Niemand sollte von einem Menschen verlangen, dass er die Freiheit dessen verteidigt, der seine Auslöschung fordert.

Besonders pazifistisch klingt das nicht.

Wir sind keine Pazifisten! Wir halten die Doktrin der Gewaltfreiheit nicht für eine absolute Wahrheit. Wir schränken unsere Entscheidungsfreiheit keinesfalls für eine Regel ein, die uns am Ende nicht nur die Freiheit, sondern auch das Leben kosten könnte.

Seid ihr denn sicher, dass die Freiheit in diesen Kämpfen siegen wird?

Ja, wir glauben, dass die Freiheit am Ende siegen wird.

Warum? Weil die Freien für eine gerechte Sache kämpfen und Gott auf ihrer Seite steht?

Nein, weil freie Menschen kreativer sind und die besseren Waffen erfinden werden.

Aber vielleicht gibt es ja tatsächlich Kulturen, in denen die Menschen unsere westliche Spielart individueller

Freiheit gar nicht wollen. Würden wir diesen Menschen dann nicht etwas aufzwingen und ihre freie Entscheidung missachten?

Gegenfrage: Woher wissen Sie, was die Menschen in solchen Kulturen wirklich wollen? Wie wollen Sie feststellen, was ein Mensch will, wenn Sie ihm nicht die Möglichkeit verschaffen, seine Meinung frei zu äußern und seinen Willen in die Tat umzusetzen? Es ist doch absurd zu behaupten, Menschen lehnten aus freien Stücken die Meinungsfreiheit ab, wenn eine strikte Zensur es den Menschen unmöglich macht, ihre Meinung darüber, ob das wirklich stimmt, frei kundzutun. Um herauszufinden, was Menschen wollen und denken, müssen Sie ihnen ein System zugestehen, das ihnen ermöglicht, ihre Meinung frei zu äußern. In marktwirtschaftlichen Systemen regelt sich das Ganze von selbst: Wer publiziert, was die große Mehrheit ablehnt, wird einfach sang- und klanglos vom Markt verschwinden.

Aber würde das nicht bedeuten, dass die Meinungsfreiheit nicht einmal dann abgeschafft werden könnte, wenn eine Mehrheit dafür wäre?

Sehr richtig: Ist die Meinungsfreiheit einmal abgeschafft, lässt sich nämlich nicht mehr feststellen, ob und wann die Mehrheit ihre Meinung ändert. Die Meinungsfreiheit ist nichts, was dem Willen der Mehrheit oder den Regeln einer Kultur oder Religion untersteht. Meinungsfreiheit soll das Individuum vor der Willkür der Wahrheitsinhaber schützen. Theorien, Werte, Wahrheiten und Gesetze mögen wechseln, doch das System, das den Wechsel garantiert, darf nicht abgeschafft werden. Hier bricht der Relativismus zusammen.

Dann ist die Meinungsfreiheit also doch eine absolute und objektive Notwendigkeit für Freiheit.

Das kommt ganz auf Ihren Freiheitsbegriff an. Wenn Sie

die Freiheit des Individuums in den Mittelpunkt stellen, dann kommen Sie nur schwer darum herum. Wenn Sie allerdings die Freiheit der Kulturen, Religionen oder Traditionen in den Mittelpunkt stellen, dann können Sie auf der Basis dieser Prämisse argumentieren, dass jede Kultur oder Subkultur die Meinungsfreiheit und den Umgang mit dem Individuum frei nach ihren eigenen Werten handhaben könne. Dann wird nicht mehr die Freiheit des Einzelnen, sondern die Freiheit der Tradition gefordert. Der Philosoph Paul Feyerabend hat einen solchen Freiheitsbegriff favorisiert[174], den wir allerdings für unsinnig halten.

Warum? Ich dachte, ihr würdet Feyerabends Anything goes *befürworten.*

Unsere Antwort ist ein Zitat Feyerabends: »Diejenigen unter uns, die sich nur selbstverwirklichen können, indem sie ihre Mitmenschen töten, und sich nur bei ständiger Todesgefahr quicklebendig fühlen, dürfen ihre eigene Subgesellschaft gründen, in der menschliche Ziele zur Jagd freigegeben sind.«[175]

Donnerwetter! Meinte er das wirklich ernst?

Tja, das lässt sich bei Feyerabend nur schwer sagen, er liebte es, seine Mitmenschen zu provozieren. Es ist aber auch unerheblich, weil wir damit nur zeigen wollten, wohin es führt, wenn man nicht das Individuum, sondern Traditionen schützt. Sollen wir es wirklich einfach hinnehmen, wenn unser Nachbar seine Frau in der Wohnung einkerkert oder seinen Töchtern die Geschlechtsteile mit Rasierklingen verstümmeln lässt? Lässt sich das mit der Freiheit der Tradition rechtfertigen? Was tun Sie zum Beispiel, wenn jemand Sie um Hilfe bittet, weil er um sein Leben fürchtet, nachdem er die Religion gewechselt hat. Schicken Sie ihn mit dem Verweis auf das oberste Prinzip der Nichteinmischung in fremde Kulturen zurück zu seinen potenziellen Mördern? Wie auch immer: Am Ende müssen Sie als Individuum einen Standpunkt einnehmen. Und diesen Standpunkt können Sie durch keine objektive Wahrheit absichern. Dieser Standpunkt wird zeigen, aus welchem Holz Sie geschnitzt und wer Sie wirklich sind. Oder, um mit Ernst Jünger zu sprechen: »Ein Mann kann mit den Mächten der Zeit harmonieren, er kann zu ihnen in Kontrast stehen. Das ist sekundär. Er kann an jeder Stelle zeigen, wie er gewachsen ist. Damit erweist er seine Freiheit – physisch, geistig, moralisch, vor allem in der Gefahr. Wie er sich treu bleibt: das ist sein Problem.«[176]

Und wenn ich mich täusche?

Dann sind Sie für Ihren Irrtum verantwortlich – vor sich selbst und vor den anderen, die auf Ihre Unterstützung hofften.

Und was ist mit der Forderung, dass die Meinungsfreiheit abgeschafft gehört. Ist diese Forderung durch die Meinungsfreiheit geschützt?

Ja.

Auch das scheint mir ein Paradox der Freiheit zu sein.

Freier Fortschritt

Die Welt, in der wir leben, ist ein Spiegel unserer Paradigmen. Es lässt sich unschwer einsehen, dass in einem Denkraster des deterministischen Fatalismus die Kreativität zu Veränderungen kaum angeregt wird:

Unter der Prämisse, dass die Welt der Materie gewordene Ausdruck göttlichen Willens ist, darf sich Eigeninitiative nur darin äußern, die bestehende Ordnung besonders gehorsam und wirksam zu zementieren. Widerspruch, eine abweichende Meinung oder gar aktives Handeln gegen diese Weltsicht wären ein Infragestellen der göttlichen Weisheit und damit ketzerisch.

Mit dem Paradigma, dass alles Negative, das wir in der Welt sehen, von einer bestimmten Rasse oder Klasse verursacht wird, lassen sich alle Schleusen moralischer Hemmungen öffnen. Gegenteilige Ansichten werden als Verrat an der objektiv richtigen Sache behandelt, die menschliche Kreativität steht im Dienste des Rassen- oder Klassenkampfs.

Solchen Denkgebäuden mit unverrückbaren Grenzen steht das Paradigma der Freiheit gegenüber. Der entscheidende Unterschied zu allen Paradigmen, die absolute, objektive Grenzen setzen, ist, dass das Denkgebäude der Freiheit jede Grenze als vorläufig und prinzipiell als überwindbar ansieht. Freiheit erschafft so neue Optionen jenseits bestehender Grenzen, erzeugt buchstäblich neue Welten und Möglichkeiten »aus dem Nichts«. Um es kurz zu machen: Freiheit führt zu Fortschritt. Nichts ist objektiv unmöglich. Unmöglich ist etwas, weil es nach unseren gegenwärtigen physikalischen Vorstellungen zu viel Energie erfordert oder weil nicht genug Material verfügbar ist oder weil es irgendwelche chemisch-physikalischen Grenzwerte sprengt. All dies sind aber keine objektiven Hindernisse, sondern Begrenzungen innerhalb eines theoretischen Rahmens. Solche Grenzen sind Beute für unsere freie Kreativität. Sehr lange Zeit hegte der Mensch den Traum vom Fliegen. Die Ikarus-Sage ist nur eines von vielen Beispielen, die diesen Traum thematisieren. Es schien unmöglich, dass sich Dinge aus Stahl und Eisen irgendwann einmal durch den Himmel bewegen könnten. Doch der Mensch fand einen Weg. Vom ersten Motorflug der Brüder Wright im Dezember 1903 bis zum Juli 1969, als der erste Mensch den Mond betrat, lag weniger als ein Menschenleben. Und der durch die Freiheit angetriebene Fortschritt blieb nicht auf Technik und Wissenschaft beschränkt. Mit der Freiheit wuchs auch der Wohlstand.

Im Jahr 1950 lebten rund 30 Prozent der Weltbevölkerung in freien Gesellschaften mit demokratischer Verfassung. Bis zum Jahr 2000 stieg diese Zahl auf über 58 Prozent.[177] Nicht zufällig haben sich die Lebensverhältnisse auf unserem Planeten in dieser Zeit rasant verbessert. Ob es sich um Bildung, Gesundheit, Lebenserwartung, materiellen Wohlstand, persönlichen Entfaltungsspielraum, Rechtssicherheit oder irgendeinen anderen Parameter der Lebensqualität handelt: Überall dort, wo sich Staaten nach dem Prinzip der individuellen Freiheit organisieren, nehmen die Menschen sprunghafte Verbesserungen wahr. Die globale Wohlstandsexplosion nach dem Zweiten Weltkrieg verdanken wir einzig und allein der Einführung freiheitlicher Wirtschaftssysteme. Im Jahr 1820 lebten rund 85 Prozent der Weltbevölkerung unterhalb des Einkommensäquivalents von einem Dollar pro Tag. Noch 1950 lag dieser Anteil bei 50, 1980 bei 30 und heute bei 20 Prozent.[178] Und das, obwohl die Weltbevölkerung sich in diesem Zeitraum versechsfachte. Zwischen 1965 und 1998 erhöhte sich das Durchschnittseinkommen des reichsten Fünftels der Weltbevölkerung um 75, das des ärmsten Fünftels sogar um über 100 Prozent.[179] Die globale Attraktivität freier Wirtschaftssysteme ist somit wohl ebenso wenig verwunderlich wie die demokratischer Regierungsstrukturen. Im Zusammenwirken all dieser Entwicklungen hat sich für die große Mehrheit der Menschen im letzten Jahrhundert die Lebensqualität gewaltig verbessert. Freiheit zahlt sich buchstäblich aus.

Wir haben uns heute weitgehend von den Zwängen befreit, die über Jahrhunderttausende das Leben unserer Vorfahren bestimmten. Der Lebensradius der ersten sesshaften Menschen beispielsweise betrug nur wenige Kilometer, während wir heute theoretisch jeden Punkt der Welt ansteuern können. Wir verfügen über eine in der Geschichte des Menschen nie da gewesene Vielfalt an materiellen Gütern. Wir wählen mit größter Selbstverständlichkeit Beruf, Wohnort und Partner aus und genießen weitgehende Meinungsfreiheit. Unser Leben dauert länger, und in den meisten Regionen der Welt lebt es sich heute wesentlich angenehmer als etwa vor fünfzig oder gar hundert Jahren. Statt Wasser mühsam aus dem Fluss zu holen, drehen wir nur einen Hahn auf.

Freiheit als die Freiheit, einen Wasserhahn aufzudrehen, statt Wasser aus dem Fluss zu holen? Das erscheint mir doch als etwas zu banal.
Weshalb?
Weil ich nicht glaube, dass ein Amazonas-Indianer einen Wasserhahn als Gewinn an individueller Freiheit empfände. Eure Sichtweise scheint mir doch sehr eurozentrisch zu sein.
Woher wissen Sie, was ein Amazonas-Indianer als Gewinn empfände?
Selbstverständlich weiß ich das nicht sicher, aber meine Vermutung scheint mir doch ziemlich logisch zu sein.
Glauben Sie denn, dass Ihre logischen Vermutungen für den Amazonas-Indianer verpflichtend sein sollten?
Natürlich nicht, aber …
Wie würden Sie denn feststellen, was ein Amazonas-Indianer will?
Nun, ich denke, ich würde ihn fragen.
Und wenn er sich für das Angebot des Wasserhahns entscheidet, würden Sie ihm dann logisch zwingend beweisen, dass seine Entscheidung dumm ist, weil sie seine individuelle Freiheit in keiner Weise erhöhen wird.
Worauf wollt ihr eigentlich hinaus?
Wir wollen darauf hinaus, dass es nicht auf den Wasserhahn, die Reisemöglichkeiten oder den Supermarkt ankommt. Es kommt einzig und allein auf die Möglichkeit der freien Wahl an. Ob jemand einen Wasserhahn, eine Glühbirne oder einen Big Mac als positiv, als Bereiche-

rung für sein Leben, als Fortschritt empfindet, lässt sich weder logisch ableiten noch nach eurozentrischen oder hochkulturellen Maßstäben beurteilen. Was ein Mensch will, kann man nur feststellen, wenn man ihn wählen lässt, weil eine individuelle Wahl nicht vollständig objektiviert und vorhergesagt werden kann. Freiheit bedeutet, dass Menschen ihren Mitmenschen Angebote machen können, und Freiheit bedeutet, dass die Menschen aus diesen Angeboten auswählen können. Nur so lässt sich feststellen, was Menschen als Fortschritt empfinden.

Ihr stimmt also zu, dass ein Wasserhahn nicht per se als fortschrittlich gelten kann.

Selbstverständlich stimmen wir dem zu. Kein Produkt und keine Idee kann objektiv als Fortschritt klassifiziert werden. Wenn eine Leitung aus hohlen Baumstämmen für die Bewohner eines Dschungeldorfes zu aufwendig und wartungsintensiv ist, dann werden sie so ein Angebot ablehnen. Hat einer ihrer Mitmenschen aber eine Idee, wie man den Bau beschleunigen und die Wartungszeit minimieren kann, werden sie es sich vielleicht anders überlegen. Neue Ideen müssen auf den richtigen Humus fallen. Was gestern noch als Idiotie galt, kann morgen als großer technischer Durchbruch gefeiert werden. Manche Angebote kommen zu früh. Sie sind dann zu teuer oder zu aufwendig oder werden aus anderen Gründen nicht zur Kenntnis genommen. Das Angebot eines heliozentrischen Weltbildes wurde von Aristarch von Samos (ca. 310–230 v. Chr.) fast zweitausend Jahre vor Kopernikus gemacht, es fand aber keine positive Aufnahme bei den Kunden, weil niemand damals Vorteile gegenüber dem geozentrischen Modell erkennen konnte.[180] Der Prototyp der ersten Dampfmaschine und die ersten automatischen Maschinen wurden im ersten Jahrhundert in Alexandria von Heron entworfen und gebaut. Die Idee wurde wahrscheinlich nicht weiterverfolgt, weil die Arbeitskraft von Sklaven damals billiger war als Maschinenkraft.[181]

Ist Fortschritt denn unvermeidlich?

Ja, wir glauben, dass er unvermeidlich ist, weil der Mensch seine Kreativität nicht abschalten kann. Der Vorrat an guten Ideen scheint uns unerschöpflich zu sein. Und wenn Menschen überzeugt davon sind, dass etwas Neues besser ist als das Alte, dann werden sie das Neue wählen.

Und wohin wird dieser Fortschritt uns führen?

Das kommt auf unsere Entscheidungen an. Auf die Angebote, die wir annehmen oder ablehnen werden. Und es wird auf die Ideen ankommen, die wir in Zukunft haben werden. Vielleicht werden wir vernunftbegabte Maschinen konstruieren, vielleicht werden wir neues biologisches Leben erschaffen, vielleicht werden wir zu anderen Sternen oder durch die Zeit reisen. Wohin die Reise auch gehen wird, eines sollten wir dabei nie verlieren: den Respekt vor dem vernunftbegabten Individuum und seiner Freiheit. Die Zukunft wird zeigen, aus welchem Holz wir geschnitzt sind.

Und mit welchem Recht dürften wir uns das alles anmaßen, mit welchem Recht dürften wir neues Leben erschaffen?

Mit dem ewigen Recht.

Und was ist das ewige Recht?

Darauf antworten wir mit einem Zitat aus Carl Zuckmayers *Des Teufels General:* »Recht ist das unerbittlich waltende Gesetz – dem Geist, Natur und Leben unterworfen sind. Wenn es erfüllt wird – heißt es Freiheit.«[182]

Was zu beweisen war.

Epilog

Die Sonne flutet die regennasse Straße. Der Weg führt am »Rettet unser Klima«-Stand vorbei.

Hallo, ihr Unentwegten, tut mir leid, dass ich vorhin so geladen war. Bitte? Nein, das nicht, ich bin jetzt eher noch weniger eurer Meinung als vorher.

Die Typen da drin? Das sind vielleicht zwei Gestalten, kann ich euch sagen! Wenn man denen zuhört, könnte man fast glauben, dass der Weltuntergang ausfällt. Die leben jeden Tag, als sei es nicht ihr letzter.

Wie? Nein, von der Ölindustrie werden die sicher nicht bezahlt. Da sähen die anders aus und würden andere Autos fahren. Ich hab hier eine Zusammenfassung des Vortrags für euch. Falls ihr bei einem ordentlichen Bier mit mir streiten wollt – ich lade euch ein. Der »Schwejk« ist gleich um die Ecke.

Wie? Warum der Sinneswandel? Welcher Sinneswandel? Ich habe einfach nur kapiert, wie wichtig das ist, was ihr hier macht, obwohl ich nicht die Bohne mit euch übereinstimme. Nein, ich bin nicht verrückt. Ihr seid der Nachweis, dass ich in einer freien Gesellschaft lebe. Ihr könnt euren Unsinn hier verzapfen, und ich kann meinen dagegenhalten, ohne dass einer von uns in den Knast wandert. Und das bei so viel Unfreiheit in der Welt. Ist das nicht ein Grund, ein Bier darauf zu trinken?

Wenn ich euch zuhöre, weiß ich hinterher, wie ich besser für meine Überzeugung werben kann. Wenn ihr mir zuhört, macht euch vielleicht das eine oder andere Argument klar, dass man so denken kann, auch ohne von BP bezahlt zu werden. So hat jeder was davon, und trotzdem können wir uns richtig streiten.

Also, mein Angebot steht. Nach der Katastrophe um sechs im »Schwejk«!

Literatur

Arp, Halton: *Der kontinuierliche Kosmos*, Mannheim 1992/93.

Arp, Halton: *Seeing Red*, Montreal 1998.

Baden, Hans Jürgen: *Der Sinn der Geschichte*, Hamburg 1948.

Bakunin, Michail: *Gott und der Staat*, Berlin 1975.

Barrow, John D.: *Die Natur der Natur*, Reinbek bei Hamburg 1996.

Barrow, John D.: *Der kosmische Schnitt. Die Naturgesetze des Ästhetischen*, Heidelberg / Berlin 1997.

Berger, Peter: *Philosophische Grundgedanken zur Struktur der Physik*, Braunschweig 1972.

Bonin, Werner F.: *Lexikon der Parapsychologie*, Bern / München 1976.

Bozzano, Ernesto: *Übersinnliche Erscheinungen bei Naturvölkern*, Freiburg 1975.

Broad, William / Nicholas Wade: *Betrug und Fälschung in der Wissenschaft*, Basel 1984.

Broca, P.: »Sur le volume et la forme du cerveau suivant les individus et suivant les races«, in: *Bulletin Société d'Anthropologie*, Paris 1861.

Bryson, Bill: *Eine kurze Geschichte von fast allem*, München 2005.

Carnap, Rudolf: *Der logische Aufbau der Welt*, Berlin 1928.

Carnap, Rudolf / Hans Hahn / Otto Neurath: *Wissenschaftliche Weltauffassung. Der Wiener Kreis*, Wien 1929.

Collins, Harry / Trevor Pinch: *Der Golem der Forschung*, Berlin 1999.

Ditfurth, Hoimar von: *Unbegreifliche Realität*, Hamburg 1987.

Di Trochio, Frederico: *Newtons Koffer*, Frankfurt am Main 1998.

dtv-Atlas zur Philosophie, hg. von Peter Kunzmann / Franz-Peter Burkard / Franz Wiedmann, München 1992.

Fahr, Hans Jörg: *Der Urknall kommt zu Fall*, Stuttgart 1992.

Fasching, Gerhard: *Illusion der Wirklichkeit*, Wien 2003.

Feyerabend, Paul: *Wider den Methodenzwang*, Frankfurt am Main 1976

Feyerabend, Paul: *Science in a Free Society*, London 1978.

Feyerabend, Paul: *Wider den Methodenzwang*, Frankfurt am Main 1997.

Feyerabend, Paul: *Erkenntnis für freie Menschen*, Frankfurt am Main 1980

Feynman, Richard P.: *Vom Wesen physikalischer Gesetze*, München 1993.

Feynman, Richard P.: *QED. Die seltsame Theorie des Lichts und der Materie*, München 2002.

Fragoso, José / Silvius Kirsten: *Amazon Fires*, Gainesville, Fl., 1998.

Frege, Gottlob: *Logische Untersuchungen*, Göttingen 1966.

Genz, Henning: *Wie die Naturgesetze Wirklichkeit schaffen*, München 2002.

Gierer, Alfred: »Zufall und Notwendigkeit in der Biologie«, in: Braitenberg, Valentin / Inga Hosp (Hg.): *Evolution. Entwicklung und Organisation in der Natur. Das Bozner Treffen 1993*, Reinbek bei Hamburg 1994.

Gierer, Alfred: *Die gedachte Natur*, Reinbek bei Hamburg 1998.

Harrison, Edward R.: *Kosmologie,* Darmstadt 1984.

Heidegger, Martin: *Was heißt denken?*, Tübingen 1954.

Heisenberg, Werner: *Das Naturbild der heutigen Physik*, Hamburg 1955.

Hereth, Michael: *Tocqueville zur Einführung*, Hamburg 1991.

Herneck, F.: »Max Planck – Die Geburt der Quantenvorstellung«, in: Ders.: *Bahnbrecher des Atomzeitalters. Große Naturforscher von Maxwell bis Heisenberg*, Berlin 1970.

Heisenberg, Werner: *Physik und Philosophie*, Stuttgart 1959.

Hobbes, Thomas: *Vom Menschen*, hg. von G. Gawlick, Hamburg 1959.

Hobbes, Thomas: *Leviathan*, hg. von C.B. Macpherson, Harmondsworth 1968 ff., Teil I, Kap. 10.

Hofstadter, Douglas R.: *Metamagicum*, Stuttgart 1988.

Holton, Gerald James: *Wissenschaft und Antiwissenschaft*, Wien 2000.

Jahn, Robert G. / Brenda J. Dunne: *An den Rändern des Realen*, Frankfurt am Main 1999.

Jantsch, Erich: »Die Geburt der Freiheit im Schnittpunkt von Sein und Werden«, in: Hans Peter Duerr (Hg.): *Aufsätze zur Philosophie Paul Feyerabends*, 2 Bde., Frankfurt am Main 1980, Bd. 1, S. 245–272.

Jouvencel, M. de: «Discussion sur le cerveau», in: *Bulletin Société d'Anthropologie*, Paris 1861.

Jünger, Ernst: *Auf den Marmorklippen*, Stuttgart 1998

Jung, C. G.: »Der Geist der Psychologie«, in: *Eranos Jahrbuch* 1946, Bd. 14: *Geist und Natur*, Zürich 1947.

Kant, Immanuel: *Kritik der reinen Vernunft*, Berlin 1998 (Digitale Bibliothek Bd. 2: Philosophie, Direktmedia).

Kline, Morris: «Les fondements des mathématiques», in: *La Recherche* 54/1975.

Koestler, Arthur: *Die Nachtwandler*, Frankfurt am Main 1980.

Kuhn, Thomas S.: *Die Struktur wissenschaftlicher Revolutionen*, Frankfurt am Main 1997.

Küng, Hans: *Existiert Gott?*, München 1995.

Küng, Hans: *Der Anfang alle Dinge*, München 2005.

Laplace, Pierre Simon de: *Philosophischer Versuch über die Wahrscheinlichkeit*, hg. von R. von Mises, Leipzig 1932.

López-Corredoira M. / C. M. Gutiérrez: »Two emission line objects with z > 0.2 in the optical filament apparently connecting the Seyfert galaxy NGC 7603 to its companion«, in: *Astronomy & Astrophysics* 390, L15-18 (2002).

Lucadou, Walter von: *Psi-Phänomene*, Frankfurt am Main 1997.

Lüscher, Edgar: *Experimentalphysik I*, Mannheim 1967.

Malin, Shimon: *Dr. Bertlmanns Socken*, Leipzig 2004.

Meister Eckhart: *Deutsche Predigten und Traktate*, Zürich 1979.

Monod, Jacques: *Zufall und Notwendigkeit*, München 1973.

Motschenbacher, Alfons: *Katechon oder Großinquisitor?*, Marburg 2000.

Narlikar, Jayant: »Und wenn es gar keinen Urknall gegeben hat?«, in: Reinhard Breuer (Hg.): *Immer Ärger mit dem Urknall*, Reinbek bei Hamburg 1996.

Norberg, Johan: *Das kapitalistische Manifest*, Frankfurt am Main, 2. Aufl. 2003.

Pietschmann, Herbert: *Die Wahrheit liegt in der Mitte*, Stuttgart 1990.

Pietschmann, Herbert: *Das Ende des naturwissenschaftlichen Zeitalters*, Stuttgart 1995.

Pietschmann, Herbert: *Phänomenologie der Naturwissenschaft*, Heidelberg 1996.

Popper, Karl: *Logik der Forschung*, Tübingen 1976.

Portmann, Adolf: *Biologie und Geist*, Göttingen 2000.

Radin, Dean I.: *The Conscious Universe – The Scientific Truth of Psychic Phenomena*, New York 1997.

Ravetz, Jerome, R: *Die Krise der Wissenschaft*, Neuwied und Berlin 1973.

Ravetz, Jerome, R: »Ideologische Überzeugungen in der Wissenschaftstheorie«, in: Hans Peter Duerr (Hg.): *Aufsätze zur Philosophie Paul Feyerabends*, 2 Bde., Frankfurt am Main 1980, Bd. 1, S. 13–34.

Reichel, Hans-Christian / Enrique Prat de la Riba (Hg.): *Naturwissenschaft und Weltbild*, Wien 1992.

Ravn, Ib (Hg.): *Chaos, Quarks und schwarze Löcher*, München 1995.

Riedl, Rupert: *Die Strategie der Genesis*, München / Zürich 1976.

Safranski, Rüdiger: *Wieviel Wahrheit braucht der Mensch?*, Frankfurt am Main 1993.

Saxl, E. J. / Mildred Allen: »1970 Solar Eclips as ›Seen‹ by a Torsion Pendulum«, in: *Physical Review* D3/1971, S. 823.

Schetsche, Michael: »›Entführung durch Außerirdische‹ – ein ganz irdisches Deutungsmuster«, in: *Soziale Wirklichkeit. Jenaer Blätter für Sozialpsychologie und angrenzende Wissenschaften*, Jg. 1, 3–4/1997.

Schetsche, Michael: »Trauma im gesellschaftlichen Diskurs. Deutungsmuster, Akteure, Öffentlichkeiten« (Vortrag 2002).

Schmid, Gary Bruno: *Tod durch Vorstellungskraft*, Wien 2000.

Schrödinger, Erwin: *Geist und Materie*, Zürich 1989.

Schul, Bill: *Psi bei Tieren*, Frankfurt am Main / Berlin / Wien 1982.

Schulte, Günter: *Neuromythen*, Frankfurt am Main 2001.

Seifert, Josef: »Wissen und Wahrheit in Naturwissenschaft und Glauben«, in: Reichel, Hans-Christian / Enrique Prat de la Riba (Hg.): *Naturwissenschaft und Weltbild*, Wien 1992.

Sheldrake, Rupert: *Sieben Experimente, die die Welt verändern könnten*, München 1997.

SOBEPS (Société Belge d'Étude des Phénomènes Spatiaux; Hg.): *UFO-Welle über Belgien*, Frankfurt am Main 1994.

Sokal, Alan / Jean Bricmont: *Eleganter Unsinn*, München 1999.

Surowiecki, James: *Die Weisheit der Vielen*, München 2005.

Targ, Russell / Harold Puthoff: *Jeder hat den 6. Sinn*, Bergisch Gladbach 1980.

Thoreau, Henry David: *Walden oder Leben in den Wäldern*, Köln 1999.

Tocqueville, Alexis de: *De la democratie en Amerique*, Paris 1951.

Verhagen, Frans: *»Baseball, Bush & Barbecue«, 39½ Vorurteile über Amerika*, Bergisch Gladbach 2006.

Vollmer, Gerhard: *Wissenschaftstheorie im Einsatz*, Stuttgart 1993.

Watzlawick, Paul: *Vom Unsinn des Sinns*, München 2008.

Wehrli, Philipp: »Der Doppelspaltversuch – Einstieg in die Quantentheorie«, 2007 (http://homepage.hispeed.ch/philipp.wehrli/ Physik/Quantentheorie/Doppelspalt/doppelspalt.html).

Weizsäcker, Carl Friedrich von: *Die Einheit der Natur*, München 1982.

Weizsäcker, Carl Friedrich von: *Aufbau der Physik*, München 1984.

Weizsäcker, Carl Friedrich von: *Die Tragweite der Wissenschaft*, Stuttgart 1990

Weizsäcker, Carl Friedrich von: *Zeit und Wissen*, München 1992.

Weizsäcker, Carl Friedrich von: *Große Physiker*, Wiesbaden 2004.

Wilde, Oscar: *Extravagante Gedanken*, Zürich 1988.

Zuckmayer, Carl: *Des Teufels General*, Frankfurt am Main 1989.

Anmerkungen

Kapitel 1

1 Karl Jaspers: *Kleine Schule des philosophischen Denkens*, München 1965, S. 20. Zit. nach: Watzlawick 2005, S. 56.

2 Website des NDR: Prisma, 4. 5. 2004, www.ndr.de

3 *Der Spiegel* 28/2004, S. 111: »Glühende Sprungfedern«.

4 Website des NDR: Prisma, 4. 5. 2004, www.ndr.de

5 *Bild der Wissenschaft* 10/1997, S. 66: »Der Nobelpreisträger als Parapsychologe«.

6 *Spiegel Online*, 28.7.2008: »Vier Jahre Nulldiät«.

7 *Spiegel Online*, 26.11.2003: »Indisches Wunder«.

8 Bozzano 1975 und Schmid 2000.

9 SOBEPS 1994.

10 Schul 1982.

11 Thoreau 1999, S. 330f.

12 Shakespeare: *Hamlet*, 2. Akt, 2. Szene.

13 Zit. nach Bonin 1976.

14 Bei einem Ganzfeldexperiment muss die Versuchsperson aus vier vom Zufallsgenerator »gezogenen« Bildern dasjenige herausfinden, das ihr vom Sender übermittelt wurde.

15 Radin 1997; Jahn, Dunne 1999.

16 Harold Puthoff in einer US-TV-Dokumentation 1983. Aus dem Gedächtnis zitiert.

17 Jahn / Dunne 1999, S. 110.

18 Jahn / Dunne, 1999.

19 Lucadou 1997.

20 Website von Dr. Elmar R. Gruber: »Die Psi-Protokolle«: http://www.parasearch.de/mysteria/fw/fw6032.htm

21 Ebda.

22 Ebda.

23 Jahn / Dunne 1999.

24 Lucadou 1997.

25 Targ / Puthoff 1980, S. 35f.

26 Christian Morgenstern: *Palmström: Eine unmögliche Tatsache*.

27 Zit. nach Pietschmann 1995, S. 106f.

28 Ebda.

29 *Der Tagesspiegel*, 2. 4. 1998.

30 Fragoso 1998.

31 Feyerabend 1976. Zit. nach Pietschmann 1995, S. 105.

32 Saxl / Allen 1971.

33 Zit. nach Pietschmann 1995, S. 102,

34 Zum Beispiel schreibt D. R. Hofstadter: »Übersinnliche Wahrnehmung und Ähnliches ist in meinen Augen mit Wissenschaft grundsätzlich unvereinbar. Sie ist so indiskutabel, dass für mich Leute, die ihre Zeit damit verbringen, sie zu erforschen, von Wissenschaft nicht viel verstanden haben. Und daher habe ich auch keine Geduld mit ihnen. Anstatt sie in wissenschaftliche Gesellschaften aufzunehmen, würde ich sie lieber rauswerfen« (Hofstadter 1988, S. 120).

Kapitel 2

35 Safranski 1993, S. 109.

36 Siehe dazu z. B. Monika Neugebauer-Wölk (Hg.): *Aufklärung und Esoterik*, Hamburg 1999.

37 *De civitate Dei*, XI 26.

38 Zit. nach *dtv-Atlas zur Philosophie*, S. 69.

39 Ebda.

40 Abhandlung über die Methode, richtig zu denken und Wahrheit in den Wissenschaften zu suchen, S. 38. Zit. nach Digitale Bibliothek, Bd. 2: Philosophie, S. 15716.

41 Harrison 1984, S. 41.

42 Koestler 1980, Feyerabend 1997.

43 Galilei: *Opere*, Bd. 10, S. 342. Zit. nach Feyerabend 1997, S. 148f.

44 Zit. nach Feyerabend 1997, S. 149.

45 von Weizsäcker 2004, S. 100.

46 Ebda., S. 102.

47 Ditfurth 1987, S. 170.

48 Zit. nach Ditfurth 1987, S. 172.

49 von Weizsäcker 1992, S. 970.

50 Zit. nach Koestler 1980, S. 254f.

51 Zit. nach Di Trochio 1998, S. 41.

52 Di Trochio 1998, S. 41.

53 Zit. nach Koestler 1980, S. 428.

54 Di Trochio 1998, S. 250f.

55 Ebda., S. 252.

56 Zit. nach Koestler 1980, S. 513.

57 Aristoteles: *Metaphysik*, S. 130. Zit. nach Digitale Bibliothek 1998, S. 4208,

58 Sieh dazu z. B. Broad / Wade 1984, S. 27f.

59 Goethe: *Faust II*, 5. Akt.

60 Die Erfindung der Logik durch die Griechen wurde von dem Philosophen Ernst Kapp (1808–1896) untersucht.

Kapitel 3

61 Ravetz 1973, S 84f.

62 Laplace 1932, S. 1f. Zit. nach Barrow 1996, S. 419f.

63 Lord Kelvin in einer Rede vor den Physikern der »British Association for the Advancement of Science« im Jahr 1900.

64 Es sind ca. 299 792 km/s.

65 Weizsäcker 1990, S. 205.

66 Albert Einstein: *Mein Weltbild*, Amsterdam 1934, S.168. Zit. nach Pietschmann 1996, S. 262.

67 Zit. nach von Weizsäcker 1992, S. 863. Niels Bohr brachte damit seine Verblüffung über die rasche Zustimmung neopositivistischer Philosophen zu seinem Vortrag über die Quantentheorie zum Ausdruck.

68 Hofstadter 1988, S. 492.

69 Wehrli 2007.

70 Ebda.

71 Heisenberg 1955, S. 12, 21. Hervorhebung im Original. Zit. nach Sokal / Bricmont 1999, S. 265.

72 A. Einstein: Brief an Max Born 1926. Zit. nach: Küng 1995, S. 688.

73 Wir nehmen an, dass sich der ferne Quantenmechaniker relativ zu uns nicht bewegt und wir keine Schwierigkeiten haben, uns auf einen gemeinsamen Zeitpunkt zu einigen. Gleichzeitigkeit kann nämlich sehr relativ sein.

74 Wir stellen hier eine moderne Variante des EPR-Experiments

vor, die von David Bohm konzipiert wurde. Einstein, Podolsky und Rosen konzipierten ihr Gedankenexperiment mit den komplementären Observablen Ort und Impuls.

75 Siehe dazu z. B. Genz 2002 oder Malin 2004.

76 Die kontrafaktische Bestimmtheit erlaubt es uns, Folgerungen der Form »Was geschähe, wenn …?« oder »Was wäre geschehen, wenn dies oder jenes nicht eingetreten wäre?« zu ziehen. Nur wenn unsere Welt solche Folgerungen zulässt, ist sinnvolles Planen überhaupt möglich. In der Quantenwelt kann man an einem Teilchen für eine Observable nur eine Messung durchführen (dann ist die Wellenfunktion kollabiert), die Bellsche Ungleichung bezieht aber alternative, nicht durchführbare Messungen ein, die wohldefinierte Ergebnisse liefern. Da diese Messungen nicht an einem einzigen Teilchen durchgeführt werden können, müssen sie an unterschiedlichen Teilchen vorgenommen werden. Trotzdem tun wir so, als seien unsere Folgerungen für jedes einzelne Teilchen gültig. Wir sagen: Wenn ich statt dieser jene Messung an dem Teilchen (Teilchenensemble) vorgenommen hätte, dann hätte ich dies und das gefunden.

77 Die Viele-Welten-Interpretation versucht den »Kollaps der Wellenfunktion« zu vermeiden. Die Wellenfunktion liefert uns die Wahrscheinlichkeiten für die möglichen Versuchsausgänge. In der Kopenhagener Deutung nimmt man an, dass bei einer Messung die Wellenfunktion kollabiert und dadurch eine dieser Möglichkeiten realisiert wird. Die anderen Möglichkeiten werden durch den Kollaps gegenstandslos. Die Viele-Welten-Interpretation geht davon aus, dass alle von der Wellenfunktion beschriebenen Möglichkeiten real sind: Sie existieren jeweils in ihrem eigenen Universum. Der Messprozess »realisiert« also keine Möglichkeit, sondern er wählt zwischen real vorhandenen Universen aus. Kontrafaktische Bedingtheit wäre unmöglich, weil jeder alternative Ablauf uns in ein anderes Universum versetzen würde. Es hätte keinen Sinn zu sagen »Wenn ich nicht Spin Ab gemessen hätte, dann …«, weil in unserem Universum ein anderer Spinwert gar nicht möglich gewesen ist.

78 Siehe dazu z. B. Fahr 1992.

79 Physiker gehen von vier Grundkräften aus: Gravitation, Elektromagnetismus, schwache und starke Kernkraft.

80 *Der Spiegel* 52/1998: »Die Welt aus dem Nichts«.
81 Zit. nach Herneck 1970.
82 Gerhard Börner. Zit. nach *Der Spiegel* 52/1998.
83 Hoyle, Fred: *Home is where the wind blows.*
84 Zit. nach Harrison 1984, S. 501.
85 Siehe die Ausgabe von *Science* vom 29. Februar 2008.
86 Narlikar 1996.
87 Arp 1998, S. 9
88 Ebda., S. ii, und Arp 1992, S. 171.
89 Zit. nach Di Trochio 1998 S. 176.
90 *Der Spiegel* 1/2008.
91 *Der Spiegel* 52/1998: »Die Welt aus dem Nichts«.

Kapitel 4
92 Jünger 1998, S. 62.
93 Carnap 1929, S. 15. Zit. nach Holton 2000, S. 25,
94 Ravetz 1980, S. 17.
95 Carnap 1928, S. 226. Zit. nach Küng 1995, S. 123.
96 Ebda.
97 Zit. nach Broad / Wade 1984, S. 232.
98 Jouvencel 1861, S. 466. Zit. nach Gould 1999, S. 91f.
99 Broca 1861, S. 165f. Zit. nach Gould 1999, S. 96.
100 Gould 1999, S. 75.
101 Ebda., S. 94.
102 von Weizsäcker 1984, S. 610.
103 Stegmüller 1969, S. 307. Zit. nach Küng 1995, S. 513.
104 Riedl 1976, S. 294f. Zit. nach Küng 1995, S. 708.
105 Popper 1976, S. 24. Zit. nach Küng 2005, S. 41.
106 Barrow 1996, S. 119.
107 von Weizsäcker 1982, S. 111.
108 Darstellungen des »Falles Semmelweis« finden sich in Di Tro-
    chio 1998 und in Broad / Wade 1984.
109 Broad / Wade 1984.
110 Kuhn 1997, S. 134.
111 Sheldrake 1997.
112 von Weizsäcker 1990, S. 242.
113 Feyerabend 1997, S. 31f. Hervorhebungen im Original.
114 Collins / Pinch 1999, S. 67.
115 Ebda.

116 Zit. nach Berger 1972, S. 10.
117 Broad / Wade 1984, S. 27f.
118 Ebda., S. 34f.
119 Ebda., S. 36ff.
120 Ebda., S. 29f.
121 Eine interessante Darstellung des Problems der fallenden Stei-
    ne im Zusammenhang mit der Erdbewegung findet sich bei
    Fasching 2003. Dort wird deutlich, dass das Problem noch um
    einiges komplexer ist.
122 Siehe Vollmer 1993.
123 Bonin 1976
124 Z. B. die Dokumentation *Reise ins Jenseits – Die Welt des
    Übernatürlichen*, Bundesrepublik Deutschland 1974/75, Buch
    und Regie: Rolf Olson. Der Film dokumentiert die Zeremonie
    eines Eingeborenenstammes im heutigen Burkina Faso (Afri-
    ka). Höhepunkt des Rituals ist die fünfminütige Levitation
    von Nana Owaku.
125 Siehe dazu Weizsäcker 1990, S. 299.
126 Kuhn 1997, S. 105f.

Kapitel 5
127 Heisenberg 1959. Zit. nach: Watzlawick 2008, S. 56 f.
128 So sah der französische Biochemiker Jacques Monod die Stel-
    lung des Menschen im Universum
129 Siehe von Weizsäcker 1992, S. 125, 140.
130 Siehe dazu z. B. Genz 2002, S. 339.
131 Siehe dazu Seifert 1992, S. 206.
132 Feynman 1993, S. 69.
133 Ebda., S. 69f.
134 Ebda.
135 Feynman 2002, S. 115.
136 Feynman 1993, S. 71.
137 von Weizsäcker 1990, S. 240.
138 Ebda.
139 Kant 1998, S. 114f.
140 Vgl. z. B. Barrow 1997, S. 65.
141 Schetsche 2002.
142 Siehe dazu Schetsche 1997.
143 Heidegger 1954. Zit. nach Pietschmann 1990, S. 215.

144 Ernst Peter Fischer in: *Die Zeit*, 5. Januar 2000.
145 Küng 1995, S. 51.
146 Schrödinger 1989, S. 75.
147 Jung 1947, S. 398. Zit. nach Schrödinger 1989, S. 61.
148 Heisenberg 1955, S. 21. Zit. nach Sokal / Bricmont, S. 265.
149 Kline, 1975, S. 208. Zit. nach Küng 1995, S. 54f.
150 Kuhn 1997, S. 171.
151 Siehe z. B. *Der Spiegel* 29/1998: »Schwindel im Skriptorium«.
152 Aus dem Briefwechsel Einsteins mit M. und H. Born, Braunschweig 1966/77.
153 von Weizsäcker 2004, S. 291.
154 Zit. nach Thomas Harris: *Roter Drache*, S. 5.
155 N. Birbaumer: »Hirnforscher als Psychoanalytiker«, in: C. Geyer: *Hirnforschung*, S. 28. Zit. nach Küng 2005, S. 202.
156 Schelling: *Vorlesungen über die Methode des akademischen Studiums*, S. 167. Zit. nach Digitale Bibliothek, Bd 2: Philosophie, S. 37428.

Kapitel 6
157 Meister Eckhart 1979, S. 93.
158 Bei Menschen mit künstlichen Organen oder Gliedmaßen können Atome und Moleküle auch länger im Körper verbleiben. Siehe dazu z. B. Bryson 2005, S. 473. Allerdings können bei Menschen mit künstlichen Organen oder Gliedmaßen Atome und Moleküle auch länger im Körper verbleiben.
159 Frege 1966, S. 47. Zit. nach Schulte 2001, S. 165.
160 Wilde 1988, S. 27.
161 Hobbes 1959, S. 24. Zit. nach Hereth 1991, S. 63.
162 Hobbes 1968, S. 150.
163 Tocqueville 1951, S. 262. Zit. nach Hereth 1991, S. 112f.
164 Hereth 1991, S. 112.
165 Friedrich Schiller: Brief an Caroline v. Beulwitz, 27. November 1788.
166 *Der Spiegel* 41/2007: »Schönheit als Droge«, Gespräch mit Eibl-Eibesfeldt.
167 Koestler 1980, S. 52.
168 Zit. nach Koestler 1980, S. 52.
169 Surowiecki 2005.
170 Bakunin 1975, S. 180. Zit. nach Motschenbacher 2000, S. 83.

171 Verhagen 2006, S. 83.
172 Baden 1948, S. 221f.
173 Schiller: *Don Carlos*, 3. Akt, 10. Auftritt.
174 Siehe Feyerabend 1980.
175 Feyerabend 1978, S. 132. Zit. nach Duerr 1980, S. 189f.
176 Jünger 1998, S. 140.
177 Freedom House 2000. Zit. nach Norberg 2003, S. 42.
178 Norberg 2003, S. 32.
179 Melchior / Telle / Wiig 2000. Zitiert nach Norberg 2003, S. 31.
180 Siehe Kuhn 1997, S. 88.
181 Siehe Gierer 1998, S. 92f.
182 Zuckmayer 1989, S. 153.

Bildnachweis

ALBRECHT MÜLLER

MEINUNGSMACHE

Wie Wirtschaft, Politik und Medien uns das Denken abgewöhnen wollen

Nicht ohne Grund empfinden viele Menschen ein Unbehagen an der Politik: Denn die Politik wird über ihre Köpfe hinweg gemacht. Damit die Wähler trotzdem schlucken, was man ihnen vorsetzt, wird die öffentliche Meinung durch gesteuerte und bezahlte Kampagnen massiv beeinflusst. Albrecht Müller deckt auf, wer diese Kampagnen steuert und wie wir manipuliert werden. Ein Buch für alle, die sich das Denken nicht verbieten lassen.

DROEMER

NORMAN DAVIES

DIE GROSSE KATASTROPHE

Europa im Krieg 1939 – 1945

In dieser grandiosen Gesamtdarstellung des Zweiten Welt-
kriegs wagt der renommierte Historiker Norman Davies eine
überzeugende Neubewertung. Der Krieg wurde im Osten
begonnen. Dort wurde er auch entschieden, dort waren mit
über 20 Millionen Toten die größten Verluste zu tragen. Und
die westlichen Alliierten versagten, ganz Europa zu demo-
kratisieren; der Kalte Krieg sollte die Welt für ein weiteres
halbes Jahrhundert teilen.

»Norman Davies hat die Gabe aller großen Historiker – die
Fähigkeit, uns zum Überdenken der Vergangenheit zu bewegen.«   *The Times*

DROEMER

DAN ARIELY

DENKEN HILFT ZWAR, NÜTZT ABER NICHTS

Warum wir immer wieder unvernünftige Entscheidungen treffen
Die Logik der Unvernunft

Warum sind wir beim Anblick eines köstlichen Desserts sofort bereit, unser eisernes Diätgelübde zu brechen? Wieso glauben wir, dass teure Medikamente besser wirken als preiswerte? Und weshalb tun wir uns oft so schwer, uns überhaupt zu entscheiden?
Dan Ariely stellt unser Verhalten auf den Prüfstand, um herauszufinden, warum wir uns für vernünftig halten – und doch immer wieder unvernünftig handeln.

»Ein Buch, das zum Denken anregt.«   *Publishers Weekly*

KNAUR TASCHENBUCH VERLAG